2025版 術科

職安一點通

職業安全衛生管理
乙級檢定完勝攻略
Occupational Safety and Health Management

作者簡歷

蕭中剛

職安衛總複習班名師，人稱蕭技師為蕭大或方丈，是知名職業安全衛生 FB 社團「Hsiao 的工安部屋家族」版主。Hsiao 的工安部屋部落格，多年來整理及分享的考古題和考試技巧幫助無數考生通過職安考試。

學　　歷　健行科技大學工業工程與管理系

專業證照　工業安全技師、職業衛生技師、通過多次職業安全管理甲級、職業衛生管理甲級及職業安全衛生管理乙級。

劉鈞傑

大專院校工安/工礦技師班具有多年教學經驗，對於近年來環境、職安、衛生、消防等考試皆有研究。

學　　歷　國防大學理工學院國防科學研究所博士

專業證照　工業安全技師、職業衛生技師、消防設備士、職業安全管理甲級、職業衛生管理甲級、職業安全衛生管理乙級、物理性作業環境測定乙級、室內裝修工程管理乙級、就業服務乙級、甲級廢水處理專責人員、ISO 45001 主導稽核員、ISO 14001 主導稽核員。

鄭技師

97 年至今從事職場安全衛生工作具有多年實務經驗，對於職業安全衛生精進、職場安全文化提昇等皆有研究，並具有大專院校技師班教學經驗。

學　　歷　國防大學理工學院應用物理研究所碩士

專業證照　職業衛生技師、工業安全技師、職業衛生管理甲級、職業安全管理甲級、職業安全衛生管理乙級、甲級廢棄物處理技術員、物理性因子作業環境測定乙級、ISO 45001 主導稽核員。

作者簡歷

賴秋琴 （Sherry Lai）

知名職業安全衛生部落格「Sherry Blog」版主，內容包含衛生、計算題解題。

個人部落格：http://sherry688.pixnet.net/blog

Sherry blog 社團：https://www.facebook.com/groups/1429921337232082

學　　歷 國立空中大學管理與資訊學系

專業證照 職業安全管理甲級、職業衛生管理甲級、職業安全衛生管理乙級、就業服務乙級、升降機裝修乙級、建築物昇降設備檢查員等證照。

徐英洲

職業安全衛生 FB 社團「職業安全衛生論壇（考試／工作）」版主，不定期提供職安衛資訊包含職安人員職缺、免費宣導會、職安衛技術士參考題解等，目前服務於環境監測機構，並在北部、中部的安全衛生教育訓練機構、大專院校擔任職安衛課程講師。

學　　歷 明志科技大學五專部化學工程科（目前為交通大學碩專班研究生）

專業證照 職業衛生技師、工業安全技師、職業衛生管理甲級、職業安全管理甲級、職業安全衛生管理乙級、製程安全評估人員、施工安全評估人員、固定式起重機操作人員、移動式起重機操作人員、堆高機操作人員、ISO 45001 主導稽核員。

作者簡歷

江 軍

力鈞建設有限公司總經理、教育部青年發展署諮詢委員、曾任台北市政府、宜蘭縣政府之青年諮詢委員，輔導國際認證及國內技術士證照多年經驗，曾於多所大專院校及推廣部授課，相關領域著作十餘本，證照百餘張。

學 歷 國立台灣科技大學建築學博士、英國劍橋大學跨領域環境設計碩士、國立台灣大學土木工程碩士

專業證照 職業安全管理甲級、營造工程管理甲級、建築工程管理甲級、職業安全衛生管理乙級、建築物公共安全檢查認可證、建築物室內裝修專業技術人員登記證、消防設備士、ISO 14046、ISO 50001 主導稽核員證照。

葉日宏

多年環安衛工作經驗，並通過企業講師訓練，曾於事業單位、安全衛生教育訓練機構及科技大學擔任職安衛課程講師。

學 歷 國立中央大學環境工程研究所

專業證照 工業安全技師、職業安全管理甲級、職業衛生管理甲級、職業安全衛生管理乙級、乙級廢棄物清除（處理）技術員、甲級空氣污染防治專責人員、甲級廢水處理專責人員。

第八版 序

　　職業安全衛生是社會發展不可或缺的一環，隨著科技進步及產業結構轉型，職業災害的樣態亦隨之改變。2024 年，台灣多起重大職業災害引發社會廣泛關注，包括倉儲大火案等慘劇，凸顯動火作業與局限空間作業的安全防範不足，職場不法侵害的事件頻傳，也讓社會更重視勞動者心理的健康。這些事件提醒我們，職安法規的修訂與落實是防止悲劇重演的重要基礎。

　　因應全球趨勢，職業安全衛生領域逐漸與國際標準接軌，例如 ISO 45001 的推行強調系統化的安全管理。針對台灣，政府積極推動職安科技的應用，例如智慧監測系統與預防性維修措施，期望藉由數位轉型降低意外發生率。此外，隨著 ESG（環境、社會與治理）議題的興起，企業也更加重視職安作為企業永續發展的一部分。

　　本書在這次修訂中特別整合了這些趨勢與法規變動，希望能幫助讀者不僅掌握考試重點，更了解職業安全衛生的全貌。職安的學習與實踐不僅是通過考試的工具，更是為了守護生命與促進職場福祉的承諾。願本書能陪伴讀者一起成為職安領域的推動者與守護者。

　　職安一點通乙級檢定用書上市以來屢創銷售佳績，獲得各界的支持，作者團隊在此鄭重感謝各界先進、教授、技師、專家學者、講師與愛用讀者的肯定。本書於 107 年第一版上市至今各界不斷給予寶貴的回饋與指正，我們虛心接受各界批評指教與建議，為了能更貼近讀者需求，針對內容做了全新的修正，也誠摯的向讀者們說聲感謝！

　　110 年起全面採用電腦上機作答，測驗時間由檢定單位寄發准考證為準，學科由電腦直接點選答案線上作答，術科則改為線上直接以滑鼠點選/拖拉答案的方式作答，考試的題型也修改為是非題、選擇題、配合題、填空題、排序題、連連看及計算題。因應新版考試方式修正內容，包括：

一、 學科部分：勞動部學科以公告最新學科試題約 1,300 餘題為出題範圍，新版將最新修訂之學科試題做逐題詳解，解析的程度皆完整收錄及詳細解析，不僅有助考生通過學科，更可以當成新型態電腦測驗的術科題目練習依據，目的是希望讀者可以完全理解、融會貫通。

二、 納入最新的法規修正：增加最新職安衛相關法規與時俱進，新增法規不但常常是考試重點，更常是回答題目的根源，答題時要以最新的法規為準，才不會白白錯失分數。例如近年推行之 ISO 45001 職業安全衛生管理系統在新版電腦測驗的術科考試中出現多次，本書也將收錄這類考試方向，期盼對讀者而言，本書不僅僅是一本考試書，更是一本有用的工具書。

三、 術科試題更新：本版納入最新的術科測驗考題及參考解答，經由各梯次參加過電腦測驗的考生們回饋的考題，作者群將之蒐集並逐題解析，此外本書除了解析之外在內容完整性的部分也將解題技巧運用「魔法棒一點通口訣、提示與解說」，讓內容更臻完善。

四、 計算機操作：本版仍保留了十分受到讀者肯定的計算題章節，納入理論公式與計算機操作，不僅蒐羅最新考試的計算題型，也盡量以新的測驗介面作為解說，考試時才不會臨場緊張慌亂而失誤。

職安法規及資訊更新迅速，**職安一點通**由多位專業作者共同編撰，秉持要將最完整最正確的資訊呈現給讀者，惟每年增訂的內容造成書籍沉重讓讀者負擔加深、望而生畏，因此職安一點通提供加量不加價的書籍，配合「職安一點通服務網（www.osh-soeasy.com）」，以期提供讀者更完整的職安衛資訊、法規公告、講座分享、最新的修訂勘誤與活動內容等。更早期之學術科試題及解析皆置放於職安一點通服務網-考古題下載區（www.osh-soeasy.com/exam）供讀者下載，歡迎隨時多加利用。

撰寫過程秉持兢兢業業、不敢大意的態度，但疏漏難免，本書之中若有錯誤或不完整之處，請各位讀者多多包涵並繼續提供指正，提供建議予出版社或作者群，在此致上十二萬分的感謝！

職業安全衛生管理的考試範圍廣泛，也常讓人感到無所適從，但只須掌握 80/20 原則，利用有效率的讀書方法掌握住 80% 的考試重點，考試絕對可以迎刃而解。謹在此以「有心」、「用心」、「決心」、「專心」、「細心」五心共勉讀者、考生朋友們，願心想事成，預祝順利通過考試。

作者群

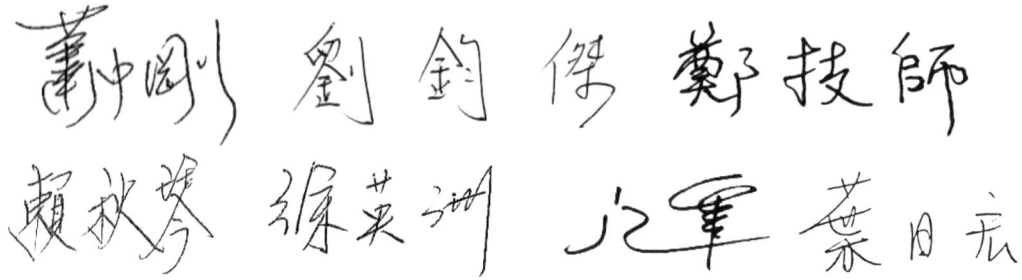

謹誌

目錄

1 術科題型精選解析

1-1 職業安全衛生相關法規 1-2

    勞動法相關法規（勞動基準法及其施行細則、勞動檢查法及其施行細則、勞檢法第 28 條所定勞工有立即發生危險之虞認定標準、勞工職業災害保險及保護法及其施行細則）..................1-2

    職業安全衛生法及其施行細則 1-11

    職業安全衛生設施規則 1-26

    職業安全衛生管理辦法 1-56

    職業安全衛生教育訓練規則 1-75

    勞工健康法規（含勞工健康保護規則、女性勞工母性健康保護實施辦法）..1-79

    危險性工作場所安全管理相關法規（含危險性工作場所審查及檢查辦法、製程安全評估定期實施辦法）................................1-87

    營造安全衛生設施標準 1-93

    機械及設備安全相關法規（含危險性機械及設備安全檢查規則、起重升降機具安全規則、鍋爐及壓力容器安全規則、高壓氣體勞工安全規則、機械設備器具安全標準、機械設備器具安全資訊申報登錄辦法、機械設備器具監督管理辦法、機械類產品型式驗證實施及監督管理辦法、吊籠安全檢查構造標準）..........1-117

    化學品管理相關法規（含危害性化學品標示及通識規則、缺氧症預防規則、危害性化學品評估及分級管理辦法、新化學物質登記管理辦法、管制性化學品之指定及運作許可管理辦法、優先管理化學品之指定及運作管理辦法）..1-145

    有害物質危害預防法規（含有機溶劑中毒預防規則、特定化學物質危害預防標準、鉛中毒預防規則、粉塵危害預防標準）..........1-161

    其他（含特殊危害作業相關法規、勞工作業環境監測實施辦法及勞工作業場所容許暴露標準）..1-171

1-2 專業課程與計畫管理 1-182
    職業安全衛生管理系統 1-182
    職業安全衛生管理計畫及緊急應變計畫之製作 1-196
    安全衛生管理規章及安全衛生工作守則之製作 1-198
    工作安全分析與安全作業標準之製作 1-201
    職業衛生與職業病預防概論 1-208
    安全衛生監測儀器 1-214
    個人防護具 1-217
    通風與換氣 1-224
    急救 1-229
    化學性危害預防 1-237
    職場健康管理概論 1-241
    作業環境控制工程 1-247
    職業安全預防概論 1-248
    機械安全防護 1-259
    墜落災害防止（含倒塌、崩塌） 1-264
    電氣安全 1-267
    危險性機械、設備管理 1-279
    火災爆炸防止 1-289
    營造作業安全 1-299
    物理性危害預防 1-303
    組織協調與溝通（含職業倫理） 1-309
    職業災害調查處理與統計 1-312
    物料處置 1-321
    風險評估 1-323
    其他（含時事題） 1-331
    解釋名詞 1-337

2 計算題精華彙整

前言 2-2
    職業災害統計 2-5
    機械、設備安全防護 2-17
    物理性危害因子 - 噪音 2-25
    物理性危害因子 - 溫濕環境 2-33
    化學性危害因子 - 通風換氣 2-39
    化學性危害因子 - 有害物容許濃度 2-70
    火災爆炸預防 2-83
    採光照明 2-90
    電氣安全 2-97
    健康管理 2-105
    施工架 2-107
乙級安全衛生管理員 公式彙總表 2-108

> 本書試題為勞動部勞動力發展署技能檢定中心試題，
> 試題版權為原出題著作者所有。

chapter

術科題型精選解析

特別說明

★ 術科以法規為主,雖名為7大考題,除了填空題與計算題外,其餘5種考題皆為選擇題之變形題目,只要能選擇正確的答案,無論何種題型皆能迎刃而解。

★ 請特別注意計算題與填空題的單位,題目會有單位問法的陷阱,例如研磨輪每日作業前試運轉1分鐘以上,題目卻問需要試運轉幾秒?諸如此類,期盼考生應考時能謹慎留意。

★ 術科題幹中後加註之( )文字,為法規之關鍵字,是作者群為使讀者較容易記憶與聯想,因此將法規關鍵字標註其中,以利讀者參考運用。

★ 本書術科精選試題乃針對「110~113年新式電腦考題」之題型收錄精選較高頻率題型,及作者們歸納整理之重點。惟職安領域內容繁雜多元,讀者仍須以法規為基本,參照上課教材有系統學習且搭配本書研讀即能如虎添翼。

1-1 職業安全衛生相關法規

> **Q 題目**
>
> 勞動法相關法規（勞動基準法及其施行細則、勞動檢查法及其施行細則、勞檢法第 28 條所定勞工有立即發生危險之虞認定標準、勞工職業災害保險及保護法及其施行細則）

題幹　勞基法第 2 條（用詞定義）

平均工資：指計算事由發生之當日前 6 個月內所得工資總額除以該期間之總日數所得之金額。

▶提示

本題曾考過填空題。

題幹　勞基法第 7 條（勞工名卡）

雇主應置備勞工名卡，登記勞工之姓名、性別、出生年月日、本籍、教育程度、住址、身分證統一號碼、到職年月日、工資、勞工保險投保日期、獎懲、傷病及其他必要事項。

前項勞工名卡，應保管至勞工離職後 5 年。

▶提示

本題曾考過填空題。

題幹　勞基法第 23 條（工資給付）

雇主應置備勞工工資清冊，將發放工資、工資各項目計算方式明細、工資總額等事項記入。工資清冊應保存 5 年。

▶提示

本題曾考過填空題。

題幹　勞基法第 32 條（加班限制）

雇主有使勞工在正常工作時間以外工作之必要者，雇主經工會同意，如事業單位無工會者，經勞資會議同意後，得將工作時間延長之。

前項雇主延長勞工之工作時間連同正常工作時間，1 日不得超過 12 小時；延長之工作時間，1 個月不得超過 46 小時，但雇主經工會同意，如事業單位無工會者，經勞資會議同意後，延長之工作時間，1 個月不得超過 54 小時，每 3 個月不得超過 138 小時。

雇主僱用勞工人數在 30 人以上，依前項但書規定延長勞工工作時間者，應報當地主管機關備查。

因天災、事變或突發事件，雇主有使勞工在正常工作時間以外工作之必要者，得將工作時間延長之。但應於延長開始後 24 小時內通知工會；無工會組織者，應報當地主管機關備查。延長之工作時間，雇主應於事後補給勞工以適當之休息。

▶ 提示

本題曾考過填空題，此題適合出是非題、選擇題。

題幹　勞基法第 36 條（例假休息）

勞工每 7 日中應有 2 日之休息，其中 1 日為例假，1 日為休息日。

▶ 提示

本題曾考過填空題。

題幹　勞基法第 38 條（特別休假）

勞工在同一雇主或事業單位，繼續工作滿一定期間者，應依下列規定給予特別休假：

一、6 個月以上 1 年未滿 者，3 日。

二、1 年以上 2 年未滿 者，7 日。

三、2 年以上 3 年未滿 者，10 日。

四、3 年以上 5 年未滿 者，每年 14 日。

五、5 年以上 10 年未滿 者，每年 15 日。

六、10 年以上者，每 1 年加給 1 日，加至 30 日為止。

▶ 提示

本題曾考過填空題，此題亦適合考連連看。

▶ 題幹　**勞基法第 59 條（職災補償）**

勞工因遭遇職業災害而致死亡、失能、傷害或疾病時，雇主應依下列規定予以補償。但如同一事故，依勞工保險條例或其他法令規定，已由雇主支付費用補償者，雇主得予以抵充之：

一、勞工受傷或罹患職業病時，雇主應補償其必需之醫療費用。職業病之種類及其醫療範圍，依勞工保險條例有關之規定。

二、勞工在醫療中不能工作時，雇主應按其原領工資數額予以補償。但醫療期間屆滿 2 年仍未能痊癒，經指定之醫院診斷，審定為喪失原有工作能力，且不合第 3 款之失能給付標準者，雇主得 一 次給付 40 個月之平均工資後，免除此項工資補償責任。

三、勞工經治療終止後，經指定之醫院診斷，審定其遺存障害者，雇主應按其平均工資及其失能程度， 一 次給予失能補償。失能補償標準，依勞工保險條例有關之規定。

四、勞工遭遇職業傷害或罹患職業病而 死亡 時，雇主除給與 5 個月平均工資之喪葬費外，並應 一 次給與其遺屬 40 個月平均工資之死亡補償。

　　其遺屬受領死亡補償之 順位 如下：

　　(一) 配偶及子女 。

　　(二) 父母 。

　　(三) 祖父母 。

　　(四) 孫子女 。

　　(五) 兄弟姐妹 。

▶ 提示

本題曾考過遺屬受領死亡補償順位之排序題、填空題。喪葬費（幾個月）、死亡補助（幾個月）、補助遺屬順序。

chapter 1 術科題型精選解析

題幹　勞基法細則第 33 條（補償期限）

雇主依勞動基準法第 59 條第 4 款給與勞工之喪葬費應於死亡後 3 日內，死亡補償應於死亡後 15 日內給付。

▶提示

本題曾考過填空題。

題幹　勞檢法第 3 條（名詞定義）

勞動檢查機構：指中央或直轄市主管機關或有關機關為辦理勞動檢查業務所設置之專責檢查機構。

▶提示

本題曾考過複選題。（例如職業安全衛生中心、直轄市勞動檢查處、台南市職安健康處、經濟部產業園區管理局或國家科學技術委員會新竹科學園區管理局。）詳見勞動檢查機構一覽表 https://www.osha.gov.tw/48110/48331/48333/48341/51482/

題幹　勞檢法第 6 條（勞檢方針）

中央主管機關應參酌我國勞動條件現況、安全衛生條件、職業災害嚴重率及傷害頻率之情況，於年度開始前 6 個月公告並宣導勞動檢查方針。

▶提示

本題曾考過填空題。

題幹　勞檢法第 13 條（不得通知）

勞動檢查員執行職務，除下列事項外，不得事先通知事業單位：

一、第 26 條規定之審查或檢查。（危險性工作場所審查及檢查）

二、危險性機械或設備檢查。（起重機、鍋爐等設置後之檢查）

三、職業災害檢查。（職災事故調查）

四、其他經勞動檢查機構或主管機關核准者。

▶提示

本題曾考過複選題、配合題。

1-5

題幹　勞檢法第 14 條（不得規避）

勞動檢查員為執行檢查職務，得隨時進入事業單位，雇主、雇主代理人、勞工及其他有關人員均不得無故拒絕、規避或妨礙。

前項事業單位有關人員之拒絕、規避或妨礙，非警察協助不足以排除時，勞動檢查員得要求警察人員協助。

▶提示

本題曾考過**填空題**，需與勞檢法第 35 條對照。曾考過雇主、雇主代理人、勞工及其他有關人員拒絕、規避或妨礙勞動檢查員執行檢查職務，事業單位或行為人將處 3 萬元以上 15 萬元以下罰鍰。

題幹　勞檢法第 22 條（出示證件）

勞動檢查員進入事業單位進行檢查時，應 主動出示勞動檢查證，並告知雇主及工會。事業單位對 未持勞動檢查證者，得拒絕檢查。

勞動檢查員於實施檢查後應作成紀錄，告知事業單位違反法規事項及提供雇主、勞工遵守勞動法令之意見。

第 1 項之勞動檢查證，由 中央主管機關 製發之。

▶提示

本題曾考過**選擇題**。

題幹　勞檢法第 25 條（結果處理）

勞動檢查員對於事業單位之檢查結果，應報由所屬勞動檢查機構依法處理；其有違反勞動法令規定事項者，勞動檢查機構並應於 10 日內以書面通知事業單位立即改正或限期改善，並副知直轄市、縣（市）主管機關督促改善。對公營事業單位檢查之結果，應另副知其目的事業主管機關督促其改善。

事業單位對前項檢查結果，應於違規場所顯明易見處公告 7 日以上。

▶提示

本題曾考過**填空題**。

1-6

題幹　勞檢法第 26 條（危險場所）

下列危險性工作場所，非經勞動檢查機構審查或檢查合格，事業單位不得使勞工在該場所作業：

一、從事石油裂解之 石化工業 之工作場所。（甲類）

二、農藥製造 工作場所。（乙類）

三、爆竹煙火 工廠及火藥類製造工作場所。（乙類）

四、設置 高壓氣體 類壓力容器或 蒸汽鍋爐 ，其壓力或容量達中央主管機關規定者之工作場所。（丙類）

五、製造、處置、使用 危險物、有害物 之數量達中央主管機關規定數量之工作場所。（甲類）

六、中央主管機關會商目的事業主管機關指定之 營造工程 之工作場所。（丁類）

七、其他 中央主管機關指定之工作場所。

▶提示

本題曾考過配合題。

題幹　勞檢法第 32 條（公告申訴）

事業單位應於 顯明而易見之場所公告 下列事項：

一、受理勞工申訴之機構或人員。

二、勞工得申訴之範圍。

三、勞工申訴書格式 。

四、申訴程序。

▶提示

本題曾考過複選題。

題幹　勞檢法第 34 條（違反罰則）

有下列情形之一者，處 3 年以下有期徒刑、拘役或科或併科新臺幣 15 萬元以下罰金 ：

一、違反第 26 條規定，使勞工在未經審查或檢查合格之工作場所作業者。

二、違反第 27 條至第 29 條停工通知者。

▶ 提示

本題曾考過複選題。

題幹　勞檢法第 35 條（違反罰則）

事業單位或行為人有下列情形之一者，處新臺幣 3 萬元以上 15 萬元以下罰鍰，並得按次處罰：

一、 違反第 14 條第 1 項規定。
二、 違反第 15 條第 2 項規定。

▶ 提示

本題曾考過填空題及**配合題**。（本題考勞動檢查員為執行檢查職務，得隨時進入事業單位，雇主、雇主代理人、勞工及其他有關人員如無故拒絕、規避或妨礙檢查，將會面臨的罰款金額）

題幹　勞檢法細則附表一（數量備註）

事業單位內有 2 以上從事製造、處置、使用危險物之工作場所時，其危險物之數量，應以各該場所間距在 500 公尺以內者合併計算。

▶ 提示

本題曾考過填空題。

題幹　勞檢法細則第 23 條（公告場所）

事業單位依勞動檢查法第 25 條第 2 項之規定公告檢查結果，以下列方式之一為之：

一、 以勞動檢查機構所發檢查結果通知書之全部內容公告者，應公告於下列場所之一：

　　(一) 事業單位管制勞工出勤 之場所。
　　(二) 餐廳 、 宿舍 及 各作業場所 之公告場所。
　　(三) 與 工會或勞工代表協商同意 之場所。

二、 以違反規定單項內容公告者，應公告於違反規定之機具、設備或場所。

▶提示
本題曾考過配合題。（本題考事業單位接到勞動檢查結果通知書後，應公告之場所）

題幹　勞檢法細則第 31 條（重大職災）

勞動檢查法第 27 條所稱重大職業災害，係指下列職業災害之一：

一、發生 死亡 災害者。

二、發生災害之罹災人數在 3 人以上者。

三、氨 、氯 、氟化氫 、光氣 、硫化氫 、二氧化硫 等化學物質之洩漏，發生 1 人以上罹災勞工需住院治療者。

四、其他經中央主管機關指定公告之災害。

▶提示
本題曾考過複選題、配合題。

題幹　勞檢法細則第 34 條（停工通知）

本法第 27 條至第 29 條之停工通知書，應記載下列事項：

一、受停工處分事業 單位 、雇主名稱（ 姓名 ）及地址。

二、法令 依據。

三、停工 理由 。

四、停工 日期 。

五、停工 範圍 。

六、申請 復工 之條件及程序。

七、執行停工處分之 機構 。

▶提示
本題曾考過複選題。

題幹　勞檢法第 28 條所定勞工有立即發生危險之虞認定標準第 2 條（危險類型）

有立即發生危險之虞之類型如下：

一、 墜落 。
二、 感電 。
三、 倒塌、崩塌 。
四、 火災、爆炸 。
五、 中毒、缺氧 。

▶提示

本題曾考過選擇題。

題幹　勞檢法第 28 條所定勞工有立即發生危險之虞認定標準第 3 條（墜落危險）

有立即發生墜落危險之虞之情事如下：

一、 於高差 2 公尺以上之工作場所 邊緣及開口 部分，未設置符合規定之 護欄 、 護蓋 、安全網或配掛安全帶之防墜設施。

二、 於高差 2 公尺 以上之處所進行作業時，未使用高空工作車，或未以架設 施工架 等方法設置工作臺；設置工作臺有困難時，未採取張掛安全網或配掛安全帶之設施。

三、 於石綿板、鐵皮板、瓦、木板、茅草、塑膠等易踏穿材料構築之 屋頂 從事作業時，未於屋架上設置防止踏穿及寬度 30 公分 以上之踏板、裝設安全網或配掛安全帶。

四、 於高差超過 1.5 公尺 以上之場所作業，未設置符合規定之 安全上下 設備。

五、 高差超過 2 層樓或 7.5 公尺 以上之鋼構建築，未張設 安全網 ，且其下方未具有足夠淨空及工作面與安全網間具有障礙物。

六、 使用移動式起重機吊掛平台從事貨物、機械等之吊升，鋼索於負荷狀態且非不得已情形下，使人員進入高度 2 公尺 以上平台運搬貨物或駕駛車輛機械，平台未採取設置圍欄、人員未使用安全母索、 安全帶 等足以防止墜落之設施。

▶提示

本題曾考過是非題。

chapter 1 術科題型精選解析

Q 題目

職業安全衛生法及其施行細則

 **職安法第 2 條（名詞定義）**

本法用詞，定義如下：

一、 工作者：指 勞工 、 自營作業者 及其他受 工作 場所負責人指揮或監督從事勞動之人員。

二、 勞工：指受僱從事 工作 獲致工資者。

三、 雇主：指事業主或事業之 經營 負責人。

四、 事業單位：指本法適用範圍內僱用 勞工 從事工作之機構。

五、 職業災害：指因 勞動 場所之建築物、機械、設備、原料、材料、化學品、氣體、蒸氣、粉塵等或 作業 活動及其他職業上原因引起之 工作者 疾病、 傷害 、 失能 或死亡。

▶提示

本題曾考過配合題及選擇題。

題幹 **職安法第 7 條（指定限制）**

製造者 、 輸入者 、 供應者 或 雇主 ，對於中央主管機關指定之機械、設備或器具，其構造、性能及防護非符合安全標準者，不得產製運出廠場、輸入、租賃、供應或設置。

前項之安全標準，由中央主管機關定之。

製造者 或 輸入者 對於第 1 項指定之機械、設備或器具，符合前項安全標準者，應於中央主管機關指定之資訊申報網站登錄，並於其產製或輸入之產品明顯處張貼安全標示，以供識別。但屬於公告列入型式驗證之產品，應依第 8 條及第 9 條規定辦理。

▶提示

本題曾考過配合題，考中央主管機關指定之機械設備或器具等源頭管理的對象是誰？答：製造者、輸入者、供應者及雇主。哪兩者對於指定之機械、設備或器具，符合安全標準者，應於中央主管機關指定之資訊申報網站登錄？答：製造者及輸入者。

1-11

題幹　職安法第 18 條（停工退避）

工作場所有立即發生危險之虞時，雇主或工作場所負責人應即令停止作業，並使勞工退避至安全場所。

勞工執行職務發現有立即發生危險之虞時，得在不危及其他工作者安全情形下，自行停止作業及退避至安全場所，並立即向直屬主管報告。

雇主不得對前項勞工予以解僱、調職、不給付停止作業期間工資或其他不利之處分。但雇主證明勞工濫用停止作業權，經報主管機關認定，並符合勞動法令規定者，不在此限。

▶提示

本題曾考過**填空題**及**配合題**，考雇主違反勞工退避權之罰則內容，需與職安法第 41 條對照。也曾考過【工作場所】、【勞工】、【工作者】、【自行停止】的**配合題**。

題幹　職安法第 19 條（特殊危害）

在高溫場所工作之勞工，雇主不得使其每日工作時間超過 6 小時；異常氣壓作業、高架作業、精密作業、重體力勞動或其他對於勞工具有特殊危害之作業，亦應規定減少勞工工作時間，並在工作時間中予以適當之休息。

▶提示

本題曾考過**複選題**。

題幹　職安法第 25 條（連帶責任）

事業單位以其事業招人承攬時，其承攬人就承攬部分負本法所定雇主之責任；原事業單位就職業災害補償仍應與承攬人負連帶責任。再承攬者亦同。

原事業單位違反本法或有關安全衛生規定，致承攬人所僱勞工發生職業災害時，與承攬人負連帶賠償責任。再承攬者亦同。

▶提示

本題曾考過**是非題**。

題幹　職安法第 27 條（共同作業）

事業單位與承攬人、再承攬人分別僱用勞工共同作業時，為防止職業災害，原事業單位應採取下列必要措施：

一、 設置協議組織 ，並 指定工作場所負責人，擔任指揮、監督及協調之工作 。

二、 工作之連繫與調整 。

三、 工作場所之巡視 。

四、 相關承攬事業間之安全衛生教育之指導及協助 。

五、 其他為防止職業災害之必要事項。

事業單位分別交付 2 個以上承攬人共同作業而未參與共同作業時，應指定承攬人之一負前項原事業單位之責任。

▶ 提示

本題曾考過複選題。考原事業單位應採取下列哪些必要措施？給 10 個選項讓你選。

題幹　職安法第 29 條（未滿 18 歲者限制）

雇主不得使未滿 18 歲者從事下列危險性或有害性工作：

一、 坑 內工作。

二、處理 爆 炸性、易燃性等物質之工作。

三、 鉛 、汞、鉻、砷、黃磷、氯氣、氰化氫、苯胺等有害物散布場所之工作。

四、有害 輻 射散布場所之工作。

五、有害 粉 塵散布場所之工作。

六、運轉中機器或動力 傳 導裝置危險部分之掃除、上油、檢查、修理或上卸皮帶、繩索等工作。

七、超過 220 伏特 電 力線之銜接。

八、已 熔 礦物或礦渣之處理。

九、鍋 爐 之燒火及操作。

十、鑿 岩 機及其他有顯著振動之工作。

十一、一定 重 量以上之重物處理工作。

十二、 起 重機、人字臂起重桿之運轉工作。

十三、 $\boxed{動}$ 力捲揚機、動力搬運機及索道之運轉工作。

十四、 橡膠化合物及合成樹脂之 $\boxed{滾}$ 輾工作。

十五、 其他經中央主管機關規定之危險性或有害性之工作。

▶提示

本題曾考過**複選題**、**填空題**。

▶口訣

【坑爆鉛輻粉傳電、熔爐嚴重啟動滾】

題幹　　職安法第 30 條（女工限制）

雇主不得使分娩後未滿 $\boxed{1}$ 年之女性勞工從事下列危險性或有害性工作：

一、 礦 $\boxed{坑}$ 工作。

二、 $\boxed{鉛}$ 及其化合物散布場所之工作。

三、 鑿 $\boxed{岩}$ 機及其他有顯著振動之工作。

四、 一定 $\boxed{重}$ 量以上之重物處理工作。

五、 其他經中央主管機關規定之危險性或有害性之工作。

▶提示

本題曾考過**填空題**。

題幹　　職安法第 31 條（母性保護）

中央主管機關指定之事業，雇主應對有母性健康危害之虞之工作，採取危害評估、控制及分級管理措施；對於 $\boxed{妊娠中}$ 或 $\boxed{分娩後未滿 1 年}$ 之女性勞工，應依醫師適性評估建議，採取工作調整或更換等健康保護措施，並留存紀錄。

前項勞工於保護期間，因工作條件、作業程序變更、當事人健康異常或有不適反應，經醫師評估確認不適原有工作者，雇主應依前項規定重新辦理之。

第 1 項事業之指定、有母性健康危害之虞之工作項目、危害評估程序與控制、分級管理方法、適性評估原則、工作調整或更換、醫師資格與評估報告之文件格式、紀錄保存及其他應遵行事項之辦法，由中央主管機關定之。

$\boxed{雇主未經當事人告知妊娠或分娩事實而違反第 1 項或第 2 項規定者，得免予處罰。}$
$\boxed{但雇主明知或可得而知者，不在此限}$ 。

▶ 提示

本題曾考過是非題。

題幹　職安法第 34 條（工作守則）

雇主應依本法及有關規定 會同勞工代表 訂定 適合其需要 之 安全衛生工作守則 ， 報經勞動檢查機構備查 後， 公告 實施。

勞工對於前項安全衛生工作守則，應切實遵行。

▶ 提示

本題曾考過是非題、排序題，考是否會同勞工代表訂定工作守則？訂定完成後，是否應報請勞動檢查機構備查？考制定程序：會同勞工代表→適合需要→報勞檢備查→公告。

題幹　職安法第 37 條（重大職災）

事業單位工作場所發生職業災害，雇主應即 採取必要之急救、搶救等措施 ，並 會同勞工代表實施調查、分析及做成紀錄 。

事業單位勞動場所發生下列職業災害之一者，雇主應於 8 小時內 通報勞動檢查機構 ：

一、發生 死亡災害 。

二、發生災害之罹災人數在 3 人以上。

三、發生災害之罹災人數在 1 人以上，且需住院治療。

四、其他經中央主管機關指定公告之災害。

勞動檢查機構接獲前項報告後，應就工作場所發生死亡或重傷之災害派員檢查。

事業單位發生第 2 項之災害，除必要之急救、搶救外，雇主 非經司法機關或勞動檢查機構許可，不得移動或破壞現場 。

▶ 提示

本題曾考過填空題、複選題。通報時間應以在知悉後 8 小時內通報，另送醫後經醫院診斷通知需住院治療時，也需在接獲通知後 8 小時內為之。

題幹　職安法第 38 條（職災月報）

中央主管機關指定之事業，雇主應依規定 填載職業災害內容及統計，按月報請勞動檢查機構備查 ，並公布於 工作場所 。

▶ 提示

本題曾考過**複選題**。另依據職安署 2024-09-13 公告，事業單位所屬勞工發生之上下班交通事故案件，即日起無須納入於職災月報進行線上填報。

題幹　職安法第 39 條（申訴調查）

工作者發現下列情形之一者，得向 雇主 、 主管機關 或 勞動檢查機構 申訴：

一、 事業單位違反本法或有關安全衛生之規定 。

二、 疑似罹患職業病 。

三、 身體或精神遭受侵害 。

主管機關 或 勞動檢查機構 為確認前項雇主所採取之預防及處置措施，得實施調查。

前項之調查，必要時得通知當事人或有關人員參與。

雇主不得對第 1 項申訴之工作者予以 解僱 、 調職 或其他 不利 之處分。

▶ 提示

本題曾考過**配合題**，例如台北市之勞動檢查機構為勞動部、台北市勞動檢查處或勞動局？
答：台北市勞動檢查處。

題幹　職安法第 40 條（罰則 3 年）

違反第 6 條第 1 項或第 16 條第 1 項之規定，致發生第 37 條第 2 項第 1 款之災害者，處 3 年以下有期徒刑、拘役或科或併科新臺幣 30 萬元以下罰金。

法人犯前項之罪者，除處罰其負責人外，對該法人亦科以前項之罰金。

▶ 提示

本題曾考過**填空題**，考事業單位勞動場所發生死亡災害後的罰則。

題幹　職安法第 41 條（罰則 1 年）

有下列情形之一者，處 1 年以下有期徒刑、拘役或科或併科新臺幣 18 萬元以下罰金：

一、 違反第 6 條第 1 項或第 16 條第 1 項之規定，致發生第 37 條第 2 項第 2 款之災害。

二、 違反第 18 條第 1 項 、第 29 條第 1 項、第 30 條第 1 項、第 2 項或第 37 條第 4 項之規定。

三、 違反中央主管機關或勞動檢查機構依第 36 條第 1 項所發停工之通知。

法人犯前項之罪者，除處罰其負責人外，對該法人亦科以前項之罰金。

▶ 提示

本題曾考過填空題，考有立即發生危險之虞時，雇主未讓勞工停止作業，並使之退避至安全場所，所對應的罰則。

題幹　職安法第 42 條（罰則 300 萬元）

違反第 15 條第 1 項、第 2 項之規定，其 危害性化學品洩漏或引起火災 、 爆炸 致發生第 37 條第 2 項之職業災害者，處新臺幣 30 萬元以上 300 萬元以下罰鍰；經通知限期改善，屆期未改善，並得按次處罰。

▶ 提示

本題曾考過填空題，考危害性化學品洩漏或引起火災、爆炸致發生第 37 條第 2 項之職業災害後的罰則。

題幹　職安法第 43 條（罰則 30 萬元）

有下列情形之一者，處新臺幣 3 萬元以上 30 萬元以下罰鍰：

一、 違反第 10 條第 1 項、第 11 條第 1 項、第 23 條第 2 項之規定，經通知限期改善，屆期未改善。

二、 違反 第 6 條第 1 項 、第 12 條第 1 項、第 3 項、第 14 條第 2 項、第 16 條第 1 項、第 19 條第 1 項、第 24 條、第 31 條第 1 項、第 2 項或第 37 條第 1 項、第 2 項之規定；違反第 6 條第 2 項致發生職業病。

三、 違反第 15 條第 1 項、第 2 項之規定 ，並得按次處罰。

四、 規避、妨礙或拒絕本法規定之檢查、調查、抽驗、市場查驗或查核。

▶ 提示

本題曾考過填空題及配合題，考甲類危險性工作場所，事業單位未依中央主管機關規定之期限，定期實施製程安全評估，並製作製程安全評估報告及採取必要之預防措施等規定之罰則。離心機器沒有護蓋、沒有將機械停止運轉就進行上油作業，罰鍰 3~30 萬元。

題幹　職安法第 44 條（罰則 200 萬元）

未依 第 7 條第 3 項 規定 登錄 或違反 第 10 條第 2 項 之規定者，處新臺幣 3 萬元以上 15 萬元以下 罰鍰；經通知限期改善，屆期未改善者，並得按次處罰。

違反 第 7 條第 1 項、第 8 條第 1 項、第 13 條第 1 項或第 14 條第 1 項規定者，處新臺幣 20 萬元以上 200 萬元以下 罰鍰，並得限期停止輸入、產製、製造或供應；屆期不停止者，並得按次處罰。

未依 第 7 條第 3 項 規定 標示 或違反第 9 條第 1 項之規定者，處新臺幣 3 萬元以上 30 萬元以下 罰鍰，並得令限期回收或改正。

未依前項規定限期回收或改正者，處新臺幣 10 萬元以上 100 萬元以下罰鍰，並得按次處罰。

違反第 7 條第 1 項、第 8 條第 1 項、第 9 條第 1 項規定之產品，或第 14 條第 1 項規定之化學品者，得沒入、銷燬或採取其他必要措施，其執行所需之費用，由行為人負擔。

▶ 提示

本題曾考過配合題。主要是判斷各項違規情形要罰多少錢？如新買的堆高機沒有警報器且無安全標示，罰鍰 20~200 萬元。製造者、輸入者或供應者，提供化學品與事業單位或自營作業者前，沒有給予標示及提供安全資料表，罰鍰 3~15 萬元。未於中央主管機關指定之資訊申報網站登錄，罰鍰 3~15 萬元。未於其產製或輸入之產品明顯處張貼安全標示，罰鍰 3~30 萬元。

題幹　職安法第 45 條（罰則 15 萬元）

有下列情形之一者，處新臺幣 3 萬元以上 15 萬元以下 罰鍰：

一、違反第 6 條第 2 項、第 12 條第 4 項、第 20 條第 1 項、第 2 項、第 21 條第 1 項、第 2 項、第 22 條第 1 項、第 23 條第 1 項、第 32 條第 1 項、第 34 條第 1 項或第 38 條之規定，經通知限期改善，屆期未改善。

二、違反第 17 條、第 18 條第 3 項、 第 26 條 至第 28 條、第 29 條第 3 項、第 33 條或第 39 條第 4 項之規定。

三、依第 36 條第 1 項之規定，應給付工資而不給付。

▶ 提示

本題曾考過配合題。主要是判斷各項違規情形要罰多少錢？如原事業單位於交付承攬時，沒有向承攬商進行危害告知，罰鍰 3~15 萬元。

題幹　職安法第 46 條（罰則 3 千元）

違反第 20 條第 6 項、第 32 條第 3 項或第 34 條第 2 項之規定者，處新臺幣 3千元 以下罰鍰。

▶提示

本題曾考過勞工不遵守工作守則，雇主可罰勞工 3,000 元（非）及勞工不遵守工作守則而發生職災，雇主不需負責任（非）的是非題。（勞工違反健康檢查、教育訓練或安全衛生工作守則的規定，罰鍰 3,000 元）

題幹　職安法第 49 條（公布姓名）

有下列情形之一者，得公布其事業單位、雇主、代行檢查機構、驗證機構、監測機構、醫療機構、訓練單位或顧問服務機構之名稱、負責人 姓名 ：

一、發生第 37 條第 2 項之災害。
二、有第 40 條至第 45 條、第 47 條或第 48 條之情形。
三、發生 職業病 。

▶提示

本題曾考過複選題。主要是判斷有哪些情形會公布事業單位負責人姓名與機關名稱？選項有職業災害、職業病、身心受到侵害、違反職安法第 16 條第 1 項被罰鍰 3 萬元。（此題基本上除了勞工違反規定而被處罰不公布外，只要是雇主違法的部分都會被公布）

題幹　職安法細則第 5 條（3 類場所）

職業安全衛生法所稱 勞動場所 ，包括下列場所：
一、 於勞動契約存續中，由雇主所提示，使勞工履行契約提供勞務之場所 。
二、 自營作業者實際從事勞動之場所 。
三、 其他受工作場所負責人指揮或監督從事勞動之人員，實際從事勞動之場所 。

本法所稱 工作場所 ，指 勞動場所 中， 接受雇主或代理雇主指示處理有關勞工事務之人所能支配、管理之場所 。

本法所稱 作業場所 ，指 工作場所中，從事特定工作目的之場所 。

▶提示

本題曾考過配合題、是非題及複選題，考場所範圍大小：勞動場所 > 工作場所 > 作業場所，及勞動場所定義或情境判斷為何種場所的問題。

題幹　職安法細則第 12 條（機械設備）

本法第 7 條第 1 項所稱中央主管機關指定之機械、設備或器具如下：

一、 動力衝剪機械。
二、 手推刨床。
三、 木材加工用圓盤鋸。
四、 動力堆高機。
五、 研磨機。
六、 研磨輪。
七、 防爆電氣設備。
八、 動力衝剪機械之光電式安全裝置。
九、 手推刨床之刃部接觸預防裝置。
十、 木材加工用圓盤鋸之 反撥預防裝置 及 鋸齒接觸預防裝置。
十一、 其他經中央主管機關指定公告者。

▶提示

本題曾考過中央主管機關指定之機械、設備或器具的**複選題**，會放一些其他的危險性機械、設備來混淆考生的判斷。

題幹　職安法細則第 22 條（危險機械）

本法第 16 條第 1 項所稱 具有危險性之機械，指符合中央主管機關所定一定容量以上之下列機械：

一、 固定式起重機。
二、 移動式起重機。
三、 人字臂起重桿。
四、 營建用升降機。
五、 營建用提升機。
六、 吊籠。
七、 其他經中央主管機關指定公告具有危險性之機械。

▶提示

本題曾考過複選題。

題幹　職安法細則第 25 條（危險之虞）

職業安全衛生法所稱 有立即發生危險之虞 時，指勞工處於需採取緊急應變或立即避難之下列情形之一：

一、 自設備洩漏大量危害性化學品，致有發生爆炸、火災或中毒等危險之虞時 。

二、 從事河川工程、河堤、海堤或圍堰等作業，因強風、大雨或地震，致有發生危險之虞時 。

三、 從事隧道等營建工程或管溝、沉箱、沉筒、井筒等之開挖作業，因落磐、出水、崩塌或流砂侵入等，致有發生危險之虞時 。

四、 於作業場所有易燃液體之蒸氣或可燃性氣體滯留，達爆炸下限值之 30%以上，致有發生爆炸、火災危險之虞時 。

五、 於儲槽等內部或通風不充分之室內作業場所，致有發生中毒或窒息危險之虞時 。

六、 從事缺氧危險作業，致有發生缺氧危險之虞時 。

七、 於高度 2 公尺以上作業，未設置防墜設施及未使勞工使用適當之個人防護具，致有發生墜落危險之虞時 。

八、 於道路或鄰接道路從事作業，未採取管制措施及未設置安全防護設施，致有發生危險之虞時 。

九、 其他 經中央主管機關指定公告有發生危險之虞時之情形。

▶提示

本題曾考過是非題、複選題。

題幹　職安法細則第 31 條（管理計畫）

職業安全衛生法所定 職業安全衛生管理計畫 ，包括下列事項：

一、 工作環境或作業危害之 辨 識、評估及控制。

二、 機 械 、設備或器具之管理。

三、 危害性化學品之分類、標示、 通 識及管理。

四、 有害作業環境之採樣 策 略規劃及監測。

五、危險性工作場 所 之製程或施工安全評估。

六、採 購 管理、承攬管理及變更管理。

七、安全衛生作業標 準 。

八、定期 檢 查、重點檢查、作業檢點及現場巡視。

九、安全衛生教育 訓 練。

十、個人 防 護具之管理。

十一、健康檢查、管 理 及促進。

十二、 安 全衛生資訊之蒐集、分享及運用。

十三、 緊 急應變措施。

十四、職業災害、虛驚事故、影響身心健康事件之調 查 處理及統計分析。

十五、安全衛生管理紀錄及績 效 評估措施。

十六、其 他 安全衛生管理措施。

▶提示

本題曾考過是非題、配合題及排序題。

▶口訣

便洩通廁所夠準；簡訊防李安；警察笑他（辦械通測所購準；檢訓防理安；緊查效他）

題幹　職安法細則第 32 條（安衛組織）

安全衛生組織，包括下列組織：

一、 職業安全衛生管理單位 ：為事業單位內擬訂、規劃、推動及督導職業安全衛生有關業務之組織。

二、 職業安全衛生委員會 ：為事業單位內審議、協調及建議職業安全衛生有關業務之組織。

▶提示

本題曾考過複選題。

題幹　職安法細則第 36 條（書面告知）

本法第 26 條第 1 項規定之事前 告知 ，應以 書面 為之，或召開 協商會議 並作成 紀錄 。

▶提示

本題曾考過**複選題**。（考危害告知的方式，如合約、備忘錄、協議紀錄、工程會議紀錄、安全衛生日誌、工具箱會議紀錄；僅有口頭告知並不符合規定）

題幹　職安法細則第 41 條（工作守則）

職業安全衛生法項所定 安全衛生工作守則 之內容，依下列事項定之：

一、事業之安全衛生管理及 各級之權責 。
二、 機械、設備或器具 之維護及檢查。
三、工作安全及衛生 標準 。
四、 教育及訓練 。
五、 健康 指導及管理措施。
六、急救及 搶救 。
七、 防護設備 之準備、維持及使用。
八、 事故通報 及報告。
九、 其他 有關安全衛生事項。

▶提示

本題曾考過**排序題、配合題、是非題**及**連連看**如某金屬工廠員工 8 人，請問需要訂定安全衛生工作守則嗎？答案是需要。（無論勞工有多少人，都需要訂定安全衛生工作守則）

例題：

工作守則排序：

(1) 報勞動檢查機構備查。
(2) 會同勞工代表制定。
(3) 一人發一冊。
(4) 公告後實施。

答：(2)會同勞工代表制定→(1)報勞動檢查機構備查→(4)公告後實施→(3) 一人發一冊。

1-23

題幹　職安法細則第 42 條（訂定及報備）

前條之安全衛生工作守則，得依事業單位之實際需要，訂定適用於全部或一部分事業，並得依工作性質、規模分別訂定，報請勞動檢查機構備查。

事業單位訂定之安全衛生工作守則，其適用區域跨二以上勞動檢查機構轄區時，應報請 中央主管機關 指定之勞動檢查機構備查。

▶ 提示

本題曾考過是非題、配合題。問安全衛生工作守則是否能適時修改或調整？（是），及子公司與總公司在不同縣市要找誰做裁定？（中央主管機關）

題幹　職安法細則第 43 條（勞工代表）

職業安全衛生法所定之 勞工代表 ，事業單位設 有工會者，由工會推派 之； 無工會組織而有勞資會議者，由勞方代表推選 之； 無工會組織且無勞資會議者，由勞工共同推選 之。

▶ 提示

本題曾考過排序題、是非題、複選題。考勞工代表產生的順序，另衍生勞工代表應參與哪 4 種業務？如職災調查、作業環境監測、參與安委會、訂定工作守則。勞工代表是否需為工會幹部？答案「否」，由工會推派即可，勞工代表不一定是幹部。

題幹　職安法細則第 47 條（職災通報）

本法第 37 條第 2 項規定雇主應於 8 小時內通報勞動檢查機構，所稱應於 8 小時內通報勞動檢查機構，指 事業單位明知或可得而知已發生規定之職業災害事實起 8 小時內 ，應向其事業單位所在轄區之勞動檢查機構通報。

▶ 提示

本題曾考過複選題。考雇主通報時間之起算點，例如 雇主得知勞工死亡 或 雇主得知勞工需住院治療 。

chapter 1 術科題型精選解析

題幹　職安法細則第 49 條（職災調查）

勞動檢查機構應依本法第 37 條第 3 項規定，派員對事業單位工作場所發生死亡或重傷之災害，實施檢查，並調查災害原因及責任歸屬。但其他法律已有 火災、爆炸、礦災、空難、海難、震災、毒性化學物質災害、輻射事故及陸上交通事故 之相關檢查、調查或鑑定機制者，不在此限。

前項所稱 重傷 之災害，指造成罹災者 肢體或器官嚴重受損 ， 危及生命 或造成其 身體機能嚴重喪失 ，且 須住院治療連續達 24 小時以上 之災害者。

▶提示

本題曾考過是非題。

題幹　職安法細則第 51 條（指定事業）

本法第 38 條所稱中央主管機關指定之事業如下：

一、 勞工人數在 50 人以上之事業。

二、 勞工人數未滿 50 人之事業，經中央主管機關指定，並由勞動檢查機構函知者。

▶提示

本題曾考過填空題。

1-25

職業安全衛生設施規則

題幹　設規第 3 條（電壓定義）

職業安全衛生設施規則所稱特高壓，係指超過 22,800 伏特之電壓；高壓，係指超過 600 伏特至 22,800 伏特之電壓；低壓，係指 600 伏特以下之電壓。

▶提示

本題曾考過填空題。35kV 屬於何種電壓選擇題？

題幹　設規第 6 條（車輛機械）

車輛機械，係指能以動力驅動且自行活動於非特定場所之車輛、車輛系營建機械、堆高機等。

車輛系營建機械，係指 推土機、平土機、鏟土機、碎物積裝機、刮運機、鏟刮機 等地面搬運、裝卸用營建機械及 動力鏟、牽引鏟、拖斗挖泥機、挖土斗、斗式掘削機、挖溝機 等掘削用營建機械及 打樁機、拔樁機、鑽土機、轉鑽機、鑽孔機、地鑽、夯實機、混凝土泵送車 等基礎工程用營建機械。

▶提示

本題曾考過配合題、複選題（何為車輛系營建機械？固定式起重機，移動式起重機，吊籠，營建用提升機，升降機，堆高機）。

題幹　設規第 11 條（爆炸物質）

本規則所稱 爆炸性物質，指下列危險物：

一、 硝化乙二醇、硝化甘油、硝化纖維 及其他具有爆炸性質之硝酸酯類。

二、 三硝基苯、三硝基甲苯、三硝基酚及其他具有爆炸性質之硝基化合物。

三、 過醋酸、過氧化丁酮、過氧化二苯甲醯及其他過氧化有機物。

▶提示

本題曾考過爆炸性物質有哪些之連連看、配合題。

題幹　設規第 12 條（著火物質）

本規則所稱 著火性物質 ，指下列危險物：

一、 金屬鋰、 金屬鈉 、金屬鉀。

二、 黃磷 、赤磷、硫化磷等。

三、 賽璐珞類。

四、 碳化鈣、磷化鈣。

五、 鎂粉 、鋁粉。

六、 鎂粉及鋁粉以外之金屬粉。

七、 二亞硫磺酸鈉。

八、 其他易燃固體、自燃物質、禁水性物質。

▶提示

本題曾考過著火性物質有哪些之連連看、配合題。

題幹　設規第 13 條（易燃液體）

本規則所稱 易燃液體 ，指下列危險物：

一、 乙醚、汽油、乙醛、環氧丙烷、二硫化碳及其他閃火點未滿攝氏零下 30 度之物質。

二、 正己烷 、環氧乙烷、丙酮、苯、丁酮及其他閃火點在攝氏零下 30 度以上，未滿攝氏 0 度之物質。

三、 乙醇、甲醇、二甲苯、乙酸戊酯及其他閃火點在攝氏 0 度以上，未滿攝氏 30 度之物質。

四、 煤油、輕油、松節油、異戊醇、 醋酸 及其他閃火點在攝氏 30 度以上，未滿攝氏 65 度之物質。

▶提示

本題曾考過配合題、連連看。

題幹　設規第 14 條（氧化物質）

職業安全衛生設施規則所稱 氧化性物質 ，指下列危險物：

一、 氯酸鉀 、氯酸鈉、氯酸銨及其他之氯酸鹽類。

二、 過氯酸鉀、過氯酸鈉、過氯酸銨及其他之過氯酸鹽類。

三、 過氧化鉀 、過氧化鈉、過氧化鋇及其他無機過氧化物。

四、 硝酸鉀、硝酸鈉、 硝酸銨 及其他硝酸鹽類。

五、 亞氯酸鈉及其他固體亞氯酸鹽類。

六、 次氯酸鈣及其他固體次氯酸鹽類。

▶提示

本題曾考過**選擇題**、**配合題**、**連連看**，如黎巴嫩貝魯特港口大爆炸的硝酸銨是屬於哪一種物質？答：氧化性物質。

題幹　設規第 15 條（可燃氣體）

本規則所稱 可燃性氣體 ，指下列危險物：

一、 氫。

二、 乙炔 、乙烯。

三、 甲烷、乙烷、 丙烷 、丁烷。

四、 其他於一大氣壓下、攝氏 15 度時，具有可燃性之氣體。

▶提示

本題曾考過**配合題**、**連連看**。

題幹　設規第 19-1 條（局限空間）

本規則所稱局限空間，指非供勞工在其內部從事 經常性作業 ，勞工 進出方法受限制 ，且無法以 自然通風 來維持充分、清淨空氣之空間。

▶提示

本題曾考過局限空間必要條件。

題幹　設規第 21-2 條（道路作業）

雇主對於使用道路作業之工作場所，為防止車輛突入等引起之危害，應依下列規定辦理：

一、從事公路施工作業，應依所在地直轄市、縣（市）政府審查同意之 交通維持計畫 或公路主管機關所核定圖說，設置交通管制設施。

二、作業人員應戴有 反光帶之安全帽 ，及穿著 顏色鮮明有反光帶之施工背心 ，以利辨識。

三、 與作業無關之車輛禁止停入作業場所 。但作業中必須使用之待用車輛，其駕駛常駐作業場所者，不在此限。

四、使用道路作業之工作場所，應於 車流方向後面設置車輛出入口 。但依周遭狀況設置有困難者，得於平行車流處設置車輛出入口，並置交通引導人員，使一般車輛優先通行，不得造成大眾通行之障礙。

五、於勞工從事道路挖掘、施工、工程材料吊運作業、道路或路樹養護等作業時，應於適當處所設置 交通安全防護設施 或 交通引導人員 。

六、前 2 款及前條第 1 項第 8 款所設置之交通引導人員有被撞之虞時，應於該人員前方適當距離，另設置具有顏色鮮明施工 背心 、 安全帽 及指揮棒之 電動旗手 。

七、 日間封閉 車道、 路肩逾 2 小時 或 夜間封閉 車道、 路肩逾 1 小時 者，應訂定 安全防護計畫 ，並 指派專人指揮勞工作業 及確認依交通維持圖說之管制設施施作。

▶提示

本題曾考過**複選題**及**填空題**（日間及夜間管制時數）。

題幹　設規第 25 條（建築淨高）

雇主對於建築物之工作室，其樓地板至天花板淨高應在 2.1 公尺以上。但建築法規另有規定者，從其規定。

▶提示

本題曾考過**填空題**。

題幹　設規第 29-6 條（簽署許可）

雇主使勞工於有危害勞工之虞之局限空間從事作業時，其進入許可應由雇主、工作場所負責人或現場作業主管簽署後，始得使勞工進入作業。對勞工之進出，應予確認、點名登記，並作成紀錄保存 3 年。

前項進入許可，應載明下列事項：

一、 作業場所 。

二、 作業種類 。

三、 作業時間及期限 。

四、 作業場所氧氣、危害物質濃度測定結果及測定人員簽名 。

五、 作業場所可能之危害 。

六、 作業場所之能源或危害隔離措施 。

七、 作業人員與外部連繫之設備及方法 。

八、 準備之防護設備、救援設備及使用方法 。

九、 其他維護作業人員之安全措施 。

十、 許可進入之人員及其簽名 。

十一、 現場監視人員及其簽名 。

雇主使勞工進入局限空間從事焊接、切割、燃燒及加熱等**動火作業**時，除應依第 1 項規定辦理外，應指定專人確認無發生危害之虞，並由 雇主 、 工作場所負責人 或 現場作業主管 確認安全，簽署動火許可後，始得作業。

▶提示

本題曾考過局限空間動火許可要誰簽署的配合題及**複選題**、進入許可應載明事項 10 選 5 的**複選題**。另依據職安署發布的公告，事業單位進行局限空間等危險作業，依勞動檢查法第 15 條規定，應於 3 日前向轄區勞動檢查機構進行線上通報。

題幹　設規第 31、33、36 條（通道規範）

一、 室內工作場所之主要人行道，不得小於 1 公尺，各機械間通道不得小於 80 公分、自路面起算 2 公尺高度之範圍內，不得有障礙物。

二、 車輛通行道寬度，應為最大車輛寬度 2 倍再加 1 公尺，如係單行道則為最大車輛寬度加 1 公尺。

三、 雇主架設之通道及機械防護跨橋，應依下列規定：

(一) 具有堅固之構造。

(二) 傾斜應保持在 30 度以下，但設置樓梯者或高度未滿 2 公尺而設置有扶手者，不在此限。

(三) 傾斜超過 15 度以上者，應設置踏條或採取防止滑溜之措施。

(四) 有墜落之虞之場所，應置備高度 75 公分以上之堅固扶手。

(五) 設置於豎坑內之通道，長度超過 15 公尺者，每隔 10 公尺內應設置平台一處。

(六) 營建使用之高度超過 8 公尺以上之階梯，應於每隔 7 公尺內應設置平台一處。

(七) 道路用漏空格條製成者，其縫間隙不得超過 3 公分，超過時，應裝置鐵絲網防護。

▶ 提示

本題曾考過填空題，注意公尺與公分的單位換算。

題幹　設規第 37 條（固定梯）

雇主設置之固定梯，應依下列規定：

一、具有堅固之構造。

二、應等間隔設置踏條。

三、踏條與牆壁間應保持 16.5 公分以上之淨距。

四、應有防止梯移位之措施。

五、不得有妨礙工作人員通行之障礙物。

六、平台用漏空格條製成者，其縫間隙不得超過 3 公分；超過時，應裝置鐵絲網防護。

七、梯之頂端應突出板面 60 公分以上。

八、梯長連續超過 6 公尺時，應每隔 9 公尺以下設一平台，並應於距梯底 2 公尺以上部分，設置護籠或其他保護裝置。但符合下列規定之一者，不在此限：

(一) 未設置護籠或其他保護裝置，已於每隔 6 公尺以下設一平台者。

(二) 塔、槽、煙囪及其他高位建築之固定梯已設置符合需要之安全帶、安全索、磨擦制動裝置、滑動附屬裝置及其他安全裝置，以防止勞工墜落者。

九、前款平台應有足夠長度及寬度，並應圍以適當之欄柵。

> 提示

本題曾考過填空題。注意題目會更換單位,如護籠距離梯底 200 公分。

題幹　設規第 56 條（禁戴手套）

雇主對於 鑽孔機 、 截角機 等旋轉刃具作業,勞工手指有觸及之虞者,應明確告知及標示勞工 不得使用手套 ,並使勞工確實遵守。

> 提示

本題曾考過**複選題**,考操作哪些機械不得使勞工戴手套作業或哪些是旋轉刃具作業。考題給鑽孔機圖問是什麼,不能戴什麼防護具。

題幹　設規第 57 條（維修措施）

雇主對於機械、設備及其相關配件之掃除、上油、檢查、修理或調整有導致危害勞工之虞者,應 停止 相關機械 運轉 及 送料 。為防止他人操作該機械、設備及其相關配件之起動等裝置或誤送料,應採 上鎖 或 設置標示 等措施,並 設置防止落下物導致危害勞工之安全設備與措施 。

> 提示

本題曾考過**配合題**,考若要清除研磨機上的鐵屑,除停機外雇主應採取何種措施?

題幹　設規第 58 條（機械防護）

雇主對於下列機械部分,其作業有危害勞工之虞者,應設置護罩、護圍或具有連鎖性能之安全門等設備。

一、 紙、布、鋼纜或其他具有捲入點危險之捲胴作業機械 。
二、 磨床或龍門刨床之刨盤、牛頭刨床之滑板等之衝程部分 。
三、 直立式車床、多角車床等之突出旋轉中加工物部分 。
四、 帶鋸（木材加工用帶鋸除外）之鋸切所需鋸齒以外部分之鋸齒及帶輪 。
五、 電腦數值控制或其他自動化機械具有危險之部分 。

> 提示

本題曾考過**複選題**。

題幹　設規第 62 條（研磨規範）

雇主對於研磨機之使用，應依下列規定：

一、研磨輪應採用經 速率試驗合格且有明確記載最高使用周速度 者。

二、規定研磨機之使用 不得超過規定最高使用周速度 。

三、規定研磨輪使用， 除該研磨輪為側用外，不得使用側面 。

四、規定研磨機使用，應於 每日作業開始前試轉 1 分鐘以上，研磨輪更換時應先檢驗有無裂痕，並在防護罩下試轉 3 分鐘以上 。

前項第 1 款之速率試驗，應按最高使用周速度增加 50 %為之。直徑不滿 10 公分之研磨輪得免予速率試驗。

▶ 提示

本題曾考過配合題，適合出填空題。要注意題目問的單位，例如 1 分鐘（60 秒）。

題幹　設規第 63-1 條（水刀規範）

雇主對於使用水柱壓力達每平方公分 350 公斤以上之高壓水切割裝置，從事 沖蝕 、 剝離 、 切除 、 疏通 及 沖擊 等作業，應依下列事項辦理：

一、應於事前依作業場所之狀況、高壓水切割裝置種類、容量等訂定安全衛生作業標準，使作業勞工周知，並指定專人指揮監督勞工依安全衛生作業標準從事作業。

二、為防止高壓水柱危害勞工，作業前應確認其停止操作時，具有立刻停止高壓水柱施放之功能。

三、禁止與作業無關人員進入作業場所。

四、於適當位置設置壓力表及能於緊急時立即遮斷動力之動力遮斷裝置。

五、作業時應緩慢升高系統操作壓力，停止作業時，應將壓力洩除。

六、提供防止高壓水柱危害之個人防護具，並使作業勞工確實使用。

▶ 提示

本題曾考過複選題。

題幹　設規第 69 條（衝剪機械）

雇主對勞工從事動力衝剪機械金屬模之安裝、拆模、調整及試模時，為防止滑塊等突降之危害應使勞工使用 安全塊 、 安全插梢 或 安全開關鎖匙 等之裝置。

▶提示

本題曾考過選擇題。

題幹　設規第 70 條（寸動調整）

雇主調整衝剪機械之金屬模使滑塊等動作時，對具有寸動機構或滑塊調整裝置者，應採用 寸動 ；未具寸動機構者， 應切斷衝剪機械之動力電源 ，於飛輪等之旋轉停止後，用手旋動飛輪調整之。

▶提示

本題曾考過選擇題。

題幹　設規第 72 條（作業管理）

雇主設置衝剪機械 5 台以上時，應指定 作業管理人員 負責執行下列職務：

一、檢查衝壓機械及其安全裝置。

二、發現衝剪機械及其安全裝置有異狀時，應即採取必要措施。

三、衝剪機械及其安全裝置裝設有鎖式換回開關時，應保管其鎖匙。

四、直接指揮金屬模之裝置、拆卸及調整作業。

▶提示

本題曾考過選擇題。

題幹　設規第 73 條（離心機械）

雇主對於離心機械，應裝置 覆蓋 及 連鎖裝置 。

前項連鎖裝置，應使覆蓋未完全關閉時無法啟動。

▶提示

本題曾考過複選題。

題幹　設規第 76 條（粉碎機與混合機）

為防止勞工有自粉碎機及混合機之開口部分墜落之虞，雇主應有覆蓋，護圍、高度在 90 公分以上之圍柵等必要設備。但設置覆蓋、護圍或圍柵有阻礙作業，且從事該項作業之勞工佩戴安全帶或安全索以防止墜落者，不在此限。

▶提示

本題曾考過填空題。

題幹　設規第 78 條（滾軋機）

雇主對於滾輾紙、布、金屬箔等或其他具有捲入點之 滾軋機 ，有危害勞工之虞時，應設 護圍 、 導輪 或具有連鎖性能之安全防護裝置等設備。

▶提示

本題曾考過複選題。考榨甘蔗機是何機具與應設什麼安全設備？

題幹　設規第 91 條（過捲預防）

雇主對於 起重機具之吊鉤或吊具 ，為防止與吊架或捲揚胴接觸、碰撞，應有至少保持 0.25 公尺距離之過捲預防裝置，如為 直動式過捲預防裝置者 ，應保持 0.05 公尺以上距離；並於鋼索上作顯著標示或設警報裝置，以防止過度捲揚所引起之損傷。

▶提示

本題曾考過填空題。

題幹　設規第 95 條（連鎖裝置）

雇主對於升降機之升降路各樓出入口門，應有連鎖裝置，使搬器地板與樓板相差 7.5 公分以上時，升降路出入口門不能開啟之。

▶提示

本題曾考過填空題，適合出是非題、配合題。

題幹　設規第 97 條（安全係數）

雇主對於起重機具所使用之吊掛構件，應使其具足夠強度，使用之吊鉤或鉤環及附屬零件，其斷裂荷重與所承受之最大荷重比之安全係數，應在 4 以上。

▶提示

本題曾考過填空題。

題幹　設規第 98 條（吊鏈規範）

雇主不得以下列任何一種情況之吊鏈作為起重升降機具之吊掛用具：

一、延伸長度超過 5 %以上者。
二、斷面直徑減少 10 %以上者。
三、有 龜裂 者。

▶提示

本題曾考過複選題、填空題。

題幹　設規第 99 條（鋼索規範）

雇主不得以下列任何一種情況之吊掛之鋼索作為起重升降機具之吊掛用具：

一、鋼索一撚間有 10 %以上素線截斷者。
二、直徑減少達公稱直徑 7 %以上者。
三、有顯著 變形或腐蝕 者。
四、已 扭結 者。

▶提示

本題曾考過複選題、填空題。

題幹　設規第 108 條（貯存規範）

雇主對於高壓氣體之貯存，應依下列規定辦理：

一、貯存場所應有適當之警戒標示， 禁止煙火 接近。
二、貯存周圍 2 公尺內不得放置有煙火及著火性、引火性物品。

三、盛裝容器和空容器應 分區放置 。

四、可燃性氣體、有毒性氣體及氧氣之鋼瓶，應 分開貯存 。

五、應安穩置放並加 固定及裝妥護蓋 。

六、容器應保持在攝氏 40 度以下。

七、貯存處應考慮於 緊急時便於搬出 。

八、通路面積以確保貯存處面積 20% 以上為原則。

九、貯存處附近， 不得任意放置其他物品 。

十、貯存比空氣重之氣體，應注意低漥處之 通風 。

▶提示

本題曾考過**配合題**。

題幹　設規第 116 條（駕駛規範）

使用座式操作之 配衡型 堆高機及 側舉型 堆高機，應使擔任駕駛之勞工確實使用駕駛座 安全帶 。但駕駛座配置有車輛傾倒時，防止駕駛者被堆高機壓傷之護欄或其他防護設施者，不在此限。（第 14 款）

▶提示

本題曾考過**複選題**。

題幹　設規第 117 條（行駛速率）

雇主對於最大速率超過每小時 10 公里之 車輛系營建機械 ，應於事前依相關作業場所之地質、地形等狀況，規定車輛行駛速率，並使勞工依該速率進行作業。

▶提示

本題曾考過**填空題**。

題幹　設規第 126 條（教育訓練）

雇主對於荷重在 1 公噸以上之堆高機，應指派經特殊作業安全衛生教育訓練人員操作。

▶ 提示

本題曾考過填空題。

::: 題幹 設規第 144 條（安全係數）

雇主對行駛於軌道之車輛，應依下列規定：

一、車輛與車輛之連結，應有確實之連接裝置。

二、凡藉捲揚裝置行駛之車輛，其捲揚鋼索之斷裂荷重之值與所承受最大荷重比之安全係數，載貨者 應在 6 以上，載人者 應在 10 以上。

▶ 提示

本題曾考過填空題。

::: 題幹 設規第 155 條（搬運規範）

雇主對於物料之搬運，應儘量利用機械以代替人力，凡 40 公斤以上物品，以人力車輛 或工具搬運為原則，500 公斤以上物品，以 機動車輛 或其他機械搬運為宜；運輸路線，應妥善規劃，並作標示。

▶ 提示

本題曾考過填空題。

::: 題幹 設規第 161 條（物料積垛）

雇主對於堆積於倉庫、露存場等之物料集合體之物料積垛作業，應依下列規定：

一、如作業地點高差在 1.5 公尺以上時，應設置使從事作業之勞工能安全上下之設備。但如使用該積垛即能安全上下者，不在此限。

二、作業地點高差在 2.5 公尺以上時，除前款規定外，並應指定專人採取下列措施：

(一) 決定作業方法及順序，並指揮作業。

(二) 檢點工具、器具，並除去不良品。

(三) 應指示通行於該作業場所之勞工有關安全事項。

(四) 從事拆垛時，應確認積垛確無倒塌之危險後，始得指示作業。

(五) 其他監督作業情形。

▶ 提示

本題曾考過填空題。

題幹　　設規第 162 條（積垛間距）

雇主對於草袋、麻袋、塑膠袋等袋裝容器構成之積垛，高度在 2 公尺以上者，應規定其積垛與積垛間下端之距離在 10 公分以上。

▶ 提示

本題曾考過填空題。

題幹　　設規第 163 條（拆垛作業）

雇主對於高度 2 公尺以上之積垛，使勞工從事拆垛作業時，應依下列規定：

一、不得自積垛物料中間抽出物料。

二、拆除袋裝容器構成之積垛，應使成階梯狀，除最底階外，其餘各階之高度應在 1.5 公尺以下。

▶ 提示

本題曾考過填空題。

題幹　　設規第 166 條（安全上下）

雇主對於勞工從事載貨台裝卸貨物其高差在 1.5 公尺以上者，應提供勞工安全上下之設備。

▶ 提示

本題曾考過填空題。

題幹　　設規第 167 條（物料裝卸）

雇主使勞工於載貨台從事單一之重量超越 100 公斤以上物料裝卸時，應指定專人採取下列措施：

一、決定作業方法及順序，並指揮作業。

二、檢點工具及器具，並除去不良品。

三、 禁止與作業無關人員進入作業場所 。

四、 從事解纜或拆墊之作業時，應確認載貨台上之貨物無墜落之危險 。

五、 監督勞工作業狀況 。

▶提示

本題曾考過**排序題**。

題幹　設規第 177 條（防爆措施）

雇主對於作業場所有易燃液體之蒸氣、可燃性氣體或爆燃性粉塵以外之可燃性粉塵滯留，而有爆炸、火災之虞者，應依危險特性採取通風、換氣、除塵等措施外，並依下列規定辦理：

一、 指定專人對於前述蒸氣、氣體之濃度，於 作業前 測定之。

二、 蒸氣或氣體之濃度達爆炸下限值之 30% 以上時， 應即刻使勞工退避至安全場所，並停止使用煙火及其他為點火源之虞之機具，並應加強通風 。

三、 使用之電氣機械、器具或設備，應具有適合於其設置場所危險區域劃分使用之防爆性能構造。

▶提示

本題曾考過**複選題**、**配合題**及**填空題**。

題幹　設規第 181-1 條（金屬加熱）

雇主使勞工從事金屬之加熱熔融、熔鑄作業時，對於冷卻系統應配置進出口 溫度 、 壓力 、 流量 監測及警報裝置；於停電或緊急狀況時，應設置緊急排放高熱熔融物之裝置及應急 冷卻 設施，確保 冷卻 效果。

▶提示

本題為 113 年新增法規，適合出**配合題**或**選擇題**。

題幹　設規第 184 條（危險物處置）

雇主對於危險物製造、處置之工作場所，為防止爆炸、火災，應依下列規定辦理：

一、 爆炸性物質 ，應遠離煙火、或有發火源之虞之物，並不得加熱、摩擦、衝擊。

二、 著火性物質 ，應遠離煙火、或有發火源之虞之物，並不得加熱、摩擦或衝擊或使其接觸促進氧化之物質或水。

三、 氧化性物質 ，不得使其接觸促進其分解之物質，並不得予以加熱、摩擦或撞擊。

四、 易燃液體 ，應遠離煙火或有發火源之虞之物，未經許可不得灌注、蒸發或加熱。

五、 除製造、處置必需之用料外，不得任意放置危險物。

▶提示

本題曾考過**連連看**。

題幹　設規第 190 條（容器規範）

對於雇主為金屬之熔接、熔斷或加熱等作業所須使用可燃性氣體及氧氣之容器，應依下列規定辦理：

一、 容器不得設置、使用、儲藏或放置於下列場所：

　(一) 通風或換氣不充分之場所。

　(二) 使用煙火之場所或其附近。

　(三) 製造或處置火藥類、爆炸性物質、著火性物質或多量之易燃性物質之場所或其附近。

二、 保持容器之溫度於 攝氏 40 度以下 。

三、 容器應直立穩妥放置，防止傾倒危險，並不得撞擊 。

四、 容器使用時，應留置專用板手於容器閥柄上，以備緊急時遮斷氣源。

五、 搬運容器時應裝妥護蓋。

六、 容器閥、接頭、調整器、配管口應清除油類及塵埃 。

七、 應輕緩開閉容器閥。

八、 應清楚分開使用中與非使用中之容器。

九、 容器、閥及管線等不得接觸電焊器、電路、電源、火源。

十、 搬運容器時，應禁止在地面滾動或撞擊。

十一、 自車上卸下容器時，應有防止衝擊之裝置。

十二、 自容器閥上卸下調整器前，應先關閉容器閥，並釋放調整器之氣體，且操作人員應避開容器閥出口。

▶提示

本題曾考過易燃物料貯放要點**選擇題**。

題幹　設規第 203 條（乙炔壓力）

雇主對於使用乙炔熔接裝置或氧乙炔熔接裝置從事金屬之熔接、熔斷或加熱作業時，應規定其產生之乙炔壓力不得超過表壓力每平方公分 $\boxed{1.3}$ 公斤以上。

▶ 提示

本題曾考過填空題。

題幹　設規第 204 條（發生器室）

雇主對於乙炔熔接裝置之乙炔發生器，應有專用之發生器室，並以置於屋外為原則，該室之開口部分應與其他建築物保持 $\boxed{1.5}$ 公尺以上之距離；如置於屋內，該室之上方不得有樓層構造，並應遠離明火或有火花發生之虞之場所。

▶ 提示

本題曾考過填空題。

題幹　設規第 205 條（構造規範）

雇主對於乙炔發生器室之構造，應依下列規定：

一、牆壁應以不燃性材料建造，且有相當之強度。

二、室頂應以薄鐵板或不燃性之輕質材料建造。

三、應設置突出於屋頂上之排氣管，其截面積應為地板面積之 $\boxed{1/16}$ 以上，且使排氣良好，並與出入口或其他類似開口保持 $\boxed{1.5}$ 公尺以上之距離。

四、門應以鐵板或不燃性之堅固材料建造。

五、牆壁與乙炔發生器應有適當距離，以免妨礙發生器裝置之操作及添料作業。

▶ 提示

本題曾考過填空題，此題適合出配合題、選擇題。

題幹　設規第 219 條（爆破作業）

點火後，充填之火藥類未發生爆炸或難予確認時，應依下列規定處理：（第 5 款）

一、使用 $\boxed{電氣雷管}$ 時，應自發爆器卸下發爆母線、短結其端部、採取無法再點火之措施、並經 $\boxed{5}$ 分鐘以上之時間，確認無危險之虞後，始得接近火藥類之充填地點。

二、使用 電氣雷管以外 者，點火後應經 15 分鐘以上之時間，並確認無危險之虞後，始得接近火藥類之充填地點。

▶ 提示

本題曾考過填空題。

題幹　設規第 224 條（墜落防止）

雇主對於高度在 2 公尺以上之工作場所 邊緣及開口 部分，勞工有遭受墜落危險之虞者，應設有適當強度之 護欄、護蓋 等防護設備。

▶ 提示

本題曾考過填空題。

題幹　設規第 227 條（屋頂防墜）

雇主對勞工於以 石綿板 、 鐵皮板 、 瓦 、 木板 、 茅草 、 塑膠 等易踏穿材料構築之屋頂及雨遮，或於以 礦纖板 、 石膏板 等易踏穿材料構築之夾層天花板從事作業時，為防止勞工踏穿墜落，應採取下列設施：

一、 規劃安全通道，於屋架、雨遮或天花板支架上設置適當強度且寬度在 30 公分以上之踏板。

二、 於屋架、雨遮或天花板下方可能墜落之範圍，裝設堅固 格柵 或 安全網 等防墜設施。

三、 指定屋頂作業主管指揮或監督該作業。

雇主對前項作業已採其他安全工法或設置踏板面積已覆蓋全部易踏穿屋頂、雨遮或天花板，致無墜落之虞者，得不受前項限制。

▶ 提示

本題曾考過填空題、此題適合出配合題、選擇題。

題幹　設規第 227-1 條

雇主對於新建、增建、改建或修建工廠之鋼構屋頂，勞工有遭受墜落危險之虞者，應依下列規定辦理：

一、 於邊緣及屋頂突出物頂板周圍，設置高度 90 公分以上之女兒牆或適當強度欄杆。

二、 於易踏穿材料構築之屋頂，應於屋頂頂面設置適當強度且寬度在 30 公分以上通道，並於屋頂採光範圍下方裝設堅固格柵。

前項所定工廠，為事業單位從事物品製造或加工之固定場所。

▶提示

本題曾考過填空題。

題幹　設規第 228 條（安全上下）

雇主對勞工於高差超過 1.5 公尺以上之場所作業時，應設置能使勞工安全上下之設備。

▶提示

本題曾考過填空題。

題幹　設規第 229 條（移動梯）

雇主對於使用之移動梯，應符合下列之規定：

一、 具有 堅固之構造 。
二、 其材質不得有顯著之 損傷、腐蝕 等現象。
三、 寬度應在 30 公分以上。
四、 應採取 防止滑溜 或其他防止轉動之必要措施。

▶提示

本題曾考過填空題，此題適合出複選題或配合題。

題幹　設規第 230 條（合梯規範）

雇主對於使用之合梯，應符合下列規定：

一、 具有 堅固之構造 。
二、 其材質不得有顯著之 損傷、腐蝕 等。
三、 梯腳與地面之角度應在 75 度以內，且兩梯腳間有金屬等 硬質繫材 扣牢，腳部有 防滑絕緣腳座套 。
四、 有安全之 防滑梯面 。

雇主不得使勞工以合梯當作 2 工作面之上下設備使用，並應禁止勞工站立於頂板作業。

▶提示

本題曾考過填空題、複選題。

題幹　　設規第 231 條（梯式施工架）

雇主對於使用之梯式施工架立木之梯子，應符合下列規定：

一、具有適當之強度。

二、置於座板或墊板之上，並視土壤之性質埋入地下至必要之深度，使每一梯子之二立木平穩落地，並將梯腳適當紮結。

三、以一梯連接另一梯增加其長度時，該二梯至少應疊接 1.5 公尺以上，並紮結牢固。

▶提示

本題曾考過填空題。

題幹　　設規第 234 條（水上作業）

雇主對於水上作業勞工有落水之虞時，除應使勞工穿著 救生衣 、 設置監視人員 及 救生設備 外，並應符合下列規定：

一、 使用水上動力船隻，應設置滅火器及堵漏設備 。

二、 使用水上動力船隻於夜間作業時，應依國際慣例懸掛燈號及有足夠照明 。

三、 水上作業，應備置急救設備 。

四、 水上作業時，應先查明舖設於水下之電纜管路及其他水下障礙物位置，經妥善處理後，再行施工 。

五、 有水上、岸上聯合作業情況時，應設置通訊設備或採行具聯絡功能之措施，並選任指揮聯絡人員 。

▶提示

本題曾考過複選題。

題幹　設規第 237 條（飛落防止）

雇主對於自高度在 $\boxed{3}$ 公尺以上之場所投下物體有危害勞工之虞時，應設置適當之滑槽、承受設備，並指派監視人員。

▶ 提示

本題曾考過填空題。

題幹　設規第 241 條（感電預防）

雇主對於電氣機具之帶電部分，如勞工於作業中或通行時，有因接觸或接近致發生感電之虞者，應設 $\boxed{\text{防止感電之護圍或絕緣被覆}}$ 。

▶ 提示

本題曾考過配合題。

題幹　設規第 243 條（漏電斷路器）

雇主為避免漏電而發生感電危害，應依下列狀況，於各該電動機具設備之連接電路上設置適合其規格，具有 $\boxed{\text{高敏感度、高速型，能確實動作}}$ 之防止感電用漏電斷路器：

一、使用對地電壓在 $\boxed{150}$ 伏特以上移動式或攜帶式電動機具。

二、於含水或被其他導電度高之液體濕潤之 $\boxed{\text{潮濕場所}}$ 、 $\boxed{\text{金屬板}}$ 上或 $\boxed{\text{鋼架}}$ 上等導電性良好場所使用移動式或攜帶式電動機具。

三、於建築或工程作業使用之 $\boxed{\text{臨時用電設備}}$ 。

▶ 提示

本題曾考過選擇題、填空題，此題適合出是非題、配合題。

題幹　設規第 244 條（電動機具）

電動機具合於下列之一者，不適用前條之規定（設置防止感電用漏電斷路器）：

一、$\boxed{\text{連接於非接地方式電路（該電動機具電源側電路所設置之絕緣變壓器之二次側電壓在 300 伏特以下,且該絕緣變壓器之負荷側電路不可接地者）中使用之電動機具}}$ 。

二、$\boxed{\text{在絕緣台上使用之電動機具}}$ 。

三、雙重絕緣構造之電動機具。

▶ 提示

本題曾考過複選題。雙重絕緣構造之電動機具有「回」標誌。110V 攪拌器，什麼狀態下不用漏電斷路器？

題幹　設規第 245 條（焊接柄）

雇主對電焊作業使用之焊接柄，應有相當之 絕緣耐力及耐熱性 。

▶ 提示

本題曾考過配合題。

題幹　設規第 249 條（手提式照明燈）

雇主對於良導體機器設備內之檢修工作所用之手提式照明燈，其使用電壓不得超過 24 伏特，且導線須為 耐磨損 及有 良好絕緣 ，並不得有接頭。

▶ 提示

此題適合出填空題、選擇題、配合題。

題幹　設規第 250 條（交流電焊機）

雇主對勞工於良導體機器設備內之狹小空間，或於鋼架等致有觸及高導電性接地物之虞之場所，作業時所使用之 交流 電焊機，應有 自動電擊防止裝置 。

▶ 提示

本題曾考過配合題、選擇題。

題幹　設規第 254 條（停電作業）

雇主對於電路開路後從事該電路、該電路支持物、或接近該電路工作物之敷設、建造、檢查、修理、油漆等作業時，應於確認電路開路後，就該電路採取下列設施：

一、開路之開關於作業中，應 上鎖或標示 「禁止送電」、「停電作業中」或設置 監視人員 監視之。

二、開路後之電路如含有電力電纜、電力電容器等致電路有殘留電荷引起危害之虞，應以安全方法確實 放電 。

三、開路後之電路藉放電消除殘留電荷後，應以檢電器具檢查，確認其已停電，且為防止該停電電路與其他電路之混觸、或因其他電路之感應、或其他電源之逆送電引起感電之危害，應使用短路接地器具確實 短路 ，並加 接地 。

四、前款停電作業範圍如為發電或變電設備或開關場之一部分時，應將該 停電作業範圍 以 藍帶 或網加圍，並懸掛「停電作業區」標誌； 有電部分 則以 紅帶 或網加圍，並懸掛「有電危險區」標誌，以資警示。

▶提示

本題曾考過排序題及連連看，考停電程序「上鎖、標示或監視→放電→短路→接地」，連連看則是考停電作業範圍及有電範圍各應以何種色帶加圍。

題幹　**設規第 259 條（活線接近作業）**

雇主使勞工於 接近高壓電路或高壓電路支持物 從事敷設、檢查、修理、油漆等作業時，為防止勞工接觸高壓電路引起感電之危險，在距離頭上、身側及腳下 60 公分以內之高壓電路者，應在該電路設置 絕緣用防護裝備 。

▶提示

本題曾考過填空題。

題幹　**設規第 264 條（用電管理）**

雇主對於裝有電力設備之工廠、供公眾使用之建築物及受電電壓屬高壓以上之用電場所，應依下列規定置專任電氣技術人員，或另委託用電設備檢驗維護業，負責維護與電業供電設備分界點以內一般及緊急電力設備之用電安全：

一、低壓： 600 伏特以下 供電，且 契約容量達 50 瓩以上 之工廠或供公眾使用之建築物，應置 初級電氣技術人員 。

二、高壓：超過 600 伏特至 22,800 伏特供電之用電場所，應置中級電氣技術人員。

三、特高壓：超過 22,800 伏特供電之用電場所，應置高級電氣技術人員。

▶提示

本題曾考過配合題、填空題。

題幹　設規第 268 條（活線作業空間）

雇主對於 600 伏特以下之電氣設備前方，至少應有 80 公分以上之水平工作空間。但於低壓帶電體前方，可能有檢修、調整、維護之活線作業時，不得低於下表規定：

對地電壓（伏特）	最小工作空間（公分） 工作環境		
	甲	乙	丙
0 至 150	90	90	90
151 至 600	90	105	120

▶ 提示

本題曾考過填空題。考 600 伏特以下電氣設備前方，至少應有多少水平工作空間？110 伏特要有多少公分空間（甲乙丙工作環境都是 90 公分），200 伏特電氣設備前應該有多少的水平工作空間？答：依設規第 268 條甲乙丙工作環境，分別為 90、105、120 公分。

題幹　設規第 270 條（工作環境）

一、工作環境甲：水平工作空間一邊有露出帶電部分，另一邊無露出帶電部分或亦無露出接地部分者，或兩邊為以合適之木材或絕緣材料隔離之露出帶電部分者。

二、工作環境乙：水平工作空間一邊為露出帶電部分，另一邊為接地部分者。

三、工作環境丙：操作人員所在之水平工作空間，其兩邊皆為露出帶電部分且無隔離之防護者。

▶ 提示

本題曾考過甲乙丙工作環境解釋名詞的連連看。

題幹　設規第 272 條（檢驗性能）

雇主對於絕緣用防護裝備、防護具、活線作業用工具等，應每 6 個月檢驗其性能 1次，工作人員應於每次使用前自行檢點，不合格者應予更換。

▶ 提示

本題曾考過填空題。

題幹　設規第 277-1 條（呼吸防護措施）

雇主使勞工使用呼吸防護具時，應指派專人採取下列呼吸防護措施，作成執行紀錄，並留存 3 年：

一、危害 辨識及暴露評估 。

二、防護具之 選擇 。

三、防護具之 使用 。

四、防護具之 維護及管理 。

五、呼吸防護 教育訓練 。

六、 成效評估及改善 。

前項呼吸防護措施，事業單位勞工人數達 200 人以上者，雇主應依中央主管機關公告之相關指引，訂定呼吸防護計畫，並據以執行；於勞工人數未滿 200 人者，得以執行紀錄或文件代替。

▶提示

本題曾考過填空題，此題適合出排序題、配合題。

題幹　設規第 281 條（防墜護具）

雇主對於在高度 2 公尺以上之高處作業，勞工有墜落之虞者，應使勞工確實使用安全帶、安全帽及其他必要之防護具，但經雇主採安全網等措施者，不在此限。

前項安全帶之使用，應視作業特性，依國家標準規定選用適當型式，對於 鋼構懸臂突出物 、 斜籬 、 2 公尺以上未設護籠等保護裝置之垂直固定梯、 局限空間 、 屋頂 或 施工架組拆 、 工作台組拆 、 管線維修 作業等高處或傾斜面移動，應採用符合國家標準 CNS 14253-1 同等以上規定之 全身背負式安全帶 及 捲揚式防墜器 。

▶提示

本題曾考過填空題、配合題及排序題。

題幹　設規第 286-3 條（外送防護）

雇主對於使用機車、自行車等交通工具從事外送作業，應置備 安全帽 、 反光標示 、 高低氣溫危害預防 、 緊急用連絡通訊設備 等合理及必要之安全衛生防護設施，並使勞工確實使用。

事業單位從事外送作業勞工人數在 30 人以上，雇主應依中央主管機關發布之相關指引，訂定 外送作業危害防止計畫，並據以執行；於勞工人數未滿 30 人者，得以執行紀錄或文件代替。

前項所定執行紀錄或文件，應留存 3 年。

▶ 提示

本題曾考過填空題、配合題。

題幹　設規第 300 條（噪音防護）

一、勞工工作場所因機械設備所發生之聲音超過 90 分貝時，雇主應採取工程控制、減少勞工噪音暴露時間，使勞工噪音暴露工作日 8 小時日時量平均不超過規定值或相當之劑量值，且任何時間不得暴露於峰值超過 140 分貝之衝擊性噪音或 115 分貝之連續性噪音；對於勞工 8 小時日時量平均音壓級超過 85 分貝或暴露劑量超過 50 %時，雇主應使勞工戴用有效之耳塞、耳罩等防音防護具。

二、測定勞工 8 小時日時量平均音壓級時，應將 80 分貝以上之噪音以增加 5 分貝降低容許暴露時間一半之方式納入計算。

三、噪音超過 90 分貝之工作場所，應標示並公告噪音危害之預防事項，使勞工周知。

▶ 提示

本題曾考過填空題。也曾經考過 87 分貝與 90 分貝兩台機器放在一起運作時，噪音是幾分貝的計算題？有符合安全規範嗎？

題幹　設規第 300-1 條（聽力保護措施）

雇主對於勞工 8 小時日時量平均音壓級超過 85 分貝或暴露劑量超過 50 %之工作場所，應採取下列聽力保護措施，作成執行紀錄並留存 3 年：

一、噪音監測及暴露評估。

二、噪音危害控制。

三、防音防護具之選用及佩戴。

四、聽力保護教育訓練。

五、健康檢查及管理。

六、成效評估及改善。

前項聽力保護措施，事業單位勞工人數達 100 人以上者，雇主應依作業環境特性，訂定聽力保護計畫據以執行；於勞工人數未滿 100 人者，得以執行紀錄或文件代替。

▶ 提示

本題曾考過填空題。

題幹　設規第 303-1 條

雇主使勞工從事戶外作業，其熱危害風險等級達表三 熱指數對照表 第 4 級以上者，應依下列規定辦理。但勞工作業時間短暫或現場設置確有困難，且已採取第 324-6 條所定熱危害預防措施者，不在此限：

一、於作業場所設置 遮陽設施 ，並提供 風扇 、 水霧 或其他具降低作業環境溫度效果之設備。

二、於鄰近作業場所設置遮陽及具有 冷氣 、 風扇 或自然通風良好等具降溫效果之 休息場所 ，並提供充足 飲水 或適當 飲料 。

表三：熱指數表

溫度(°C)	相對濕度(%) 40	45	50	55	60	65	70	75	80	85	90	95	100
43.3 （第四級）							57.8						
42.2						54.4	58.3						
41.1					51.1	54.4	58.3						
40.0 （第三級）				48.3	51.1	55.0	58.3						
38.9			45.6	48.3	51.1	54.4	58.3						
37.8		42.8	45.6	47.8	51.1	53.9	57.8						
36.7	40.6	42.8	45.0	47.2	50.6	53.3	56.7						
35.6	38.3	40.0	42.2	44.4	46.7	49.4	52.2	55.6	58.9				
34.4 （第二級）	36.1	37.8	39.4	41.1	43.3	45.6	48.3	51.1	53.9	57.2			
33.3	34.4	35.6	37.2	38.3	40.6	42.2	44.4	46.7	49.4	52.2	55.0	58.3	
32.2	32.8	33.9	35.0	36.1	37.8	39.4	40.6	42.8	45.0	47.2	50.0	52.8	55.6
31.1	31.1	31.7	32.8	33.9	35.0	36.7	37.8	39.4	41.1	43.3	45.0	47.2	49.4
30.0	29.4	30.6	31.1	31.7	32.8	33.9	35.0	36.1	37.8	38.9	40.6	42.2	44.4
28.9 （第一級）	28.3	28.9	29.4	30.0	31.1	31.7	32.2	33.3	34.4	35.6	36.7	37.8	39.4
27.8	27.2	27.8	28.3	28.9	28.9	29.4	30.0	31.1	31.7	32.2	32.8	33.9	35.0
26.7	26.7	26.7	27.2	27.2	27.8	27.8	28.3	28.9	28.9	29.4	30.0	30.0	30.6

▶ 提示

本題為 113 年新增法規，適合出填空題、配合題或選擇題。舉例來說，如現場溫度及相對濕度分別為攝氏 32 度及 67%，則應以攝氏 32.2 度及 70%評估其熱指數值（即 40.6）。

題幹　設規第 309 條（室內空間）

雇主對於勞工經常作業之室內作業場所，除設備及自地面算起高度超過 4 公尺以上之空間不計外，每一勞工原則上應有 10 立方公尺以上之空間。

▶ 提示

本題曾考過填空題。

題幹　設規第 311 條（開口面積）

雇主對於勞工經常作業之室內作業場所，其窗戶及其他開口部分等可直接與大氣相通之開口部分面積，應為地板面積之 20 分之 1 以上。但設置具有充分換氣能力之機械通風設備者，不在此限。

雇主對於前項 室內作業場所之氣溫在攝氏 10 度以下換氣時，不得使勞工暴露於每秒 1 公尺以上之氣流中 。

▶ 提示

本題曾考過是非題。

題幹　設規第 312 條（通風換氣）

雇主對於勞工工作場所應使空氣充分流通，必要時，應依下列規定以機械通風設備換氣：

一、應足以調節新鮮空氣、溫度及降低有害物濃度。

二、其換氣標準如下：

工作場所每一勞工所佔立方公尺數	每分鐘每一勞工所需之新鮮空氣之立方公尺數
未滿 5.7	0.6 以上
5.7 以上未滿 14.2	0.4 以上
14.2 以上未滿 28.3	0.3 以上
28.3 以上	0.14 以上

▶ 提示

本題曾考過是非題，題目會提供錯誤的新鮮空氣之立方公尺數，請考生判斷是非。

題幹　設規第 313 條（採光照明）

作業場所面積過大、夜間或氣候因素自然採光不足時，可用人工照明，依下表規定予以補足：

照度表		照明種類
場所或作業別	照明米燭光數	場所別採全面照明，作業別採局部照明
室外走道、及室外一般照明	20 米燭光以上	全面照明
一、 走道 、樓梯、倉庫、儲藏室堆置粗大物件處所。 二、 搬運粗大物件，如煤炭、泥土等。	50 米燭光以上	一、全面照明 二、全面照明
一、 機械及 鍋爐房 、升降機、裝箱、精細物件 儲藏室 、更衣室、 盥洗室、廁所 等。 二、 須 粗辨物體如半完成之鋼鐵產品、配件 組合 、磨粉、粗紡棉布極其他初步整理之工業製造。	100 米燭光以上	一、全面照明 二、局部照明
須細辨物體如 零件組合 、粗車床工作、普通檢查及產品試驗、淺色紡織及皮革品、製罐、防腐、肉類包裝、木材處理等。	200 米燭光以上	局部照明
一、 須精辨物體如細車床、較詳細檢查及精密試驗、分別等級、織布、淺色毛織等。 二、 一般辦公場所 。	300 米燭光以上	一、局面照明 二、全部照明
須極細辨物體，而有較佳之對襯，如 精密組合 、精細車床、精細檢查、玻璃磨光、精細木工、 深色毛織 等。	500 至 1,000 米燭光以上	局部照明
須極精辨物體而對襯不良，如 極精細儀器組合 、 檢查 、試驗、鐘錶珠寶之鑲製、菸葉分級、 印刷品校對、深色織品、縫製 等。	1,000 米燭光以上	局部照明

▶ 提示

本題曾考過填空題、選擇題及排序題。如哪個場所或作業類別，應有多少米燭光以上之照明。排序題會考依據不同的環境所需的照明米燭光數，由大排到小。如室外走道 20 米燭光、樓梯及倉庫 50 米燭光、粗車床工作 200 米燭光、一般辦公室 300 米燭光、鐘錶珠寶之鑲製 1,000 米燭光。

題幹　設規第 324-1 條（人因性危害預防）

雇主使勞工從事重複性之作業，為避免勞工因姿勢不良、過度施力及作業頻率過高等原因，促發肌肉骨骼疾病，應採取下列危害預防措施，作成執行紀錄並留存 3 年：

一、 分析作業流程 、內容及動作。

二、 確認 人因性危害因子 。

三、 評估、選定 改善方法 及執行。

四、 執行成效之 評估及改善 。

五、 其他 有關安全衛生事項。

前項危害預防措施，事業單位勞工人數達 100 以上者，雇主應依作業特性及風險，參照中央主管機關公告之相關指引， 訂定人因性危害預防計畫 ，並據以執行；於勞工人數未滿 100 人者，得以執行紀錄或文件代替。

▶提示

本題曾考過填空題。

Q 題目

職業安全衛生管理辦法

題幹　管理辦法第 1-1 條（管理系統）

雇主應依其事業之規模、性質，設置安全衛生組織及人員，建立職業安全衛生管理系統，透過 規劃 、 實施 、 評估 及 改善措施 等管理功能，實現安全衛生管理目標，提升安全衛生管理水準。

▶ 提示

本題曾考過是非題。例如職業安全衛生管理系統是否成功是依據 PDCA 的管理功能來實現管理目標。

題幹　管理辦法第 2 條（事業區分）、第 2-1 條（管理單位）、第 10 條（委員會）

事業單位應依下列規定設 職業安全衛生管理單位 或 職業安全衛生委員會 ：

一、第一類事業之事業單位勞工人數在 100 人以上者，應設直接隸屬雇主之 專責一級 管理單位。

二、第二類事業勞工人數在 300 人以上者，應設直接隸屬雇主之 一級 管理單位。

▶ 提示

本題曾考過填空題、配合題。例如：
題型：規模 201 人的食品工廠，職業安全衛生管理單位為專責一級管理單位。
題型：下列各類事業何者須設職業安全衛生管理單位？（複選）答案：b、c、d。
　　a. 銀行業 500 人（第三類低度風險）
　　b. 食品製造業 200 人（第一類顯著風險，100 人以上應設專責一級管理單位）
　　c. 金屬製造業 150 人（第一類顯著風險，100 人以上應設專責一級管理單位）
　　d. 醫院 1,200 人（第二類中度風險，300 人以上應設一級管理單位）

題幹　附表一：常見事業單位分類

事業之分類	定義	範例
第一類事業	具顯著風險者	1. 礦業、土石採取業：煤礦、石油、天然氣、金屬等。 2. 製造業中的下列：紡織、金屬製品、水泥、食品、飲料、菸草、皮革、電腦、電子零組件。 3. 營造業：土木、建築、油漆、管路、管道。 4. 水電燃氣業：電力、氣體燃料、暖氣熱水。 5. 運輸、倉儲、通信業：水上運輸、陸上運輸、倉儲。 6. 機械設備租賃業：生產性機械。 7. 環境衛生服務業。 8. 洗染業。 9. 批發零售業。 10. 其他服務業：建築物清潔、病媒防治、環境衛生及汙染防治。 11. 公共行政業：營造作業、廢棄物清除、廢(汙)水處理。
第二類事業	具中度風險者	1. 農林漁牧業。 2. 礦業及土石採取業：鹽業。 3. 製造業：陶瓷、玻璃、成衣、印刷、出版、藥品。 4. 水電燃氣業：自來水供應。 5. 運輸、倉儲、通信業：電信、郵政。 6. 餐旅業：飲食、旅館。 7. 機械設備租賃業：事務性機器。 8. 醫療保健服務業：醫院、診所、醫事、助產、獸醫。 9. 修理服務業：鞋、傘、皮革、電器、汽車、鐘錶。 10. 批發零售業：家庭電器、機械器具、回收物料。 11. 不動產及租賃業：不動產投資、管理。 12. 運輸工具租賃業：汽車、船舶、貨櫃。 13. 專業、科學及技術服務業：建築及工程技術服務、廣告、環境檢測。 14. 其他服務業：保全、汽車美容、浴室。 15. 個人服務業：停車場。 16. 政府機關、職訓、顧問服務、教育訓練、試驗室。 17. 工程顧問業：非破壞性檢測。 18. 零售化學原料業：裝卸、搬運、分裝、保管化學原料。 19. 批發零售業：冷凍（藏）設備、1噸堆高機操作。 20. 休閒服務業：（如：健身房）。 21. 動物園。 22. 國防事業：軍醫院、研究機構。

事業之分類	定義	範例
第三類事業	具低度風險者	上述指定之第一類及第二類事業以外之事業： 1. 新聞業。 2. 廣播及電視業。 3. 廣播及電視節目供應業。 4. 有聲出版業。 5. 文化及運動之下列事業：電影、藝術表演。 6. 金融及保險業。

題幹　管理辦法第 3 條（管理人員）

事業之雇主應依職業安全衛生管理辦法規定，置職業安全衛生業務主管及管理人員（以下簡稱管理人員）。

第一類事業之事業單位勞工人數在 100 人以上者，所置管理人員應為專職；第二類事業之事業單位勞工人數在 300 人以上者，所置管理人員應至少 1 人為專職。

▶ 提示

此題適合出填空題。

題幹　管理辦法第 3-2 條（人數計算）

事業單位勞工人數之計算，包含 原事業單位 及其 承攬人 、 再承攬人 之勞工及 其他受工作場所負責人指揮或監督從事勞動之人員 ，於同一期間、同一工作場所作業時之總人數。

事業設有總機構者，其勞工人數之計算，包含所屬 各地區事業單位作業勞工之人數 。

▶ 提示

本題曾考過填空題。

例如：醫院勞工 75 人，承攬商 40 人，不受指揮監督義工 5 人，事業單位勞工總數 115 人（不包含不受指揮監督義工）。應設置甲種職業安全衛生業務主管。

題幹　管理辦法第 4 條（未滿 30 人得擔任）

事業單位勞工人數未滿 30 人者，雇主或其代理人經職業安全衛生業務主管安全衛生教育訓練合格，得擔任該事業單位職業安全衛生業務主管。

▶ 提示

本題曾考過填空題。

題幹　管理辦法第 6-1 條（績效審查）

第一類事業單位或其總機構已實施第 12-2 條 職業安全衛生管理系統 相關管理制度，管理績效並經中央主管機關審查通過者，得不受第 2-1 條、第 3 條及前條有關 一級管理單位 應為專責及 職業安全衛生業務主管 應為專職之限制。

▶ 提示

本題曾考過配合題。

題幹　管理辦法第 7 條（人員資格）

職業安全衛生業務主管除第 4 條規定者外，雇主應自該事業之相關主管或辦理職業安全衛生事務者選任之。但營造業之事業單位，應由曾受營造業職業安全衛生業務主管教育訓練者選任之。

下列職業安全衛生人員，雇主應自事業單位勞工中具備下列資格者選任之：

一、職業安全管理師：

　　(一) 高等考試職業安全衛生類科錄取或具有工業安全技師資格。

　　(二) 領有職業安全管理甲級技術士證照。

　　(三) 曾任勞動檢查員，具有職業安全檢查工作經驗 3 年以上。

　　(四) 修畢工業安全相關科目 18 學分以上，並具有國內外大專以上校院工業安全相關類科碩士以上學位。

二、職業衛生管理師：

　　(一) 高等考試職業安全衛生類科錄取或具有職業衛生技師資格。

　　(二) 領有職業衛生管理甲級技術士證照。

　　(三) 曾任勞動檢查員，具有職業衛生檢查工作經驗 3 年以上。

(四) 修畢工業衛生相關科目 18 學分以上,並具有國內外大專以上校院工業衛生相關類科碩士以上學位。

三、 職業安全衛生管理員：

(一) 具有職業安全管理師或職業衛生管理師資格。

(二) 領有職業安全衛生管理乙級技術士證照。

(三) 曾任勞動檢查員,具有職業安全衛生檢查工作經驗 2 年以上。

(四) 修畢工業安全衛生相關科目 18 學分以上,並具有國內外大專以上校院工業安全衛生相關科系畢業。

(五) 普通考試職業安全衛生類科錄取。

前項大專以上校院工業安全相關類科碩士、工業衛生相關類科碩士、工業安全衛生相關科系與工業安全、工業衛生及工業安全衛生相關科目由中央主管機關定之。地方主管機關依中央主管機關公告之科系及科目辦理。

第 2 項第 1 款第 4 目及第 2 款第 4 目,自中華民國 101 年 7 月 1 日起不再適用；第 2 項第 3 款第 4 目,自 103 年 7 月 1 日起不再適用。

▶ 提示

本題曾考過**填空題**、**複選題**及**是非題**。曾考過下列何者適合當職業安全衛生管理員？選項有工業安全技師、領有職業安全衛生管理乙級技術士證人員、領有甲種職業安全衛生業務主管期滿證明人員、領有甲種職業安全衛生業務主管結業證書人員…等。

題幹　管理辦法第 8 條（代理期間）

職業安全衛生人員因故未能執行職務時,雇主應即指定適當代理人。其代理期間不得超過 3 個月。

勞工人數在 30 人以上之事業單位,其職業安全衛生人員離職時,應即報當地勞動檢查機構備查。

▶ 提示

本題曾考過**填空題**。

題幹　管理辦法第 11 條（委員會組成）

委員會置委員 7 人以上，除雇主為當然委員及第 5 款規定者外，由雇主視該事業單位之實際需要指定下列人員組成：

一、 職業安全衛生人員 。

二、 事業內各部門之 主管、監督、指揮人員 。

三、 與職業安全衛生有關之 工程技術人員 。

四、 從事勞工健康服務之 醫護人員 。

五、 勞工代表 。

委員任期為 2 年，並以雇主為主任委員，綜理會務。

委員會由主任委員指定 1 人為秘書，輔助其綜理會務。

勞工代表，應佔委員人數 1/3 以上；事業單位設 有工會者，由工會推派之 ； 無工會組織而有勞資會議者，由勞方代表推選之 ； 無工會組織且無勞資會議者，由勞工共同推選之 。

▶ 提示

本題曾考過勞工代表的填空題、排序題及是非題。

題幹　管理辦法第 12 條（委員會事務）

委員會應每 3 個月至少開會 1 次，辦理下列事項：

一、 對雇主擬訂之職業安全衛生 政策 提出建議。

二、 協調、建議 職業安全衛生管理計畫 。

三、 審議安全、衛生 教育訓練 實施計畫。

四、 審議 作業環境監測 計畫、監測結果及採行措施。

五、 審議健康管理、職業病預防及 健康促進 事項。

六、 審議各項 安全衛生提案 。

七、 審議事業單位 自動檢查 及安全衛生稽核事項。

八、 審議 機械、設備 或原料、材料危害之預防措施。

九、 審議 職業災害調查 報告。

十、 考核現場安全衛生管理 績效 。

十一、審議 承攬業務 安全衛生管理事項。

十二、其他 有關職業安全衛生管理事項。

前項委員會審議、協調及建議安全衛生相關事項，應作成紀錄，並保存 3 年。

▶提示

本題曾考過審議哪些事項、建議哪些事項之複選題、填空題。

題幹　管理辦法第 12-1 條（管理措施）

雇主應依其事業單位之規模、性質，訂定職業安全衛生 管理計畫 ，要求各級主管及負責指揮、監督之有關人員執行；勞工人數在 30 人以下之事業單位，得以安全衛生管理執行紀錄或文件代替職業安全衛生管理計畫。

勞工人數在 100 人以上之事業單位，應另訂定職業安全衛生 管理規章 。

職業安全衛生管理事項之執行，應作成紀錄，並保存 3 年。

▶提示

本題曾考過填空題、連連看。也曾考過職業安全衛生管理系統、職業安全衛生管理規章、安全衛生工作守則定義的連連看。

文件＼人數	30人以下	31~99人	100人以上
執行紀錄或文件	◎	◎	◎
職業安全衛生管理計畫		◎	◎
職業安全衛生管理規章			◎

題幹　管理辦法第 12-2 條（管理系統）

下列事業單位，雇主應依國家標準 CNS 45001 同等以上規定，建置適合該事業單位之職業安全衛生 管理系統 ，並據以執行：

一、第一類事業勞工人數在 200 人以上者。

二、第二類事業勞工人數在 500 人以上者。

三、有從事石油裂解之 石化工業 工作場所者。

四、有從事製造、處置或使用 危害性之化學品 ，數量達中央主管機關規定量以上之工作場所者。

前項安全衛生管理之執行，應作成紀錄，並保存 3 年。

▶提示

本題曾考過複選題、填空題。如醫院（第二類事業單位）勞工人數幾人時，應建置職業安全衛生管理系統？銀行屬於第 3 類事業單位，無須依法建置職業安全衛生管理系統。

題幹　管理辦法第 12-5 條（承攬管理）

第 12-2 條第 1 項之事業單位，以其事業之全部或一部分交付承攬或與承攬人 分別僱用勞工於同一期間、同一工作場所共同作業 時，除應依職安法第 26 條或第 27 條規定辦理外， 應就承攬人之安全衛生管理能力、職業災害通報、危險作業管制、教育訓練、緊急應變及安全衛生績效評估等事項，訂定承攬管理計畫 ，並促使承攬人及其勞工，遵守職業安全衛生法令及原事業單位所定之職業安全衛生管理事項。

前項執行紀錄，應保存 3 年。

▶提示

本題曾考過填充題、複選題。例如第一類事業 200 人以上要訂承攬管理計畫。

題幹　管理辦法第 12-6 條（緊急應變）

第 12-2 條第 1 項之事業單位，應依其潛在之風險，訂定緊急狀況預防、準備及應變之計畫，並定期實施演練。

前項執行紀錄，應保存 3 年。

▶提示

本題曾考過填空題。曾考過醫院勞工幾人的時候要訂定緊急應變計畫並實施？答：500 人。

題幹　管理辦法第 12-7 條（績效認可）

事業單位已實施第 12-2 職業安全衛生管理系統 相關管理制度，且管理績效良好並經認可者，中央主管機關得分級公開表揚之。

▶提示

本題曾考過配合題。

題幹　管理辦法第 14 條（一般車輛）

雇主對一般車輛，應每 $\boxed{3}$ 個月就車輛各項安全性能定期實施檢查一次。

▶ 提示

本題曾考過填空題。

題幹　管理辦法第 15-2 條（高空工作車）

雇主對高空工作車，應每 $\boxed{1}$ 個月依下列規定定期實施檢查一次：

一、制動裝置、離合器及操作裝置有無異常。

二、作業裝置及油壓裝置有無異常。

三、安全裝置有無異常。

▶ 提示

本題曾考過填空題。

題幹　管理辦法第 17 條（堆高機）

雇主對堆高機，應每 $\boxed{1}$ 年就該機械之整體定期實施檢查一次。

雇主對前項之堆高機，應每 $\boxed{1}$ 個月就下列規定定期實施檢查一次：

一、制動裝置、離合器及方向裝置。

二、積載裝置及油壓裝置。

三、貨叉、鍊條、頂蓬及桅桿。

▶ 提示

本題曾考過填空題。

題幹　管理辦法第 43 條（施工架及構台）

雇主對施工架及施工構台，應就下列事項，每 $\boxed{週}$ 定期實施檢查 1 次：

一、架材之損傷、安裝狀況。

二、立柱、橫檔、踏腳桁等之固定部分，接觸部分及安裝部分之鬆弛狀況。

三、固定材料與固定金屬配件之損傷及腐蝕狀況。

四、扶手、護欄等之拆卸及脫落狀況。

五、基腳之下沉及滑動狀況。

六、斜撐材、索條、橫檔等補強材之狀況。

七、立柱、踏腳桁、橫檔等之損傷狀況。

八、懸臂樑與吊索之安裝狀況及懸吊裝置與阻擋裝置之性能。

強風大雨等惡劣氣候、 4 級以上之地震襲擊後及每次停工之復工前，亦應實施前項檢查。

▶ 提示

本題曾考過填空題。

題幹　管理辦法第 46 條（捲揚裝置）

雇主對 捲揚裝置 於 開始使用 、 拆卸 、 改裝或修理 時，應依下列規定實施 重點檢查 ：

一、確認捲揚裝置安裝部位之強度，是否符合捲揚裝置之性能需求。

二、確認安裝之結合元件是否結合良好，其強度是否合乎需求。

三、其他保持性能之必要事項。

▶ 提示

本題曾考過複選題。

題幹　管理辦法第 51 條（作業檢點）

雇主對捲揚裝置應於 每日作業前 就其 制動裝置 、 安全裝置 、 控制裝置 及 鋼索通過部分 狀況實施 檢點 。

▶ 提示

本題曾考過複選題。

題幹　管理辦法第 52 條（固定式起重機）

雇主對固定式起重機，應於 每日作業前 依下列規定實施檢點，對置於瞬間風速可能超過每秒 30 公尺或 4 級以上地震後之固定式起重機，應實施各部安全狀況之檢點：

一、 過捲預防裝置 、 制動器 、 離合器及控制裝置 性能。

二、 直行軌道及吊運車橫行之導軌狀況。

三、 鋼索運行狀況。

▶ 提示

本題曾考過固定式起重機使用前要檢查哪些零組件。

題幹　管理辦法第 53 條（移動式起重機）

雇主對移動式起重機，應於每日作業前對 過捲預防裝置 、 過負荷警報裝置 、 制動器 、 離合器 、 控制裝置 及其他警報裝置之性能實施檢點。

▶ 提示

本題曾考過移動式起重機使用前要檢查哪些零組件。

題幹　管理辦法第 79 條（應訂計畫）

雇主依第 13 條至第 63 條規定實施之自動檢查，應訂定 自動檢查計畫 。

▶ 提示

本題曾考過是非題。

題幹　管理辦法第 80 條（檢查記錄）

雇主依第 13 條至第 49 條規定實施之定期檢查、重點檢查應就下列事項記錄，並保存 3 年：

一、 檢查年月日 。

二、 檢查方法 。

三、 檢查部分 。

四、 檢查結果 。

五、實施檢查者之姓名。

六、依檢查結果應採取改善措施之內容。

▶提示

本題曾考過配合題。

題幹　管理辦法第 81 條（危害回報）

勞工、主管人員 及 職業安全衛生管理人員 實施檢查、檢點時，發現對勞工有危害之虞者，應即報告上級主管。

▶提示

本題曾考過自動檢查是否只能指定給職業安全衛生管理人員執行？答：勞工、主管人員及職業安全衛生管理人員皆可執行自動檢查。自動檢查發現有異常時，應即報告上級主管，立即檢修及採取必要措施。

題幹　管理辦法第 85 條（承租約定）

事業單位 承租、承借機械、設備或器具供勞工使用者，應對該機械、設備或器具 實施自動檢查 。

前項自動檢查之定期檢查及重點檢查，於事業單位承租、承借機械、設備或器具時，得以 書面約定 由出租、出借人為之。

▶提示

本題曾考過甲公司請乙起重公司提供移動式起重機，定期檢查應由何方做？答：書面約定，事業單位（甲方）出資請乙方提供移動式起重機時，得以書面約定，由起重公司實施自動檢查。

題幹　管理辦法附表一：事業之分類

一、第一類事業

　　(一) 礦業及土石採取業。

　　　　1. 煤礦業。

　　　　2. 石油、天然氣及地熱礦業。

　　　　3. 金屬礦業。

4. 土礦及石礦業。

5. 化學與肥料礦業。

6. 其他礦業。

7. 土石採取業。

(二) 製造業中之下列事業：

1. 紡織業。

2. 木竹製品及非金屬家具製造業。

3. 造紙、紙製品製造業。

4. 化學材料製造業。

5. 化學品製造業。

6. 石油及煤製品製造業。

7. 橡膠製品製造業。

8. 塑膠製品製造業。

9. 水泥及水泥製品製造業。

10. 金屬基本工業。

11. 金屬製品製造業。

12. 機械設備製造修配業。

13. 電力及電子機械器材製造修配業中之電力機械器材製造修配業。

14. 運輸工具製造修配業。

15. 電力及電子機械器材製造修配業中之電子機械器材製造業及電池製造業。

16. 食品製造業。

17. 飲料及菸草製造業。

18. 皮革、毛皮及其製品製造業。

19. 電腦、電子產品及光學製品製造業。

20. 電子零組件製造業。

21. 其他非金屬礦物製品製造業。

(三) 營造業：

    1. 土木工程業。

    2. 建築工程業。

    3. 電路及管道工程業。

    4. 油漆、粉刷、裱蓆業。

    5. 其他營造業。

(四) 水電燃氣業中之下列事業：

    1. 電力供應業。

    2. 氣體燃料供應業。

    3. 暖氣及熱水供應業。

(五) 運輸、倉儲及通信業之下列事業：

    1. 運輸業中之水上運輸業及航空運輸業。

    2. 運輸業中之陸上運輸業及運輸服務業。

    3. 倉儲業。

(六) 機械設備租賃業中之生產性機械設備租賃業。

(七) 環境衛生服務業。

(八) 洗染業。

(九) 批發零售業中之下列事業：

    1. 建材批發業。

    2. 建材零售業。

    3. 燃料批發業。

    4. 燃料零售業。

(十) 其他服務業中之下列事業：

    1. 建築物清潔服務業。

    2. 病媒防治業。

    3. 環境衛生及污染防治服務業。

(十一) 公共行政業中之下列事業：

　　1. 從事營造作業之事業。

　　2. 從事廢棄物清除、處理、廢（污）水處理事業之工作場所。

(十二) 國防事業中之生產機構。

(十三) 中央主管機關指定達一定規模之事業。

二、第二類事業

(一) 農、林、漁、牧業：

　　1. 農藝及園藝業。

　　2. 農事服務業。

　　3. 畜牧業。

　　4. 林業及伐木業。

　　5. 漁業。

(二) 礦業及土石採取業中之鹽業。

(三) 製造業中之下列事業：

　　1. 普通及特殊陶瓷製造業。

　　2. 玻璃及玻璃製品製造業。

　　3. 精密器械製造業。

　　4. 雜項工業製品製造業。

　　5. 成衣及服飾品製造業。

　　6. 印刷、出版及有關事業。

　　7. 藥品製造業。

　　8. 其他製造業。

(四) 水電燃氣業中之自來水供應業。

(五) 運輸、倉儲及通信業中之下列事業：

　　1. 電信業。

　　2. 郵政業。

(六) 餐旅業：
1. 飲食業。
2. 旅館業。

(七) 機械設備租賃業中之下列事業：
1. 事務性機器設備租賃業。
2. 其他機械設備租賃業。

(八) 醫療保健服務業：
1. 醫院。
2. 診所。
3. 衛生所及保健站。
4. 醫事技術業。
5. 助產業。
6. 獸醫業。
7. 其他醫療保健服務業。

(九) 修理服務業：
1. 鞋、傘、皮革品修理業。
2. 電器修理業。
3. 汽車及機踏車修理業。
4. 鐘錶及首飾修理業。
5. 家具修理業。
6. 其他器物修理業。

(十) 批發零售業中之下列事業：
1. 家庭電器批發業。
2. 機械器具批發業。
3. 回收物料批發業。
4. 家庭電器零售業。
5. 機械器具零售業。
6. 綜合商品零售業。

(十一) 不動產及租賃業中之下列事業：

    1. 不動產投資業。

    2. 不動產管理業。

(十二) 輸入、輸出或批發化學原料及其製品之事業。

(十三) 運輸工具設備租賃業中之下列事業：

    1. 汽車租賃業。

    2. 船舶租賃業。

    3. 貨櫃租賃業。

    4. 其他運輸工具設備租賃業。

(十四) 專業、科學及技術服務業中之下列事業：

    1. 建築及工程技術服務業。

    2. 廣告業。

    3. 環境檢測服務業。

(十五) 其他服務業中之下列事業：

    1. 保全服務業。

    2. 汽車美容業。

    3. 浴室業。

(十六) 個人服務業中之停車場業。

(十七) 政府機關（構）、職業訓練事業、顧問服務業、學術研究及服務業、教育訓練服務業之大專院校、高級中學、高級職業學校等之實驗室、試驗室、實習工場或試驗工場（含試驗船、訓練船）。

(十八) 公共行政業組織條例或組織規程明定組織任務為從事工程規劃、設計、施工、品質管制、進度管控及竣工驗收等之工務機關（構）。

(十九) 工程顧問業從事非破壞性檢測之工作場所。

(二十) 零售化學原料之事業，使勞工裝卸、搬運、分裝、保管上述物質之工作場所。

(二十一) 批發業、零售業中具有冷凍（藏）設備、使勞工從事荷重 1 公噸以上之堆高機操作及儲存貨物高度 3 公尺以上之工作場所者。

(二十二) 休閒服務業。

(二十三) 動物園業。

(二十四) 國防事業中之軍醫院、研究機構。

(二十五) 零售車用燃料油（氣）、化學原料之事業，使勞工裝卸、搬運、分裝、保管上述物質之工作場所。

(二十六) 教育訓練服務業之大專校院有從事工程施工、品質管制、進度管控及竣工驗收等之工作場所。

(二十七) 國防部軍備局有從事工程施工、品質管制、進度管控及竣工驗收等之工作場所。

(二十八) 中央主管機關指定達一定規模之事業。

三、第三類事業

上述指定之第一類及第二類事業以外之事業。

▶提示

本題曾考過第一、二、三類事業分類配合題。例如：金屬製品製造業、殯葬業、旅館業、油漆、牧業、倉儲業、保全服務業、洗染業、健身房、醫療保健服務業、精密儀器、美容美髮。

題幹　管理辦法附表二：各類事業之事業單位應置職業安全衛生人員表

事業		規模（勞工人數）	應置之管理人員
壹、第一類事業之事業單位（顯著風險事業）	營造業之事業單位	一、未滿30人者	丙種職業安全衛生業務主管。
		二、30人以上未滿100人者	乙種職業安全衛生業務主管及職業安全衛生管理員各1人。
		三、100人以上未滿300人者	甲種職業安全衛生業務主管及職業安全衛生管理員各1人。
		四、300人以上未滿500人者	甲種職業安全衛生業務主管1人、職業安全(衛生)管理師1人及職業安全衛生管理員2人。
		五、500人以上者	甲種職業安全衛生業務主管1人、職業安全(衛生)管理師及職業安全衛生管理員各2人以上。
	營造業以外之事業單位	一、未滿30人者	丙種職業安全衛生業務主管。
		二、30人以上未滿100人者	乙種職業安全衛生業務主管。
		三、100人以上未滿300人者	甲種職業安全衛生業務主管及職業安全衛生管理員各1人。

1-73

事業	規模（勞工人數）	應置之管理人員
	四、300 人以上未滿 500 人者	甲種職業安全衛生業務主管 1 人、職業安全（衛生）管理師及職業安全衛生管理員各 1 人。
	五、500 人以上未滿 1,000 人者	甲種職業安全衛生業務主管 1 人、職業安全（衛生）管理師 1 人及職業安全衛生管理員 2 人。
	六、1,000 人以上者	甲種職業安全衛生業務主管 1 人、職業安全（衛生）管理師及職業安全衛生管理員各 2 人以上。
貳、第二類事業之事業單位（中度風險事業）	一、未滿 30 人者	丙種職業安全衛生業務主管。
	二、30 人以上未滿 100 人者	乙種職業安全衛生業務主管。
	三、100 人以上未滿 300 人者	甲種職業安全衛生業務主管。
	四、300 人以上未滿 500 人者	甲種職業安全衛生業務主管及職業安全衛生管理員各 1 人。
	五、500 人以上者	甲種職業安全衛生業務主管、職業安全（衛生）管理師及職業安全衛生管理員各 1 人以上。
參、第三類事業之事業單位（低度風險事業）	一、未滿 30 人者	丙種職業安全衛生業務主管。
	二、30 人以上未滿 100 人者	乙種職業安全衛生業務主管。
	三、100 人以上未滿 500 人者	甲種職業安全衛生業務主管。
	四、500 人以上者	甲種職業安全衛生業務主管及職業安全衛生管理員各 1 人以上。

附註：

1. 依上述規定置職業安全（衛生）管理師 2 人以上者，其中至少 1 人應為職業衛生管理師。但於中華民國 103 年 7 月 3 日前，已置有職業安全衛生人員者，不在此限。

2. 本表為至少應置之管理人員人數，事業單位仍應依其事業規模及危害風險，增置管理人員。

▶提示

本題曾考過**填充題**。例如：紡織業勞工人數 1,320 人，幾位業務主管、師、員。

第一類事業單位，1 位甲種業務主管＋2 位管理員＋2 位管理師。

也曾考過醫院員工 80 人，另有清潔公司承攬商勞工 35 人，不受管理義工 7 人，問共有多少勞工？依法應設置何種職安管理人員？

Q 題目

職業安全衛生教育訓練規則

題幹　訓練規則第 3 條（職安衛業務主管）

雇主對擔任職業安全衛生業務主管之勞工，應於事前使其接受職業安全衛生業務主管之安全衛生教育訓練。雇主或其代理人擔任職業安全衛生業務主管者，亦同。

第 1 項人員，具備下列資格之一者，得免接受第 1 項之安全衛生教育訓練：

一、具有 職業安全管理師 、 職業衛生管理師 、 職業安全衛生管理員資格 。

二、經職業安全管理師、職業衛生管理師、職業安全衛生管理員教育訓練合格領有結業證書。

三、接受職業安全管理師、職業衛生管理師、職業安全衛生管理員之教育訓練期滿，並經第 28 條第 3 項規定之測驗合格，領有 職業安全衛生業務主管教育訓練結業證書 。

▶ 提示

本題曾考過複選題。

題幹　訓練規則第 12 條（危險性機械）

雇主對擔任下列具有危險性之機械操作之勞工，應於事前使其接受 具有危險性之機械操作人員 之安全衛生教育訓練：

一、吊升荷重在 3 公噸以上之固定式起重機或 吊升荷重在 1 公噸以上之斯達卡式起重機操作人員 。

二、吊升荷重在 3 公噸以上之移動式起重機操作人員。

三、吊升荷重在 3 公噸以上之人字臂起重桿操作人員。

四、導軌或升降路之高度在 20 公尺以上之營建用提升機操作人員。

五、 吊籠操作人員 。

六、其他經中央主管機關指定之人員。

▶ 提示

本題曾考過配合題。

題幹　教育訓練第 14 條（特殊作業）

雇主對下列勞工，應使其接受 特殊作業安全衛生教育訓練：

一、 小型鍋爐操作人員 。

二、 荷重在 1 公噸以上之堆高機操作人員 。

三、 吊升荷重在 0.5 公噸以上未滿 3 公噸之固定式起重機操作人員或吊升荷重未滿 1 公噸之斯達卡式起重機操作人員 。

四、 吊升荷重在 0.5 公噸以上未滿 3 公噸之移動式起重機操作人員 。

五、 吊升荷重在 0.5 公噸以上未滿 3 公噸之人字臂起重桿操作人員 。

六、 高空工作車操作人員 。

七、 使用起重機具從事吊掛作業人員 。

八、 以乙炔熔接裝置或氣體集合熔接裝置從事金屬之熔接、切斷或加熱作業人員 。

九、 火藥爆破作業人員 。

十、 胸高直徑 70 公分以上之伐木作業人員。

十一、 機械集材運材作業人員。

十二、 高壓室內作業人員。

十三、 潛水作業人員 。

十四、 油輪清艙作業人員。

十五、 其他經中央主管機關指定之人員。

▶提示

本題曾考過是非題、填空題、連連看。（考判斷是否為**一般訓練**或**特殊作業**還是**危險性機械或設備**操作人員，另外注意的是，此題很容易考其他變形問題，如荷重 2.5 公噸之堆高機操作人員，應使其接受何種安全衛生教育訓練？）答：特殊作業安全衛生教育訓練。

題幹　教育訓練第 18 條（在職訓練）、第 19 條（頻率時間）

雇主對擔任下列工作之勞工，應依工作性質使其接受安全衛生在職教育訓練：

一、 職業安全衛生業務主管。 每 2 年至少 6 小時

二、 職業安全衛生管理人員。 每 2 年至少 12 小時

三、 勞工健康服務護理人員及勞工健康服務相關人員。 每 3 年至少 12 小時

四、勞工作業環境監測人員。 每 3 年至少 6 小時

五、施工安全評估人員及製程安全評估人員。 每 3 年至少 6 小時

六、 高壓氣體作業主管、營造作業主管及有害作業主管 。 每 3 年至少 6 小時

七、具有危險性之機械或設備操作人員。 每 3 年至少 3 小時

八、特殊作業人員。 每 3 年至少 3 小時

九、急救人員。 每 3 年至少 3 小時

十、各級管理、指揮、監督之業務主管。 每 3 年至少 3 小時

十一、 職業安全衛生委員會成員 。 每 3 年至少 3 小時

十二、下列作業之人員： 每 3 年至少 3 小時

  (一) 營造作業 。

  (二) 車輛系營建機械作業 。

  (三) 起重機具吊掛搭乘設備作業 。

  (四) 缺氧作業 。

  (五) 局限空間作業 。

  (六) 氧乙炔熔接裝置作業 。

  (七) 製造、處置或使用危害性化學品作業 。

十三、前述各款以外之一般勞工。 每 3 年至少 3 小時

十四、其他經中央主管機關指定之人員。

▶提示

本題曾考過配合題、填空題、連連看。

題幹　教育訓練第 20 條（訓練單位）、第 22 條（急救訓練）

中央衛生福利主管機關醫院評鑑合格者或 大專校院設有醫、護科系者 ，以辦理勞工健康服務護理人員、勞工健康服務相關人員及急救人員安全衛生教育訓練為限；報經中央主管機關核可之非以營利為目的之 急救訓練單位 ，以辦理急救人員安全衛生教育訓練為限。（第 22 條第 1 項）

第 20 條第 1 項第 2 款至第 4 款及第 7 款至第 9 款之訓練單位，辦理急救訓練時，應與 中央衛生福利主管機關醫院評鑑合格或大專校院設有醫、護科系者 合辦。（第 22 條第 2 項）

第 20 條第 1 項第 2 款至第 4 款及第 6 款至第 9 款之訓練單位，除為醫護專業團體外，辦理勞工健康服務護理人員及勞工健康服務相關人員訓練時，應與中央衛生福利主管機關醫院評鑑合格者或大專校院設有醫、護科系者合辦。（第 22 條第 3 項）

▶ 提示

本題曾考過配合題。

題幹　教育訓練附表十四（一般教育訓練）

一般安全衛生教育訓練課程、時數

一、課程（以與該勞工作業有關者）：
　　(一) 作業安全衛生有關法規概要
　　(二) 職業安全衛生概念及安全衛生工作守則
　　(三) 作業前、中、後之自動檢查
　　(四) 標準作業程序
　　(五) 緊急事故應變處理
　　(六) 消防及急救常識暨演練
　　(七) 其他與勞工作業有關之安全衛生知識

二、教育訓練時數：

新僱勞工或在職勞工於變更工作前依實際需要排定時數，不得少於 3 小時。但從事使用 生產性機械或設備 、 車輛系營建機械 、 起重機具吊掛搭乘設備 、 捲揚機 等之操作及 營造作業 、缺氧作業（含局限空間作業）、電焊作業、氧乙炔熔接裝置作業 等應各增列 3 小時；對 製造、處置或使用危害性化學品 者應增列 3 小時。

各級業務主管人員於新僱或在職於變更工作前，應參照下列課程增列 6 小時。

　　(一) 安全衛生管理與執行。
　　(二) 自動檢查。
　　(三) 改善工作方法。
　　(四) 安全作業標準。

▶ 提示

本題曾考過配合題、填空題。

Q 題目

勞工健康法規（含勞工健康保護規則、女性勞工母性健康保護實施辦法）

題幹　健保規則第 3 條（勞工健康服務）

事業單位勞工人數在 300 人以上或從事特別危害健康作業之勞工人數在 50 人以上者，應視其規模及性質，分別依附表二與附表三所定之人力配置及臨場服務頻率，僱用或特約從事勞工健康服務之醫師及僱用從事勞工健康服務之護理人員（以下簡稱醫護人員），辦理勞工健康服務。

▶提示

本題曾考過**填空題**。

題幹　健保規則第 4 條（醫護臨場服務）

事業單位勞工人數在 50 人以上未達 300 人者，應視其規模及性質，依附表四所定特約醫護人員臨場服務頻率，辦理勞工健康服務。

前項所定事業單位，經醫護人員評估勞工有心理或肌肉骨骼疾病預防需求者，得特約勞工健康服務相關人員提供服務；其服務頻率，得納入附表四計算。但各年度由從事勞工健康服務之護理人員之總服務頻率，應達 1/2 以上。

▶提示

本題曾考過**填空題**。

題幹　健保規則第 7 條（人員資格）

勞工健康服務相關人員：指具備 心理師 、 職能治療師 或 物理治療師 等資格，且具實務工作經驗 2 年以上，並依規定之課程訓練合格。（第 7 條第 2 項）

▶提示

本題曾考過**配合題**。

題幹　健保規則第 8 條（在職訓練）

雇主應使其 醫護人員 或勞工健康服務相關人員，接受下列課程之在職教育訓練，其訓練時間每 3 年合計至少 12 小時，且每一類課程至少 2 小時：

一、職業安全衛生相關法規。

二、職場健康風險評估。

三、職場健康管理實務。

從事勞工健康服務之醫師為 職業醫學科專科醫師 者，應接受前項第一款所定課程之在職教育訓練，其訓練時間每 3 年合計至少 2 小時，不受前項規定之限制。

第 5 條第 1 項所定之機構，應依前二項規定，使其醫護人員或勞工健康服務相關人員，接受在職教育訓練。

第 1 項及第 2 項訓練，得於中央主管機關建置之網路學習，其時數之採計，不超過 6 小時。

前條課程訓練、第 1 項及第 2 項所定之在職教育訓練，得由各級勞工、衛生主管機關或勞動檢查機構自行辦理，或由中央主管機關認可之機構或訓練單位辦理。

前項辦理訓練之機關（構）或訓練單位，應依中央主管機關公告之內容及方式登錄系統。

▶ 提示

本題曾考過填空題。考醫師及醫護人員在職教育訓練頻率。

題幹　健保規則第 13 條（健康管理）

屬第二類事業或第三類事業之雇主，使其勞工提供勞務之場所有下列情形之一者，得訂定勞工健康管理方案，據以辦理，不受第 3 條及第 4 條有關辦理勞工健康服務規定之限制：

一、 工作場所分布不同地區 。

二、 勞工提供勞務之場所，非於雇主設施內或其可支配管理處。

前項勞工健康管理方案之內容，包括下列事項，並應每年評估成效及檢討：

一、 工作環境危害性質。

二、 勞工作業型態及分布。

三、 高風險群勞工健康檢查情形評估。

四、依評估結果採行之下列勞工健康服務措施：

　　(一) 安排醫師面談及健康指導。

　　(二) 採取書面或 遠端通訊 等方式，提供評估、建議或諮詢服務。

▶ 提示

本題曾考過是非題。若公司分散各區域可否採遠端通訊方式辦理勞工健康服務？（可）

題幹　健保規則第 15 條（急救人員）

事業單位應參照工作場所大小、分布、危險狀況與勞工人數，備置足夠急救藥品及器材，並置急救人員辦理急救事宜。但已具有急救功能之醫療保健服務業，不在此限。

前項急救人員應具下列資格之一，且不得有失聰、兩眼裸視或矯正視力後均在 0.6 以下、失能及健康不良等，足以妨礙急救情形：

一、醫護人員。

二、經職業安全衛生教育訓練規則所定急救人員之安全衛生教育訓練合格。

三、緊急醫療救護法所定救護技術員。

第 1 項所定急救藥品與器材，應置於適當固定處所並保持清潔，至少每 6 個月定期檢查。對於被污染或失效之物品，應隨時予以更換及補充。

第 1 項急救人員，每 1 輪班次應至少置 1 人；其每 1 輪班次勞工總人數超過 50 人者，每增加 50 人，應再置 1 人。但事業單位有下列情形之一，且已建置緊急連線、通報或監視裝置等措施者，不在此限：

一、第一類事業，每 1 輪班次僅 1 人作業。

二、第二類或第三類事業，每 1 輪班次勞工人數未達 5 人。

▶ 提示

本題曾考過填空題。職業安全衛生教育訓練規則所定急救人員之安全衛生教育訓練為 16 小時。每 3 年至少應再接受 3 小時在職教育訓練。

題幹　健保規則第 16 條（一般體檢）

有下列情形之一者，得免實施前項所定一般體格檢查：

一、非繼續性之臨時性或短期性工作，其工作期間在 6 個月以內。

二、 其他法規已有體格或健康檢查之規定 。

三、其他經中央主管機關指定公告。

▶ 提示

本題曾考過填空題、是非題。曾考過外籍移工進來台灣有做過健康檢查，是否還需要做一般體格檢查、特殊檢查或定期檢查？

題幹　健保規則第 17 條（一般健檢）

雇主對在職勞工，應依下列規定，定期實施一般健康檢查：

一、 年滿 65 歲者，每年檢查 1 次 。
二、 40 歲以上未滿 65 歲者，每 3 年檢查 1 次 。
三、 未滿 40 歲者，每 5 年檢查 1 次 。

▶ 提示

考 19 歲、35 歲每 5 年檢查 1 次；60 歲每 3 年檢查 1 次；66 歲每年檢查 1 次。

題幹　健保規則第 18 條（特殊健檢）

雇主使勞工從事第 2 條規定之特別危害健康作業，應每年或於變更其作業時，依第 16 條附表十所定項目，實施特殊健康檢查。

雇主使勞工接受定期特殊健康檢查時，應將勞工作業內容、最近 1 次之作業環境監測紀錄及危害暴露情形等作業經歷資料交予醫師。

前項作業環境監測紀錄及危害暴露情形等資料，屬游離輻射作業者，應依游離輻射防護法相關規定辦理。

▶ 提示

本題曾考過填空題。

題幹　健保規則第 19 條（保存年限）

前 3 條規定之檢查紀錄，應依下列規定辦理：

一、 第 16 條附表九之一般體檢及健檢檢查結果，應依第 17 條附表十一所定格式記錄。檢查紀錄至少保存 7 年。
二、 第 16 條附表十之各項特殊體格（健康）檢查結果，應依中央主管機關公告之格式記錄。檢查紀錄至少保存 10 年。

▶ 提示

本題曾考過填空題。

▶ 題幹　健保規則第 20 條（保存年限）

從事下列作業之各項特殊體格（健康）檢查紀錄，應至少保存 30 年：

一、 游離輻射 。

二、 粉塵 。

三、 三氯乙烯及四氯乙烯 。

四、 聯苯胺與其鹽類、4-胺基聯苯及其鹽類、4-硝基聯苯及其鹽類、β-萘胺及其鹽類、二氯聯苯胺及其鹽類及 α-萘胺及其鹽類 。

五、 鈹及其化合物 。

六、 氯乙烯 。

七、 苯 。

八、 鉻酸與其鹽類、重鉻酸及其鹽類 。

九、 砷及其化合物 。

十、 鎳及其化合物 。

十一、 1,3-丁二烯 。

十二、 甲醛 。

十三、 銦及其化合物 。

十四、 石綿 。

十五、 鎘及其化合物 。

▶ 提示

本題曾考過配合題、是非題。

題幹　健保規則附表九（檢查項目）

一般體格檢查項目	一般健康檢查項目
(1) 作業經歷、既往病史、生活習慣及自覺症狀之調查。	(1) 作業經歷、既往病史、生活習慣及自覺症狀之調查。
(2) 身高、體重、腰圍、視力、辨色力、聽力、血壓與身體各系統或部位之身體檢查及問診。	(2) 身高、體重、腰圍、視力、辨色力、聽力、血壓與身體各系統或部位之身體檢查及問診。
(3) 胸部X光（大片）攝影檢查。	(3) 胸部X光（大片）攝影檢查。
(4) 尿蛋白及尿潛血之檢查。	(4) 尿蛋白及尿潛血之檢查。
(5) 血色素及白血球數檢查。	(5) 血色素及白血球數檢查。
(6) 血糖、血清丙胺酸轉胺酶（ALT）、肌酸酐（creatinine）、膽固醇、三酸甘油酯、高密度脂蛋白膽固醇之檢查。	(6) 血糖、血清丙胺酸轉胺酶（ALT）、肌酸酐（creatinine）、膽固醇、三酸甘油酯、高密度脂蛋白膽固醇、低密度脂蛋白膽固醇之檢查。
(7) 其他經中央主管機關指定之檢查。	(7) 其他經中央主管機關指定之檢查。

▶ 提示

本題曾考過是非題。

題幹　健保規則第21條（分級管理）

雇主使勞工從事第2條規定之特別危害健康作業時，應建立其暴露評估及健康管理資料，並將其定期實施之特殊健康檢查，依下列規定分級實施健康管理：

一、第一級管理：特殊健康檢查或健康追蹤檢查結果，全部項目正常，或部分項目異常，而經醫師綜合判定為無異常者。

二、第二級管理：特殊健康檢查或健康追蹤檢查結果，部分或全部項目異常，經醫師綜合判定為異常，而與工作無關者。

三、第三級管理：特殊健康檢查或健康追蹤檢查結果，部分或全部項目異常，經醫師綜合判定為異常，而無法確定此異常與工作之相關性，應進一步請職業醫學科專科醫師評估者。

四、第四級管理：特殊健康檢查或健康追蹤檢查結果，部分或全部項目異常，經醫師綜合判定為異常，且與工作有關者。

▶ 提示

本題曾考過連連看。

題幹　健保規則第 27 條（癌症篩檢）

依癌症防治法規定，對於符合癌症篩檢條件之勞工，於事業單位實施勞工健康檢查時，得經勞工同意，一併進行 口腔癌 、 大腸癌 、 女性子宮頸癌 及 女性乳癌 之篩檢。

▶ 提示

本題曾考過選擇題。

題幹　健保規則附表十二（考量疾病）

選配工時宜考量疾病之建議表

作業名稱	考量之疾病
低溫作業	高血壓、風濕症、支氣管炎、腎臟疾病、心臟病、周邊循環系統疾病、寒冷性蕁麻疹、寒冷血色素尿症、內分泌系統疾病、神經肌肉系統疾病、膠原性疾病。

▶ 提示

本題曾考過選擇題。

題幹　母性保護辦法第 2 條（用詞定義）

本辦法用詞，定義如下：

一、母性健康保護：指對於女性勞工從事有母性健康危害之虞之工作所採取之措施，包括危害評估與控制、醫師面談指導、風險分級管理、工作適性安排及其他相關措施。

二、母性健康保護期間（以下簡稱保護期間）：指雇主於得知女性勞工妊娠之日起至分娩後 1 年之期間。

▶ 提示

本題曾考過配合題。

題幹　母性保護辦法第 5 條（保護計畫）

事業單位勞工人數依勞工健康保護規則第 3 條或第 4 條規定，應配置醫護人員辦理勞工健康服務者，雇主另應依勞工作業環境特性、工作型態及身體狀況，訂定 母性健康保護 計畫，並據以執行。（第 3 項）

▶ 提示

本題曾考過配合題及是非題，如勞工人數 75 人要不要訂定母性健康保護計畫？（50 人以上就要訂定）。

題幹　母性保護辦法第 6 條（職安會同辦理）

雇主對於前 3 條之母性健康保護，應使職業安全衛生人員 會同 從事勞工健康服務醫護人員，辦理下列事項：

一、辨識與評估工作場所環境及作業之危害，包含 物理性 、 化學性 、 生物性 、 人因性 、工作流程及工作型態等。
二、依評估結果區分風險等級，並實施分級管理。
三、協助雇主實施工作環境改善與危害之預防及管理。
四、其他經中央主管機關指定公告者。

▶ 提示

本題曾考過複選題。

題幹　母性保護辦法第 10 條（血中鉛濃度）

雇主使女性勞工從事第 4 條之鉛及其化合物散布場所之工作，應依下列血中鉛濃度區分風險等級，但經醫師評估須調整風險等級者，不在此限：

一、第一級管理： 血中鉛濃度低於 5 μg/dl 者。
二、第二級管理： 血中鉛濃度在 5 μg/dl 以上未達 10 μg/dl 。
三、第三級管理： 血中鉛濃度在 10 μg/dl 以上者 。

▶ 提示

本題曾考過配合題。

Q 題目

危險性工作場所安全管理相關法規（含危險性工作場所審查及檢查辦法、製程安全評估定期實施辦法）

題幹　危審辦法第 2 條（場所分類）

勞動檢查法規定之危險性工作場所分類如下：

一、甲類：指下列工作場所：

　(一) 從事石油產品之裂解反應，以製造石化基本原料之工作場所。

　(二) 製造、處置、使用危險物、有害物之數量達本法施行細則附表一及附表二規定數量之工作場所。

二、乙類：指下列工作場所或工廠：

　(一) 使用異氰酸甲酯、氯化氫、氨、甲醛、過氧化氫或吡啶，從事農藥原體合成之工作場所。

　(二) 利用氯酸鹽類、過氯酸鹽類、硝酸鹽類、硫、硫化物、磷化物、木炭粉、金屬粉末及其他原料製造爆竹煙火類物品之爆竹煙火工廠。

　(三) 從事以化學物質製造爆炸性物品之火藥類製造工作場所。

三、丙類：指蒸汽鍋爐之傳熱面積在 500 平方公尺以上，或高壓氣體類壓力容器一日之冷凍能力在 150 公噸以上或處理能力符合下列規定之一者：

　(一) 1,000 立方公尺以上之氧氣、有毒性及可燃性高壓氣體。

　(二) 5,000 立方公尺以上之前款以外之高壓氣體。

四、丁類：指下列之營造工程：

　(一) 建築物高度在 80 公尺以上之建築工程。

　(二) 單跨橋梁之橋墩跨距在 75 公尺以上或多跨橋梁之橋墩跨距在 50 公尺以上之橋梁工程。

　(三) 採用壓氣施工作業之工程。

　(四) 長度 1,000 公尺以上或需開挖 15 公尺以上豎坑之隧道工程。

　(五) 開挖深度達 18 公尺以上，且開挖面積達 500 平方公尺以上之工程。

(六) 工程中模板支撐高度 7 公尺以上，且面積達 330 平方公尺以上者。

五、其他經中央主管機關指定公告者。

▶ 提示

本題曾考過填空題、複選題。（丙類工作場所（500m^2，150 噸，1,000m^3，5,000m^3）哪些不是高壓氣體（複選））

題幹　危審辦法第 3 條（用詞定義）

本辦法用詞，定義如下：

一、 製程修改 ：指危險性工作場所既有安全防護措施未能控制新潛在危害之製程化學品、技術、設備、操作程序或規模之變更。

二、液化石油氣：指混合 3 個碳及 4 個碳 之碳氫化合物為主要成分之碳氫化合物。

▶ 提示

本題曾考過配合題、填空題。

題幹　危審辦法第 4 條（申請期限）

事業單位應於 甲類 工作場所、 丁類 工作場所使勞工作業 30 日前，向當地勞動檢查機構（以下簡稱檢查機構）申請 審查 。

事業單位應於 乙類 工作場所、 丙類 工作場所使勞工作業 45 日前，向檢查機構申請 審查及檢查 。

▶ 提示

本題曾考過填空題、配合題、是非題。（曾考甲類工作場所申請審查○、乙類工作場所申請審查及檢查○、丙類工作場所申請審查及檢查○、丁類工作場所申請審查及檢查×）

題幹　危審辦法第 5 條（甲類申請）

事業單位向檢查機構申請審查 甲類工作場所 ，應填具申請書，並檢附下列資料各 3 份：

一、安全衛生管理基本資料。

二、製程安全評估定期實施辦法第 4 條所定附表一至附表十四。

前項之申請，應登錄於中央主管機關指定之資訊網站。

▶ 提示

本題曾考過選擇題。

題幹　危審辦法第 9 條（乙類申請）

事業單位向檢查機構申請 審查及檢查 乙類工作場所，應填具申請書，並檢附下列資料各 3 份：

一、 安全衛生管理基本資料 。
二、 製程安全評估報告書 。
三、 製程修改安全計畫 。
四、 緊急應變計畫 。
五、 稽核管理計畫 。

▶ 提示

本題曾考過填空題、配合題。

題幹　危審辦法第 12 條（五年重評）

事業單位對經檢查機構審查及檢查合格之工作場所，應於 製程修改時 或至少每 5 年依第 9 條檢附之資料重新評估一次，為必要之更新並記錄之。

▶ 提示

本題曾考過填空題、配合題。

題幹　危審辦法第 13 條（丙類申請）

事業單位向檢查機構申請審查及檢查丙類工作場所，應填具申請書，並檢附第 9 條各款規定之應審查資料各 3 份。

▶ 提示

本題曾考過是非題。

題幹　製程安全第 2 條（工作場所）

本辦法適用於下列工作場所：

一、勞動檢查法第 26 條第 1 項第 1 款所定從事 石油產品之裂解反應 ，以製造石化基本原料之工作場所。

二、勞動檢查法第 26 條第 1 項第 5 款所定 製造、處置或使用危險物及有害物 ，達勞動檢查法施行細則附表一及附表二規定數量之工作場所。

▶ 提示

本題曾考過配合題、選擇題。注意！不要把製程安全跟危險性工作場所混淆，題目會有陷阱。

題幹　製程安全第 3 條（用詞定義）

本辦法所稱 製程安全評估 ，指 利用結構化、系統化方式，辨識、分析前條工作場所潛在危害，而採取必要預防措施之評估 。

本辦法所稱 製程修改 ，指前條工作場所既有安全防護措施未能控制新潛在危害之製程化學品、技術、設備、操作程序或規模之變更 。

▶ 提示

本題曾考過配合題。

題幹　製程安全第 4 條（製程評估）

第 2 條之工作場所，事業單位應每 5 年就下列事項，實施製程安全評估：

一、製程安全資訊 。

二、製程危害控制措施 。

實施前項評估之過程及結果，應予記錄，並製作製程安全評估報告及採取必要之預防措施，評估報告內容應包括下列各項：

一、實施前項評估過程之必要文件及結果。

二、勞工參與 。

三、標準作業程序 。

四、教育訓練 。

五、承攬管理 。

六、啟動前安全檢查。

七、機械完整性。

八、動火許可。

九、變更管理。

十、事故調查。

十一、緊急應變。

十二、符合性稽核。

十三、商業機密。

前二項有關製程安全評估之規定，於製程修改時，亦適用之。

▶提示

本題曾考過**配合題、是非題**。考製程修改前所填具的評估報告內容包含哪些事項？

題幹　製程安全第 5 條（評估方法）

前條所定製程安全評估，應使用下列一種以上之安全評估方法，以評估及確認製程危害：

一、如果-結果分析。

二、檢核表。

三、如果-結果分析／檢核表。

四、危害及可操作性分析。

五、失誤模式及影響分析。

六、故障樹分析。

七、其他經中央主管機關認可具有同等功能之安全評估方法。

▶提示

本題曾考過**複選題、單選題**。考何者是製程安全評估的方法是非題，是為○、否為×。

題幹　　製程安全第 8 條（報請備查）

事業單位應於製程安全評估之 5 年期間屆滿日之 30 日前，或製程修改日之 30 日前，填具製程安全評估報備書，並檢附製程安全評估報告，報請勞動檢查機構 備查 ；評估過程相關資料得留存事業單位備查。

▶ 提示

本題曾考過填空題、配合題。考【備查】那個空格要拖曳哪一個文字方塊。

題目

營造安全衛生設施標準

題幹　營標第 5 條（鋼筋防護）

雇主對於工作場所暴露之鋼筋、鋼材、鐵件、鋁件及其他材料等易生職業災害者，應採取 彎曲尖端 、 加蓋 或 加裝護套 等防護設施。

▶提示

本題曾考過**複選題**。

題幹　營標第 17 條（墜落防止）

雇主對於高度 2 公尺以上之工作場所，勞工作業有墜落之虞者，應訂定墜落災害防止計畫，依下列風險控制之先後順序規劃，並採取適當墜落災害防止設施：

一、經由設計或工法之選擇，儘量使勞工 於地面完成作業 ，減少高處作業項目。

二、經由施工程序之變更，優先施作永久構造物之 上下設備或防墜設施 。

三、設置 護欄、護蓋 。

四、張掛 安全網 。

五、使勞工佩掛 安全帶 。

六、設置 警示線系統 。

七、限制作業人員進入 管制區 。

八、對於因開放邊線、組模作業、收尾作業等及採取第 1 款至第 5 款規定之設施致增加其作業危險者，應訂定保護計畫並實施。

▶提示

本題曾考過**填空題、排序題**。此題為經典排序題，請務必特別留意。

題幹　營標第 18 條（屋頂作業）

雇主使勞工於屋頂從事作業時，應指派專人督導，並依下列規定辦理：

一、因屋頂斜度、屋面性質或天候等因素，致勞工有墜落、滾落之虞者，應採取適當安全措施。

二、於斜度大於 34 度，即高底比為 2 比 3 以上，或為滑溜之屋頂，從事作業者，應設置適當之護欄，支承穩妥且寬度在 40 公分以上之適當 工作臺 及數量充分、安裝牢穩之適當梯子。但設置護欄有困難者，應提供背負式安全帶使勞工佩掛，並掛置於堅固錨錠、可供鉤掛之堅固物件或安全母索等裝置上。

三、於 易踏穿材料 構築之屋頂作業時，應先規劃安全通道，於屋架上設置適當強度，且寬度在 30 公分以上之 踏板 ，並於下方適當範圍裝設堅固格柵或安全網等防墜設施。但雇主設置踏板面積已覆蓋全部易踏穿屋頂或採取其他安全工法，致無踏穿墜落之虞者，不在此限。

▶提示

本題曾考過填空題。

題幹　營標第 20 條（護欄規範）

雇主依規定設置之護欄，應依下列規定辦理：

一、具有高度 90 公分以上之 上欄杆 、中間欄杆或等效設備（以下簡稱中欄杆）、腳趾板及杆柱等構材；其上欄杆、中欄杆及地盤面與樓板面間之上下 開口距離 ，應不大於 55 公分。

二、以 木材 構成者，其規格如下：

　（一） 上欄杆 應平整，且其斷面應在 30 平方公分以上。

　（二） 中欄杆 斷面應在 25 平方公分以上。

　（三） 腳趾板 高度應在 10 公分以上，厚度在 1 公分以上，並密接於地盤面或樓板面舖設。

　（四） 杆柱斷面 應在 30 平方公分以上，相鄰間距不得超過 2 公尺。

三、以 鋼管 構成者，其上欄杆、中欄杆及杆柱之直徑均不得小於 3.8 公分，杆柱相鄰間距不得超過 2.5 公尺。

四、採用前 2 款以外之其他材料或型式構築者，應具同等以上之強度。

五、任何型式之護欄，其杆柱、杆件之強度及錨錠，應使整個護欄具有抵抗於上欄杆之任何一點，於任何方向加以 75 公斤之荷重，而無顯著變形之強度。

六、除必須之進出口外，護欄應圍繞所有危險之開口部分。

七、護欄前方 2 公尺內之樓板、地板，不得堆放任何物料、設備，並不得使用梯子、合梯、踏凳作業及停放車輛機械供勞工使用。但護欄高度超過堆放之物料、設備、梯、凳及車輛機械之最高部達 90 公分以上，或已採取適當安全設施足以防止墜落者，不在此限。

八、以金屬網、塑膠網遮覆上欄杆、中欄杆與樓板或地板間之空隙者，依下列規定辦理：

　(一) 得不設腳趾板。但網應密接於樓板或地板，且杆柱之間距不得超過 1.5 公尺。

　(二) 網應確實固定於上欄杆、中欄杆及杆柱。

　(三) 網目大小不得超過 15 平方公分。

　(四) 固定網時，應有防止網之反彈設施。

▶ 提示

本題曾考過填空題，此題仍有許多適合填空題可出。注意公尺與公分的單位轉換。

題幹　營標第 21 條（護蓋規範）

雇主設置之護蓋，應依下列規定辦理：

一、應具有能使 人員 及 車輛 安全通過之 強度 。

二、應以有效方法 防止滑溜、掉落、掀出或移動 。

三、供 車輛通行 者，得以車輛後軸載重之 2 倍設計之，並不得妨礙車輛之正常通行。

四、為 柵狀構造 者，柵條間隔不得大於 3 公分。

五、上面不得放置機動設備或超過其設計強度之重物。

六、臨時性開口處使用之護蓋，表面漆以 黃色 並書以警告訊息。

▶ 提示

本題曾考過填空題、選擇題。

題幹　營標第 22 條（安全網規範）

雇主設置之安全網，應依下列規定辦理：

一、工作面至安全網架設平面之攔截高度，不得超過 7 公尺。

二、為足以涵蓋勞工墜落時之拋物線預測路徑範圍，使用於結構物四周之安全網時，應依下列規定延伸適當之距離。但結構物外緣牆面設置垂直式安全網者，不在此限：

(一) 攔截高度在 1.5 公尺以下者，至少應延伸 2.5 公尺。

(二) 攔截高度超過 1.5 公尺且在 3 公尺以下者，至少應延伸 3 公尺。

(三) 攔截高度超過 3 公尺者，至少應延伸 4 公尺。

▶提示

本題曾考過填空題。

題幹　營標第 23 條（安全帶或安全母索）

雇主提供勞工使用之安全帶或安裝安全母索時，應依下列規定辦理：

一、安全母索得由鋼索、尼龍繩索或合成纖維之材質構成，其最小斷裂強度應在 2,300 公斤以上。

二、安全帶或安全母索繫固之錨錠，至少應能承受每人 2,300 公斤之拉力。

三、水平安全母索之設置，應依下列規定辦理：

(一) 水平安全母索之設置高度應大於 3.8 公尺，相鄰二錨錠點間之最大間距得採下式計算之值，其計算值超過 10 公尺者，以 10 公尺計：

L=4（H-3），

其中 H≧3.8，且 L≦10

L：母索錨錠點之間距（單位：公尺）

H：垂直淨空高度（單位：公尺）

(二) 錨錠點與另一繫掛點間、相鄰二錨錠點間或母索錨錠點間之安全母索僅能繫掛 1 條安全帶。

(三) 每條安全母索能繫掛安全帶之條數，應標示於母索錨錠端。

四、垂直安全母索之設置，應依下列規定辦理：

(一) 安全母索之下端應有防止安全帶鎖扣自尾端脫落之設施。

(二) 每條安全母索應僅提供 1 名勞工使用。但勞工作業或爬昇位置之水平間距在 1 公尺以下者，得 2 人共用 1 條安全母索。

▶提示

本題曾考過填空題。此題仍有許多適合填空題可出。曾考過最不耐用至最耐用排序：
棉繩索→聚乙烯→花棉→聚酯繩索→尼龍繩索，其中僅聚酯繩索及尼龍繩索達到 2,300kg 斷裂強度。

題幹　營標第 24 條（警示線）

雇主對於坡度小於 15 度之勞工作業區域，距離 開口部分 、 開放邊線 或 其他有墜落之虞之地點超過 2 公尺 時，得設置警示線、管制通行區，代替護欄、護蓋或安全網之設置。

設置前項之 警示線 、管制通行區，應依下列規定辦理：

一、警示線應距離開口部分、開放邊線 2 公尺以上。

二、每隔 2.5 公尺以下設置高度 90 公分以上之杆柱，杆柱之上端及其 2 分之 1 高度處，設置黃色或紅色之警示繩、帶，其最小張力強度至少 225 公斤以上。

三、作業進行中，應禁止作業勞工跨越警示線。

四、管制通行區之設置依前 3 款之規定辦理，僅供作業相關勞工通行。

▶提示

本題曾考過填空題。

題幹　營標第 27 條（覆網規範）

雇主設置覆網攔截位能小於 12 公斤·公尺之高處物件時，應依下列規定辦理：

一、方形、菱形之網目任一邊長不得大於 2 公分，其餘形狀之網目，每一網目不得大於 4 平方公分，其強度應能承受直徑 45 公分、重 75 公斤之物體自高度 1 公尺處落下之衝擊力。

二、覆網下之最低點應離作業勞工工作平面 3 公尺以上，如其距離不足 3 公尺，應改以其他設施防護。

▶提示

本題曾考過填空題。

題幹　營標第 29 條（物料儲存）

雇主對於營造用各類物料之儲存、堆積及排列，應井然有序；且不得儲存於距庫門或升降機 2 公尺範圍以內或足以妨礙交通之地點。

▶提示

本題曾考過填空題、是非題。

題幹　營標第 30 條（安全負荷）

雇主對於放置各類物料之構造物或平臺，應具安全之 負荷強度 。

▶提示

本題曾考過是非題。

題幹　營標第 31 條（不得妨礙）

雇主對於各類物料之儲存，應妥為規劃， 不得妨礙 火警警報器、滅火器、急救設備、通道、電氣開關及保險絲盒等緊急設備之使用狀態。

▶提示

本題曾考過是非題。

題幹　營標第 32 條（鋼材儲存）

雇主對於鋼材之儲存，應依下列規定辦理：

一、預防傾斜、滾落，必要時應用纜索等加以 適當捆紮 。

二、儲存之場地應為 堅固之地面 。

三、各堆鋼材之間應有 適當之距離 。

四、置放地點應避免在 電線下方或上方 。

五、採用起重機吊運鋼材時，應將鋼材重量等 顯明標示 ，以便易於處理及控制其起重負荷量，並避免在電力線下操作。

▶提示

本題曾考過配合題、填空題、是非題。

題幹　營標第 33 條（砂石堆積）

雇主對於砂、石等之堆積，應依下列規定辦理：

一、 不得妨礙 勞工出入，並避免於電線下方或接近電線之處。

二、 堆積場於勞工進退路處，不得有任何懸垂物。

三、 砂、石清倉時，應使勞工佩掛 安全帶 並設置監視人員。

四、 堆積場所經常 灑水 或予以覆蓋，以避免塵土飛揚。

▶ 提示

本題曾考過是非題。

題幹　營標第 34 條（防止滑動）

雇主對於樁、柱、鋼套管、鋼筋籠等易滑動、滾動物件之堆放，應置於堅實、平坦之處，並加以適當之墊襯、擋樁或其他 防止滑動 之必要措施。

▶ 提示

本題曾考過是非題。

題幹　營標第 35 條（堆放限高）

雇主對於磚、瓦、木塊、管料、 鋼筋 、 鋼材 或相同及類似營建材料之堆放，應置放於穩固、平坦之處，整齊緊靠堆置，其高度不得超過 1.8 公尺，儲存位置鄰近開口部分時，應距離該開口部分 2 公尺以上。

▶ 提示

本題曾考過填空題、是非題、配合題。

題幹　營標第 36 條（袋裝儲存）

雇主對於袋裝材料之儲存，應依下列規定辦理，以保持穩定：

一、 堆放高度不得超過 10 層。

二、 至少每 2 層交錯一次方向。

三、 5 層以上部分應向內退縮，以維持穩定。

四、 交錯方向易引起材料變質者，得以不影響穩定之方式堆放。

▶ 提示

本題曾考過是非題、填空題。

題幹　營標第 37 條（管料儲存）

雇主對於管料之儲存，應依下列規定辦理：

一、儲存於 堅固而平坦 之臺架上，並預防尾端突出、伸展或滾落。

二、依規格大小及長度 分別排列 ，以利取用。

三、分層疊放，每層中置一 隔板 ，以均勻壓力及防止管料滑出。

四、管料之置放，避免在 電線 上方或下方。

▶ 提示

本題曾考過是非題。

題幹　營標第 39 條（施工架設）

雇主對於不能藉高空工作車或其他方法安全完成之 2 公尺以上高處營造作業，應設置適當之施工架。

▶ 提示

本題曾考過填空題。

題幹　營標第 40 條（構築拆除）

雇主對於 施工構臺 、 懸吊式施工架 、 懸臂式施工架 、 高度 7 公尺以上且立面面積達 330 平方公尺之施工架 、 高度 7 公尺以上之吊料平臺 、升降機直井工作臺、鋼構橋橋面板下方工作臺或其他類似工作臺等之構築及拆除，應依下列規定辦理：

一、事先就預期施工時之最大荷重， 應由所僱之專任工程人員或委由相關執業技師 ，依結構力學原理妥為設計，置備施工圖說及強度計算書， 經簽章確認後，據以執行 。

二、建立按施工圖說施作之查驗機制。

三、設計、施工圖說、簽章確認紀錄及查驗等相關資料，於未完成拆除前，應妥存備查。

▶提示

本題曾考過填空題。

題幹　營標第 42 條（施工架組配）

雇主使勞工從事施工架組配作業，應依下列規定辦理：

一、將作業時間、範圍及順序等告知作業勞工。

二、禁止作業無關人員擅自進入組配作業區域內。

三、強風、大雨、大雪等惡劣天候，實施作業預估有危險之虞時，應即停止作業。

四、於紮緊、拆卸及傳遞施工架構材等之作業時，設寬度在 20 公分以上之施工架踏板，並採取使勞工使用安全帶等防止發生勞工墜落危險之設備與措施。

五、吊升或卸放材料、器具、工具等時，要求勞工使用吊索、吊物專用袋。

六、構築使用之材料有突出之釘類均應釘入或拔除。

七、對於使用之施工架，事前依本標準及其他安全規定檢查後，始得使用。

勞工進行前項第 4 款之作業而被要求使用安全帶等時，應遵照使用之。

▶提示

本題曾考過施工架造成的危害及正確使用施工架的條件，可用於**複選題**、**配合題**或填空題。

題幹　營標第 43 條（施工架材料）

雇主對於構築施工架之材料，應依下列規定辦理：

一、不得有顯著之損壞、變形或腐蝕。

二、使用之竹材，應以竹尾末梢外徑 4 公分以上之圓竹為限，且不得有裂隙或腐蝕者，必要時應加防腐處理。

三、使用之木材，不得有顯著損及強度之裂隙、蛀孔、木結、斜紋等，並應完全剝除樹皮，方得使用。

四、使用之木材，不得施以油漆或其他處理以隱蔽其缺陷。

五、使用之鋼材等金屬材料，應符合國家標準 CNS 4750 鋼管施工架同等以上抗拉強度。

▶提示

本題曾考過施工架造成的危害及正確使用施工架的條件，考複選題及填空題。

題幹　營標第 44 條（保養維持）

雇主對於施工架及施工構臺，應經常予以適當之保養並維持各部分之牢穩。

▶提示

本題曾考過施工架造成的危害及正確使用施工架的條件，可用於**複選題**、**配合題**或**填空題**。

題幹　營標第 45 條（維持穩定）

雇主為維持施工架及施工構臺之穩定，應依下列規定辦理：

一、施工架及施工構臺不得與混凝土模板支撐或其他臨時構造連接。

二、對於未能與結構體連接之施工架，應以斜撐材或其他相關設施作適當而充分之支撐。

三、施工架在適當之垂直、水平距離處與構造物妥實連接，其間隔在 垂直 方向以不超過 5.5 公尺， 水平 方向以不超過 7.5 公尺為限。

四、因作業需要而局部拆除繫牆桿、壁連座等連接設施時，應採取補強或其他適當安全設施，以維持穩定。

五、獨立之施工架在該架最後拆除前，至少應有 1/3 之踏腳桁不得移動，並使之與橫檔或立柱紮牢。

六、鬆動之磚、排水管、煙囪或其他不當材料，不得用以建造或支撐施工架及施工構臺。

七、施工架及施工構臺之 基礎地面應平整 ，且 夯實緊密 ，並襯以適當材質之墊材，以防止滑動或不均勻沉陷。

▶提示

本題曾考過填空題。

題幹　營標第 46 條（物料分配）

雇主對於施工架上物料之運送、儲存及荷重之分配，應依下列規定辦理：

一、於施工架上放置或搬運物料時，避免施工架發生突然之振動。

二、施工架上不得放置或運轉 動力機械及設備 ，或以施工架作為固定混凝土 輸送管 、 垃圾管槽 之用，以免因 振動 而影響作業安全。但無作業危險之虞者，不在此限。

三、施工架上之載重限制應於明顯易見之處明確 標示 ，並規定不得超過其 荷重限制 及應避免發生 不均衡 現象。

▶ 提示

本題曾考過施工架造成的危害及正確使用施工架的條件，可用於**複選題**、**配合題**或**填空題**。

題幹　營標第 48 條（施工架作業）

雇主使勞工於高度 2 公尺以上施工架上從事作業時，應依下列規定辦理：

一、應供給足夠強度之 工作臺 。

二、工作臺寬度應在 40 公分以上並鋪滿密接之踏板，其支撐點應有 2 處以上，並應綁結固定，使其無脫落或位移之虞，踏板間縫隙不得大於 3 公分。

三、活動式踏板使用木板時，其寬度應在 20 公分以上，厚度應在 3.5 公分以上，長度應在 3.6 公尺以上；寬度大於 30 公分時，厚度應在 6 公分以上，長度應在 4 公尺以上，其支撐點應有 3 處以上，且板端突出支撐點之長度應在 10 公分以上，但不得大於板長 1/18 ，踏板於板長方向重疊時，應於支撐點處重疊，重疊部分之長度不得小於 20 公分。

四、工作臺應低於施工架立柱頂點 1 公尺以上。

▶ 提示

本題曾考過**填空題**，1 公尺＝100 公分，題目曾考公分。

題幹　營標第 51 條（上下設備）

雇主於施工架上設置人員上下設備時，應依下列規定辦理：

一、確實檢查施工架各部分之穩固性，必要時應適當補強，並將上下設備架設處之立柱與建築物之堅實部分牢固連接。

二、施工架任一處步行至最近上下設備之距離，應在 30 公尺以下。

▶提示

本題曾考過填空題。

題幹　營標第 54 條（原木施工架）

雇主對於原木施工架之 水平位置連接之橫檔接頭 ，至少應 重疊 1 尺以上 ，其連接端應緊紮於立柱上。但經採用特殊方法，足以保持其受力之均衡者，不在此限。（第 6 款）

雇主對於原木施工架上之 踏腳桁 ，應依下列規定：（第 7 款）

一、應平直並與橫檔紮牢。

二、不用橫檔時，踏腳桁應紮緊於立柱上，並用已紮穩之三角木支撐。

三、踏腳桁之一端利用牆壁支撐時，則該端至少應有 10 公分深之接觸面。

四、踏腳桁之尺寸，應依預期之荷重決定。

五、支持工作臺之兩相鄰踏腳桁之間距，應視預期載重及工作臺舖板之材質及厚度定之。以不及 4 公分厚之踏板構築者，間距不得超過 1 公尺；以 4 至 5 公分厚之踏板構築者，不得超過 1.5 公尺；以 5 公分厚以上之踏板構築者，不得超過 2 公尺。

▶提示

本題曾考過填空題。

題幹　營標第 56 條（懸吊施工架）

雇主對於懸吊式施工架，應依下列規定辦理：

一、懸吊架及其他受力構件應具有充分強度，並確實安裝及繫固。

二、工作臺寬度不得小於 40 公分，且不得有隙縫。但於工作臺下方及側方已裝設安全網及防護網等，足以防止勞工墜落或物體飛落者，不在此限。

三、吊纜或懸吊鋼索之安全係數應在 10 以上，吊鉤之安全係數應在 5 以上，施工架下方及上方支座之安全係數，其為鋼材者應在 2.5 以上；其為木材者應在 5 以上。

四、懸吊之鋼索，不得有下列情形之一：

(一) 鋼索一撚間有 10 %以上素線截斷者。

(二) 直徑減少達公稱直徑 7 %以上者。

(三) 有顯著變形或腐蝕者。

(四) 已扭結者。

五、懸吊之鏈條，不得有下列情形之一：

(一) 延伸長度超過該鏈條製造時長度 5 %以上者。

(二) 鏈條斷面直徑減少超過該鏈條製造時斷面直徑 10 %以上者。

(三) 有龜裂者。

▶ 提示

本題曾考過填空題。

題幹　營標第 57 條（棧橋施工架）

雇主對於棧橋式施工架，應依下列規定辦理：

一、其寬度應使工作臺留有足夠運送物料及人員通行無阻之空間。

二、棧橋應架設牢固以防止移動，並具適當之強度。

三、不能構築 2 層以上。

四、構築高度不得高出地面或地板 4 公尺以上者。

五、不得建於輕型懸吊式施工架之上。

▶ 提示

本題曾考過填空題。

題幹　營標第 59 條（鋼管施工架）

雇主對於鋼管施工架之設置，應依下列規定辦理：

一、使用國家標準 CNS 4750 型式之施工架，應符合國家標準同等以上之規定；其他型式之施工架，其構材之材料抗拉強度、試驗強度及製造，應符合國家標準 CNS 4750 同等以上之規定。（第 1 款）

二、構件之連接部分或交叉部分，應以 適當之金屬附屬配件確實連接固定 ，並以適當之 斜撐材補強 。（第 4 款）

三、使用伸縮桿件及調整桿時，應將其 埋入原桿件足夠深度 ，以維持穩固，並將 插銷鎖固 。（第 7 款）

四、屬於 直柱式施工架或懸臂式施工架 者，應依下列規定設置與建築物連接之壁連座 連接 ：（第 5 款）

(一) 間距應小於下表所列之值為原則。

鋼管施工架之種類	間距（單位：公尺）	
	垂直方向	水平方向
單管施工架	5	5.5
框式施工架（高度未滿 5 公尺者除外）	9	8

(二) 應以 鋼管 或 原木 等使該施工架構築堅固。

(三) 以抗拉材料與抗壓材料合構者，抗壓材與抗拉材之間距應在 1 公尺以下。

五、接近高架線路設置施工架，應先移設高架線路或裝設 絕緣用防護裝備 或 警告標示 等措施，以 防止高架線路與施工架接觸 。（第 6 款）

▶提示

本題曾考過填空題、複選題。

題幹　營標第 60 條（單管施工架）

雇主對於單管式鋼管施工架之構築，應依下列規定辦理：

一、立柱之間距：縱向為 1.85 公尺以下；梁間方向為 1.5 公尺以下。

二、橫檔垂直間距不得大於 2 公尺。距地面上第一根橫檔應置於 2 公尺以下之位置。

三、立柱之上端量起自 31 公尺以下部分之立柱，應使用 2 根鋼管。

四、立柱之載重應以 400 公斤為限。

> 提示

本題曾考過填空題。

題幹　營標第 61 條（框式施工架）

雇主對於框式鋼管式施工架之構築，應依下列規定辦理：

一、最上層及每隔 5 層應設置水平梁。

二、框架與托架，應以水平牽條或鉤件等，防止水平滑動。

三、高度超過 20 公尺及架上載有物料者，主框架應在 2 公尺以下，且其間距應保持在 1.85 公尺以下。

> 提示

本題曾考過填空題。

題幹　營標第 63 條（露天開挖）

雇主僱用勞工從事露天開挖作業，為防止地面之崩塌及損壞地下埋設物致有危害勞工之虞，應事前就作業地點及其附近，施以鑽探、試挖或其他適當方法從事調查，其調查內容，應依下列規定：

一、地面形狀、地層、地質、鄰近建築物及交通影響情形等。

二、地面有否龜裂、地下水位狀況及地層凍結狀況等。

三、有無地下埋設物及其狀況。

四、地下有無高溫、危險或有害之氣體、蒸氣及其狀況。

依前項調查結果擬訂開挖計畫，其內容應包括開挖方法、順序、進度、使用機械種類、降低水位、穩定地層方法及土壓觀測系統等。

> 提示

本題曾考過排序題。

題幹　營標第 64 條（開挖傾斜度）

雇主僱用勞工以人工開挖方式從事露天開挖作業，其自由面之傾斜度，應依下列規定辦理：

一、由砂質土壤構成之地層，其開挖面之傾斜度不得大於水平 1.5 與垂直 1 之比（35度），其開挖面高度應不超過 5 公尺。

二、因爆破等易引起崩壞、崩塌或龜裂狀態之地層，其開挖面之傾斜度不得大於水平 1 與垂直 1 之比（ 45 度），其開挖面高度應不超過 2 公尺。

三、岩磐（可能引致崩塌或岩石飛落之龜裂岩磐除外）或堅硬之粘土構成之地層，及穩定性較高之其他地層之開挖面之傾斜度，應依下表之規定。

地層之種類	開挖面高度	開挖面傾斜度
岩盤或堅硬之黏土構成之地層	未滿 5 公尺	90 度以下
	5 公尺以上	75 度以下
其他	未滿 2 公尺	90 度以下
	2 公尺以上未滿 5 公尺	75 度以下
	5 公尺以上	60 度以下

▶ 提示

本題曾考過填空題。

題幹　營標第 65 條（防止飛落）

雇主僱用勞工從事露天開挖作業時，為防止地面之崩塌或土石之飛落，應採取下列措施：

一、作業前、大雨或 4 級以上地震後，應指定專人確認作業地點及其附近之地面有無龜裂、有無湧水、土壤含水狀況、地層凍結狀況及其地層變化等情形，並採取必要之安全措施。

二、爆破後，應指定專人檢查爆破地點及其附近有無浮石或龜裂等狀況，並採取必要之安全措施。

三、開挖出之土石應常清理，不得堆積於開挖面之上方或與開挖面高度等值之坡肩寬度範圍內。

四、應有勞工安全進出作業場所之措施。

五、應設置排水設備，隨時排除地面水及地下水。

▶ 提示

本題曾考過填空題。

題幹　營標第 66 條（防止崩塌）

雇主使勞工從事露天開挖作業，開挖垂直深度達 1.5 公尺以上者，應指定露天開挖 作業主管 。

▶ 提示

本題曾考過填空題。

題幹　營標第 71 條（開挖深度）

雇主僱用勞工從事露天開挖作業，其開挖垂直最大深度應妥為設計；其深度在 1.5 公尺以上，使勞工進入開挖面作業者，應設 擋土支撐 。但地質特殊或採取替代方法，經所僱之專任工程人員或委由相關執業技師簽認其安全性者，不在此限。

▶ 提示

本題曾考過填空題。

題幹　營標第 72 條（支撐材料）

雇主對於供作 擋土支撐之材料，不得有顯著之損傷、變形或腐蝕 。

▶ 提示

本題曾考過配合題。（題目為一個開挖工地路面下陷的情境圖，需研判擋土支撐失敗的原因可能違反營標第 72、73 條規定所致）

題幹　營標第 73 條（擋土支撐）

雇主對於擋土支撐之構築，應依下列規定辦理：

一、依擋土支撐構築處所之地質鑽探資料， 研判土壤性質、地下水位、埋設物及地面荷載現況，妥為設計 ，且繪製詳細構築圖樣及擬訂施工計畫，並據以構築之。

二、構築圖樣及施工計畫應包括 樁或擋土壁體及其他襯板、橫檔、支撐及支柱等構材之材質、尺寸配置、安裝時期、順序、降低水位之方法及土壓觀測系統 等。

三、擋土支撐之設置,應於未開挖前,依照計畫之設計位置先行打樁,或於擋土壁體達預定之擋土深度後,再行開挖。

四、為防止支撐、橫檔及牽條等之脫落,應確實安裝固定於樁或擋土壁體上。

五、壓力構材之接頭應採對接,並應加設護材。

六、支撐之接頭部分或支撐與支撐之交叉部分應墊以承鈑,並以螺栓緊接或採用焊接等方式固定之。

七、備有中間柱之擋土支撐者,應將支撐確實妥置於中間直柱上。

八、支撐非以構造物之柱支持者,該支持物應能承受該支撐之荷重。

九、不得以支撐及橫檔作為施工架或承載重物。但設計時已預作考慮及另行設置支柱或加強時,不在此限。

十、開挖過程中,應隨時注意開挖區及鄰近地質及地下水位之變化,並採必要之安全措施。

十一、擋土支撐之構築,其橫檔背土回填應緊密、螺栓應栓緊,並應施加預力。

▶ 提示

本題曾考過**配合題**。(題目為一個開挖工地路面下陷的情境圖,需研判擋土支撐失敗的原因可能違反營標第 72、73 條規定所致)

露天開挖擋土支撐結構施工圖包含哪些(例如:水位高度、開挖深度、結構....)

題幹　營標第 75 條(確認檢查)

雇主於擋土支撐設置後開挖進行中,除指定專人確認地層之變化外,並於每週或於4級以上地震後,或因大雨等致使地層有急劇變化之虞,或觀測系統顯示土壓變化未按預期行徑時,依下列規定實施檢查:

一、構材之有否損傷、變形、腐蝕、移位及脫落。

二、支撐桿之鬆緊狀況。

三、構材之連接部分、固定部分及交叉部分之狀況。

▶ 提示

本題曾考過填空題。

題幹　營標第 104 條（沉箱開挖）

雇主對於沉箱、沉筒、井筒等之設備內部，從事開挖作業時，應依下列規定辦理：

一、應測定空氣中氧氣及有害氣體之濃度。

二、應有使勞工安全升降之設備。

三、開挖深度超過 20 公尺或有異常氣壓之虞時，該作業場所應設置專供連絡用之 電話或電鈴等通信系統 。

四、開挖深度超越 20 公尺或依第 1 款規定測定結果異常時，應設置換氣裝置並供應充分之空氣。

▶提示

本題曾考過填空題。

題幹　營標第 131 條（模板支撐）

為防止模板倒塌危害勞工，高度在 7 公尺以上，且面積達 330 平方公尺以上之模板支撐，其構築及拆除，應依下列規定辦理：（第 1 款）

一、事先依模板形狀、預期之荷重及混凝土澆置方法等，應由所僱之專任工程人員或委由相關執業技師，依結構力學原理妥為設計，置備施工圖說及強度計算書，經簽章確認後，據以執行。

二、訂定混凝土澆置計畫及建立按施工圖說施作之查驗機制。

三、設計、施工圖說、簽章確認紀錄、混凝土澆置計畫及查驗等相關資料，於未完成拆除前，應妥存備查。

四、有變更設計時，其強度計算書及施工圖說應重新製作，並依本款規定辦理。

▶提示

本題曾考過填空題。

題幹　營標第 135 條（可調鋼管支柱）

雇主以 可調鋼管支柱 為模板支撐之支柱時，應依下列規定辦理：

一、可調鋼管支柱不得連接使用。

二、高度超過 3.5 公尺者，每隔 2 公尺內設置足夠強度之縱向、橫向之 水平繫條 ，並與牆、柱、橋墩等構造物或穩固之牆模、柱模等妥實連結，以防止支柱移位。

1-111

三、可調鋼管支撐於調整高度時,應以制式之金屬附屬配件為之,不得以鋼筋等替代使用。

四、上端支以梁或軌枕等貫材時,應置鋼製頂板或托架,並將貫材固定其上。

▶ 提示

本題曾考過填空題。

題幹　營標第 136 條(鋼管施工架支柱)

雇主以鋼管施工架為模板支撐之支柱時,應依下列規定辦理:

一、鋼管架間,應設置交叉斜撐材。

二、於最上層及每隔 5 層以內,模板支撐之側面、架面及每隔 5 架以內之交叉斜撐材面方向,應設置足夠強度之水平繫條,並與牆、柱、橋墩等構造物或穩固之牆模、柱模等妥實連結,以防止支柱移位。

三、於最上層及每隔 5 層以內,模板支撐之架面方向之二端及每隔 5 架以內之交叉斜撐材面方向,應設置水平繫條或橫架。

四、上端支以梁或軌枕等貫材時,應置鋼製頂板或托架,並將貫材固定其上。

五、支撐底部應以可調型基腳座鈑調整在同一水平面。

▶ 提示

本題曾考過填空題。

題幹　營標第 137 條(型鋼組合支柱)

雇主以型鋼之組合鋼柱為模板支撐之支柱時,應依下列規定辦理:

一、支柱高度超過 4 公尺者,應每隔 4 公尺內設置足夠強度之縱向、橫向之水平繫條,並與牆、柱、橋墩等構造物或穩固之牆模、柱模等妥實連結,以防止支柱移位。

二、上端支以梁或軌枕等貫材時,應置鋼製頂板或托架,並將貫材固定其上。

▶ 提示

本題曾考過填空題。

題幹　營標第 138 條（模板支撐支柱）

雇主以木材為模板支撐之支柱時，應依下列規定辦理：

一、 木材以連接方式使用時，每一支柱最多僅能有一處接頭，以對接方式連接使用時，應以 2 個以上之牽引板固定之。

二、 上端支以梁或軌枕等貫材時，應使用牽引板將上端固定於貫材。

三、 支柱底部須固定於有足夠強度之基礎上，且每根支柱之 淨高 不得超過 4 公尺。

四、 木材支柱最小斷面積應大於 31.5 平方公分，高度每 2 公尺內設置足夠強度之縱向、橫向水平繫條，以防止支柱之移動。

▶ 提示

本題曾考過填空題。考支柱淨高不得超過 4 公尺。

題幹　營標第 140 條（混凝土拌合機）

雇主對於置有容積 1 立方公尺以上之漏斗之 混凝土拌合機 ，應有防止人體自開口處捲入之 防護裝置 、 清掃裝置 與 護欄 。

▶ 提示

本題曾考過填空題。

題幹　營標第 148 條（鋼構組配作業）

雇主對於鋼構吊運、組配作業，應依下列規定辦理：

一、 吊運長度 超過 6 公尺之構架時，應在適當距離之二端以拉索捆紮拉緊，保持平穩防止擺動，作業人員在其旋轉區內時，應以穩定索繫於構架尾端，使之穩定。

二、 吊運之鋼材，應於卸放前，檢視其確實捆妥或繫固於安定之位置，再卸離吊掛用具。

三、 安放鋼構時，應由側方及交叉方向安全支撐。

四、 設置鋼構時，其各部尺寸、位置均須測定，且妥為校正，並用臨時支撐或螺栓等使其充分固定，再行熔接或鉚接。

五、 鋼梁於最後安裝吊索鬆放前，鋼梁二端腹鈑之接頭處，應有 2 個以上之 螺栓 裝妥 或採其他設施固定之。

六、 中空格柵構件於鋼構未熔接或鉚接牢固前，不得置於該鋼構上。

七、鋼構組配進行中，柱子尚未於 2 個以上之方向與其他構架組配牢固前，應使用格柵當場栓接，或採其他設施，以抵抗橫向力，維持構架之穩定。

八、使用 12 公尺以上長跨度格柵梁或桁架時，於鬆放吊索前，應安裝臨時構件，以維持橫向之穩定。

九、使用起重機吊掛構件從事組配作業，其未使用自動脫鉤裝置者，應設置施工架等設施，供作業人員安全上下及協助鬆脫吊具。

▶提示

本題曾考過填空題。

題幹　營標第 149 條（鋼構範圍）

鋼構組配作業所定鋼構，其範圍如下：（第 3 項）

一、高度在 5 公尺以上之 鋼構建築物 。

二、高度在 5 公尺以上之 鐵塔、金屬製煙囪或類似柱狀金屬構造物 。

三、高度在 5 公尺以上或橋梁跨距在 30 公尺以上，以金屬構材組成之 橋梁上部結構 。

四、塔式起重機或升高伸臂起重機。

五、人字臂起重桿。

六、以金屬構材組成之室外升降機升降路塔或導軌支持塔。

七、以金屬構材組成之施工構臺。

▶提示

本題曾考過填空題。

題幹　營標第 150 條（樓板骨架）

雇主於鋼構組配作業進行組合時，應逐次構築永久性之樓板，於最高永久性樓板上組合之骨架，不得超過 8 層。但設計上已考慮構造物之整體安全性者，不在此限。

▶提示

本題曾考過填空題。

題幹　營標第 151 條（構台鋪設）

雇主對於鋼構建築之臨時性構臺之舖設，應依下列規定辦理：

一、用於放置起重機或其他機具之臨時性構臺，應依預期荷重妥為設計具充分強度之木板或座鈑，緊密舖設及防止移動，並於下方設置支撐物，且確認其結構安全。

二、不適於舖設臨時性構臺之鋼構建築，且未使用施工架而落距差超過二層樓或 7.5 公尺以上者，應張設安全網，其下方應具有足夠淨空，以防彈動下沉，撞及下面之結構物。安全網於使用前須確認已實施耐衝擊試驗，並維持其效能。

三、以地面之起重機從事鋼構組配之高處作業，使勞工於其上方從事熔接、上螺絲等接合，或上漆作業者，其鋼梁正下方 2 層樓或 7.5 公尺高度內，應安裝密實之舖板或採取相關安全防護措施。

▶提示

本題曾考過填空題。

題幹　營標第 155 條（拆除構造物前）

雇主於 拆除構造物前 ，應依下列規定辦理：
一、 檢查預定拆除之各構件 。
二、 對不穩定部分，應予支撐穩固 。
三、切斷電源，並拆除配電設備及線路。
四、 切斷可燃性氣體管、蒸汽管或水管等管線。管中殘存可燃性氣體時，應打開全部門窗，將氣體安全釋放 。
五、拆除作業中須保留之電線管、可燃性氣體管、蒸氣管、水管等管線，其使用應採取特別安全措施。
六、具有危險性之拆除作業區，應設置圍柵或標示，禁止非作業人員進入拆除範圍內。
七、在鄰近通道之人員保護設施完成前，不得進行拆除工程。

▶提示

本題曾考過複選題。

題幹　營標第 157 條（拆除構造物時）

雇主於 拆除構造物時 ，應依下列規定辦理：

一、不得使勞工同時在不同高度之位置從事拆除作業。但具有適當設施足以維護下方勞工之安全者，不在此限。

二、 拆除應按序由上而下逐步拆除 。

三、拆除之材料，不得過度堆積致有損樓板或構材之穩固，並不得靠牆堆放。

四、 拆除進行中，隨時注意控制拆除構造物之穩定性 。

五、遇強風、大雨等惡劣氣候，致構造物有崩塌之虞者，應立即停止拆除作業。

六、構造物有飛落、震落之虞者，應優先拆除。

七、拆除進行中，有塵土飛揚者，應適時予以灑水。

八、 以拉倒方式拆除構造物時，應使用適當之鋼纜、纜繩或其他方式，並使勞工退避，保持安全距離 。

九、以爆破方法拆除構造物時，應具有防止爆破引起危害之設施。

十、地下擋土壁體用於擋土及支持構造物者，在構造物未適當支撐或以板樁支撐土壓前，不得拆除。

十一、拆除區內禁止無關人員進入，並明顯揭示。

▶提示

本題曾考過**複選**題。

題幹　營標第 160 條（承受臺）

雇主受環境限制，未能依前條第 2 款、第 3 款設置作業區時，應於預定拆除構造物之外牆邊緣，設置符合下列規定之 承受臺 ：

一、承受臺 寬 應在 1.5 公尺以上。

二、承受臺面應由外向內傾斜，且密舖板料。

三、承受臺應能承受每平方公尺 600 公斤以上之 活載重 。

四、承受臺應維持臺面距拆除層位之高度，不超過 2 層以上。但拆除層位距地面 3 層高度以下者，不在此限。

▶提示

本題曾考過**填空**題。

Q 題目

機械及設備安全相關法規（含危險性機械及設備安全檢查規則、起重升降機具安全規則、鍋爐及壓力容器安全規則、高壓氣體勞工安全規則、機械設備器具安全標準、機械設備器具安全資訊申報登錄辦法、機械設備器具監督管理辦法、機械類產品型式驗證實施及監督管理辦法、吊籠安全檢查構造標準）

題幹　安檢則第 3 條（危險性機械）

本規則適用於下列容量之危險性機械：

一、固定式起重機：吊升荷重在 3 公噸以上之固定式起重機或 1 公噸以上之斯達卡式起重機。

二、移動式起重機：吊升荷重在 3 公噸以上之移動式起重機。

三、人字臂起重桿：吊升荷重在 3 公噸以上之人字臂起重桿。

四、營建用升降機：設置於營建工地，供營造施工使用之升降機。

五、營建用提升機：導軌或升降路高度在 20 公尺以上之營建用提升機。

六、吊籠：載人用吊籠。

▶ 提示

本題曾考過配合題、危險性機械有哪些複選題。

題幹　安檢則第 4 條（危險性設備）

本規則適用於下列容量之危險性設備：

一、鍋爐。

二、壓力容器。

三、高壓氣體特定設備。

四、高壓氣體容器，指供灌裝高壓氣體之容器中，相對於地面可移動，其內容積在 500 公升以上者。

▶ 提示

本題曾考過配合題。

題幹　安檢則第 12 條（竣工檢查）

雇主於固定式起重機設置完成或變更設置位置時，應填具固定式起重機竣工檢查申請書，檢附下列文件，向所在地檢查機構申請 竣工檢查 ：

一、 製造設施型式檢查合格證明（外國進口者，檢附品管等相關文件） 。
二、 設置場所平面圖及基礎概要 。
三、 固定式起重機明細表 。
四、 強度計算基準及組配圖 。

▶提示

本題曾考過複選題。固定式起重機要竣工檢查要準備哪些資料？

題幹　安檢則第 18、28、38、48、58、68、70、87、112、136、158 條（有效期限）

檢查機構對定期檢查合格之 固定式起重機 ，應於原檢查合格證上簽署，註明使用有效期限，最長為 2 年。（第 18 條）

檢查機構對定期檢查合格之 移動式起重機 ，應於原檢查合格證上簽署，註明使用有效期限，最長為 2 年。（第 28 條）

檢查機構對定期檢查合格之 人字臂起重桿 ，應於原檢查合格證上簽署，註明使用有效期限，最長為 2 年。（第 38 條）

檢查機構對定期檢查合格之 營建用升降機 ，應於原檢查合格證上簽署，註明使用有效期限，最長為 1 年。（第 48 條）

檢查機構對定期檢查合格之 營建用提升機 ，應於原檢查合格證上簽署，註明使用有效期限，最長為 2 年。（第 58 條）

檢查機構對定期檢查合格之 吊籠 ，應於原檢查合格證上簽署，註明使用有效期限，最長為 1 年。（第 68 條）

檢查機構對定期檢查合格之 鍋爐 ，應於原檢查合格證上簽署，註明使用有效期限，最長為 1 年。（第 87 條）

檢查機構對定期檢查合格之 第一種壓力容器 ，應於原檢查合格證上簽署，註明使用有效期限，最長為 1 年。但第 108 條第 2 項，最長得為 2 年。（第 112 條）

檢查機構對經定期檢查合格之 高壓氣體特定設備 ，應於原檢查合格證上簽署，註明使用有效期限，最長為 1 年。（第 136 條）

檢查機構對經定期檢查合格之 高壓氣體容器 ，應依第 155 條規定之期限，於原檢查合格證上簽署，註明使用有效期限，最長為 5 年。但固定於車輛之罐槽體者，應重新換發新證。（第 158 條）

雇主對於停用超過檢查合格證有效期限 1 年以上之吊籠，如擬恢復使用時，應填具吊籠重新檢查申請書，向檢查機構申請 重新檢查 。（第 70 條）

▶提示

本題曾考過填空題。

題幹　安檢則第 164 條（超限報備）

雇主停用危險性機械或設備時，停用期間超過檢查合格證有效期限者，應向 檢查機構報備 。

▶提示

本題曾考過選擇題。

題幹　起升則第 2 條（名詞定義）

升降機 ：指乘載人員及（或）貨物於搬器上，而該 搬器順沿軌道鉛直升降 ，並以動力從事搬運之機械裝置。 但營建用提升機、簡易提升機及吊籠，不包括之 。（第 4 款）

吊籠 ：指由 懸吊式施工架 、 升降裝置 、 支撐裝置 、 工作台 及其附屬裝置所構成，專供人員升降施工之設備。（第 6 款）

簡易提升機 ：指僅以 搬運貨物為目的 之升降機，其搬器之底面積在 1 平方公尺以下或頂高在 1.2 公尺以下者。但營建用提升機，不包括之。（第 7 款）

▶提示

本題曾考過軌道搬運過程，問這台是不是屬於軌道式捲揚機、簡易提升機，或經檢查合格的營建用提升機可否載人等是非題及填空題，吊籠定義選擇題。

題幹　起升則第 3 條（中型起重升降機）

本規則所稱中型起重升降機具如下：

一、 中型固定式起重機：指吊升荷重在 0.5 公噸以上未滿 3 公噸之固定式起重機或未滿 1 公噸之斯達卡式起重機。

二、 中型移動式起重機：指吊升荷重在 0.5 公噸以上未滿 3 公噸之移動式起重機。

三、 中型人字臂起重桿：指吊升荷重在 0.5 公噸以上未滿 3 公噸之人字臂起重桿。

四、 中型升降機：指積載荷重在 0.25 公噸以上未滿 1 公噸之升降機。

五、 中型營建用提升機：指導軌或升降路之高度在 10 公尺以上未滿 20 公尺之營建用提升機。

▶ 提示

本題曾考過填空題、是非題。曾考過某升降機的條件是否符合中型起重機的定義。

題幹　起升則第 4 條（不適用條款）

下列起重升降機具不適用本規則：

一、 吊升荷重未滿 0.5 公噸之固定式起重機、移動式起重機及人字臂起重桿。

二、 積載荷重未滿 0.25 公噸之升降機、營建用提升機及簡易提升機。

三、 升降路或導軌之高度未滿 10 公尺之營建用提升機。

▶ 提示

本題曾考過填充題、是非題。（曾考過小型起重機設置完成是否需實施荷重試驗及安定性試驗？因小型起重機不適用本規則，故無須實施）

題幹　起升則第 5 條（吊升荷重）

本規則所稱 吊升荷重 ，指依固定式起重機、移動式起重機、人字臂起重桿等之構造及材質，所 能吊升之最大荷重 。

▶ 提示

本題曾考過是非題。曾考過各種機械設備搭配各種荷重。

題幹　起升則第 6 條（額定荷重）

本規則所稱 額定荷重 ，在 未具伸臂之固定式起重機或未具吊桿之人字臂起重桿 ，指 自吊升荷重扣除吊鉤、抓斗等吊具之重量所得之荷重 。

具有伸臂之固定式起重機及移動式起重機 之額定荷重，應依其構造及材質、伸臂之傾斜角及長度、吊運車之位置，決定其足以承受之最大荷重後， 扣除吊鉤、抓斗等吊具之重量所得之荷重 。

具有吊桿之人字臂起重桿 之額定荷重，應依其構造、材質及吊桿之傾斜角，決定其足以承受之最大荷重後， 扣除吊鉤、抓斗等吊具之重量所得之荷重 。

▶ 提示

本題曾考過是非題、配合題。曾考過各種機械設備搭配各種荷重。

題幹　起升則第 7 條（積載荷重）

本規則所稱 積載荷重 ，在升降機、簡易提升機、營建用提升機或未具吊臂之吊籠，指依其構造及材質，於 搬器上乘載人員或荷物上升之最大荷重 。

▶ 提示

本題曾考過是非題、配合題。曾考過各種機械設備搭配各種荷重。

題幹　起升則第 9 條（容許下降速率）

本規則所稱容許下降速率，指於 吊籠 工作台上加予相當於 積載荷重 之重量，使其下降之最高容許速率。

▶ 提示

本題曾考過是非題。（吊籠的選項會換成升降機、起重機；積載荷重的選項會換成吊升荷重、額定荷重）

題幹　起升則第 10 條（固定式起重機安全管理）

雇主對於 固定式起重機 之使用，不得超過 額定荷重 。但必要時，經採取下列各項措施者，得報經檢查機構放寬至實施之荷重試驗之值：

一、事先實施荷重試驗，確認無異狀。
二、指定作業監督人員，從事監督指揮工作。

前項 荷重試驗 之值，指將相當於該起重機額定荷重 1.25 倍之荷重（額定荷重超過 200 公噸者，為額定荷重加上 50 公噸之荷重）置於吊具上實施吊升、直行、旋轉及吊運車之橫行等動作試驗之荷重值。

第 1 項荷重試驗紀錄應保存 3 年。

▶提示

本題曾考過**填空題**、**配合題**、**是非題**。曾考過各種機械設備搭配各種荷重；及荷重試驗是否為 1.25 倍、安定性試驗是否為 1.27 倍。

題幹　起升則第 11 條（名詞定義）

荷重試驗，指將相當於該起重機額定荷重 1.25 倍之荷重置於吊具上，實施吊升、直行、旋轉及吊運車之橫行等動作之試驗。（第 2 項）

安定性試驗，指在逸走防止裝置、軌夾裝置等停止作用狀態中，且使該起重機於最不利於安定性之條件下，將相當於額定荷重 1.27 倍之荷重置於吊具上所實施之試驗。（第 3 項）

▶提示

本題曾考過**填空題**。

題幹　起升則第 12 條（結構空間）

雇主對於固定式起重機之設置，其有關結構空間應依下列規定：

一、除不具有起重機桁架及未於起重機桁架上設置人行道者外，凡設置於建築物內之走行固定式起重機，其最高部（集電裝置除外）與建築物之水平支撐、樑、橫樑、配管、其他起重機或其他設備之置於該走行起重機上方者，其間隔應在 0.4 公尺以上。其桁架之人行道與建築物之水平支撐、樑、橫樑、配管、其他起重機或其他設備之置於該人行道之上方者，其間隔應在 1.8 公尺以上。

二、走行固定式起重機或旋轉固定式起重機與建築物間設置之人行道寬度，應在 0.6 公尺以上。但該人行道與建築物支柱接觸部分之寬度，應在 0.4 公尺以上。

三、固定式起重機之駕駛室（台）之端邊與通往該駕駛室（台）之人行道端邊，或起重機桁架之人行道端邊與通往該人行道端邊之間隔，應在 0.3 公尺以下。但勞工無墜落之虞者，不在此限。

▶提示

本題曾考過**填空題**。（此題型要注意題目中的單位可能會由公尺改成公分，答案會有所變化）

題幹　起升則第 19 條（防墜措施）

雇主對於固定式起重機之使用，以吊物為限，不得乘載或吊升勞工從事作業。但從事貨櫃裝卸、船舶維修、高煙囪施工等尚無其他安全作業替代方法，或臨時性、小規模、短時間、作業性質特殊，經採取防止墜落等措施者，不在此限。

雇主對於前項但書所定防止墜落措施，應辦理事項如下：

一、以搭乘設備乘載或吊升勞工，並防止其翻轉及脫落。

二、搭乘設備需設置安全母索或防墜設施，並使勞工佩戴安全帽及符合國家標準 CNS 14253-1 同等以上規定之全身背負式安全帶。

三、搭乘設備之使用不得超過限載員額。

四、搭乘設備自重加上搭乘者、積載物等之最大荷重，不得超過該起重機作業半徑所對應之額定荷重之 50 %。

五、搭乘設備下降時，採動力下降之方法。

雇主應依前項第 2 款及第 3 款規定，要求起重機操作人員，監督搭乘人員確實辦理。

▶ 提示

本題曾考過填空題。

題幹　起升則第 20 條（固定式起重機之載人用搭乘設備）

搭乘設備之 懸吊用鋼索或鋼線 之安全係數應在 10 以上；吊鏈、吊帶 及其支點之安全係數應在 5 以上。（第 3 款）

▶ 提示

本題曾考過填空題。

題幹　起升則第 24 條（移動式起重機安全管理）

雇主於 中型 移動式起重機設置完成時，應實施 荷重試驗 及 安定性試驗，確認安全後，方得使用。

前項 荷重試驗，指將相當於該起重機額定荷重 1.25 倍之荷重置於吊具上，實施吊升、直行、旋轉或必要之走行等動作之試驗。

第 1 項 安定性試驗，指使該起重機於最不利於安定性之條件下，將相當於額定荷重 1.27 倍之荷重置於吊具上所實施之試驗。

第 1 項試驗紀錄應保存 3 年。

▶ 提示

本題曾考過填空題。

題幹　起升則第 35 條（防墜措施）

雇主對於移動式起重機之使用，以吊物為限，不得乘載或吊升勞工從事作業。但從事 貨櫃裝卸 、 船舶維修 、 高煙囪施工 等尚無其他安全作業替代方法，或 臨時性 、 小規模 、 短時間 、 作業性質特殊 ，經採取防止墜落等措施者，不在此限。

雇主對於前項但書所定防止墜落措施，應辦理事項如下：
一、 以搭乘設備乘載或吊升勞工，並防止其翻轉及脫落 。
二、 搭乘設備需設置安全母索或防墜設施，並使勞工佩戴安全帽及符合國家標準 CNS 14253-1 同等以上規定之全身背負式安全帶 。
三、 搭乘設備之使用不得超過限載員額 。
四、 搭乘設備自重加上搭乘者、積載物等之最大荷重，不得超過該起重機作業半徑所對應之額定荷重之 50% 。
五、 搭乘設備下降時，採動力下降之方法 。
六、 垂直高度超過 20 公尺之高處作業，禁止使用直結式搭乘設備。但設有無線電通訊聯絡及作業監視或預防碰撞警報裝置者，不在此限 。

雇主應依前項第 2 款及第 3 款規定，要求 起重機操作人員 ，監督搭乘人員確實辦理。

▶ 提示

本題曾考過配合題、填空題。（本題採用情境圖配合文字敘述，超過 20 公尺高處作業且無通訊聯絡設備時，應使用吊掛式搭乘設備及移動式起重機可做哪些工作？）

題幹　起升則第 36 條（移動式起重機之載人用搭乘設備）

雇主對於前條第 2 項所定搭乘設備，應依下列規定辦理：
一、 搭乘設備應有足夠強度，其使用之材料不得有影響構造強度之損傷、變形或腐蝕等瑕疵。
二、 搭乘設備周圍設置高度 90 公分以上之扶手，並設中欄杆及腳趾板。
三、 搭乘設備之 懸吊用鋼索或鋼線 之安全係數應在 10 以上； 吊鏈、吊帶 及其支點之安全係數應在 5 以上。

四、 依搭乘設備之構造及材質，計算積載之最大荷重，並於搭乘設備之 明顯易見處 ，標示自重及最大荷重。

▶提示

本題曾考過填空題、複選題。

題幹 　**起升則第 38 條（吊升人員作業）**

起重機載人作業前，應先以預期最大荷重之荷物，進行試吊測試，將測試荷物置於搭乘設備上，吊升至最大作業高度，保持 5 分鐘以上，確認其平衡性及安全性無異常。該起重機移動設置位置者，應重新辦理 試吊測試 。（第 1 項第 2 款）

▶提示

本題曾考過填空題。

題幹 　**起升則第 42 條、43 條、46 條及 47 條（人字臂起重桿安全管理）**

雇主於中型人字臂起重桿設置完成時， 應實施荷重試驗 ，確認安全後，方得使用。（§42）

雇主對於人字臂起重桿之吊升裝置及起伏裝置， 應設過捲預防裝置 。但使用絞車為動力之吊升裝置及起伏裝置者，不在此限。（§43）

雇主對於人字臂起重桿， 應於其機身明顯易見處標示其額定荷重 ，並使操作人員及吊掛作業者周知。（§46）

雇主對於人字臂起重桿之使用， 以吊物為限 ，不得乘載或吊升勞工從事作業。（§47）

▶提示

本題曾考過**複選題**，從人字臂起重桿相關問題選擇正確的規定。

題幹 　**起升則第 65 條（鋼索安全係數）**

雇主對於起重機具之 吊掛用鋼索 ，其安全係數應在 6 以上。

▶提示

本題曾考過填空題。

1-125

題幹　起升則第 67 條（吊鉤及馬鞍環安全係數）

雇主對於起重機具之 吊鉤 ，其安全係數應在 4 以上。 馬鞍環 之安全係數應在 5 以上。

▶提示

本題曾考過填空題。

題幹　起升則第 82 條（升降機安全管理）

雇主對於設置 室外之升降機 ，發生 瞬間風速達每秒 30 公尺以上 或於 4 級以上 地震後 ， 應於再使用前 ，就該升降機之終點極限開關、緊急停止裝置、制動裝置、控制裝置及其他安全裝置、鋼索或吊鏈、導軌、導索結頭等部分， 確認無異狀後， 方得使用 。

▶提示

本題曾考過複選題。

題幹　起升則第 100 條（吊籠限制）

雇主於吊籠之工作台上，不得設置或放置 腳墊 、 梯子 等供勞工使用。

▶提示

本題曾考過是非題。（吊籠內可否放置腳踏板給勞工使用）

題幹　鍋壓則第 2 條（名詞定義）

一、 蒸汽鍋爐 ：指以火焰、燃燒氣體、其他高溫氣體或以電熱加熱於水或熱媒，使發生 超過大氣壓 之壓力蒸汽，供給他用之裝置及其附屬過熱器與節煤器。

二、 熱水鍋爐 ：指以火焰、燃燒氣體、其他高溫氣體或以電熱加熱於有壓力之水或熱媒，供給他用之裝置。

▶提示

本題曾考過蒸汽及熱水鍋爐加熱方式判斷是非題，及鍋爐產生之壓力對比大氣壓力之大小判斷的選擇題。

題幹　鍋壓則第 3 條（小型鍋爐）

本規則所稱小型鍋爐，指鍋爐合於下列規定之一者：

一、最高使用壓力（表壓力，以下同）在每平方公分 [1] 公斤以下或 [0.1] 百萬帕斯卡（MPa）以下，且傳熱面積在 [1] 平方公尺以下之蒸汽鍋爐。

二、最高使用壓力在每平方公分 [1] 公斤以下或 [0.1] 百萬帕斯卡（MPa）以下，且胴體內徑在 [300] 毫米以下，長度在 [600] 毫米以下之蒸汽鍋爐。

三、傳熱面積在 [3.5] 平方公尺以下，且裝有內徑 [25] 毫米以上開放於大氣中之蒸汽管之蒸汽鍋爐。

四、傳熱面積在 [3.5] 平方公尺以下，且在蒸汽部裝有內徑 [25] 毫米以上之 U 字形豎立管，其水頭壓力在 [5] 公尺以下之蒸汽鍋爐。

五、水頭壓力在 [10] 公尺以下，且傳熱面積在 [8] 平方公尺以下之熱水鍋爐。

六、最高使用壓力在每平方公分 10 公斤以下或 1 百萬帕斯卡（MPa）以下，（不包括具有內徑超過 150 毫米之圓筒形集管器，或剖面積超過 177 平方公分之方形集管器之多管式貫流鍋爐），且傳熱面積在 10 平方公尺以下之貫流鍋爐（具有汽水分離器者，限其汽水分離器之內徑在 300 毫米以下，且其內容積在 0.07 立方公尺以下）。

▶提示

本題曾考過填空題。

題幹　鍋壓則第 4 條（壓力容器）

本規則所稱壓力容器，分為下列二種：

一、第一種壓力容器，指合於下列規定之一者：

(一) 接受外來之蒸汽或其他熱媒或使在容器內產生蒸氣加熱固體或液體之容器，且容器內之壓力超過大氣壓。

(二) 因容器內之化學反應、核子反應或其他反應而產生蒸氣之容器，且容器內之壓力超過大氣壓。

(三) 為分離容器內之液體成分而加熱該液體，使產生蒸氣之容器，且容器內之壓力超過大氣壓。

(四) 除前三目外，保存溫度超過其在大氣壓下沸點之液體之容器。

二、第二種壓力容器，指內存氣體之壓力在每平方公分 2 公斤以上或 0.2 百萬帕斯卡（MPa）以上之容器而合於下列規定之一者：

(一) 內容積在 0.04 立方公尺以上之容器。

(二) 胴體內徑在 200 毫米以上，長度在 1,000 毫米以上之容器。

前項壓力容器如屬高壓氣體特定設備、高壓氣體容器或高壓氣體設備，應依高壓氣體安全相關法規辦理。

▶ 提示

本題曾考過複選題、是非題。考過滅菌鍋是屬於哪一種設備？需要上哪一種課？答：第一種壓力容器；操作之勞工應於事前使其接受危險性之設備操作人員安全衛生教育訓練。

題幹　鍋壓則第 14 條（操作管理）

雇主對於鍋爐之操作管理，應僱用專任操作人員，於鍋爐運轉中不得使其從事與鍋爐操作無關之工作。

前項操作人員，應經相當等級以上之鍋爐操作人員訓練合格或鍋爐操作技能檢定合格。

▶ 提示

本題曾考過是非題。

題幹　鍋壓則第 15 條（鍋爐安全管理）

雇主對於同一鍋爐房內或同一鍋爐設置場所中，設有 2 座以上鍋爐者，應依下列規定指派鍋爐 作業主管，負責指揮、監督鍋爐之操作、管理及異常處置等有關工作：

一、各鍋爐之傳熱面積合計在 500 平方公尺以上者，應指派具有 甲級鍋爐操作人員 資格者擔任鍋爐作業主管。但各鍋爐均屬貫流式者，得由具有 乙級以上鍋爐操作人員 資格者為之。

二、各鍋爐之傳熱面積合計在 50 平方公尺以上未滿 500 平方公尺者，應指派具有 乙級以上鍋爐操作人員 資格者擔任鍋爐作業主管。但各鍋爐均屬貫流式者，得由具有 丙級以上鍋爐操作人員 資格為之。

三、各鍋爐之傳熱面積合計未滿 50 平方公尺者，應指派具有 丙級以上鍋爐操作人員 資格者擔任鍋爐作業主管。

前項鍋爐之傳熱面積合計方式，得依下列規定減列計算傳熱面積：

一、 貫流 鍋爐：為其傳熱面積乘 1/10 所得之值。

二、 對於以火焰以外之高溫氣體為熱源之 廢熱 鍋爐：為其傳熱面積乘 1/2 所得之值。

三、 具有 自動控制 裝置，其機能應具備於壓力、溫度、水位或燃燒狀態等發生異常時，確能使該鍋爐安全停止，或具有其他同等安全機能設計之鍋爐：為其傳熱面積乘 1/5 所得之值。

▶提示

本題曾考過**選擇題**、**複選題**。

題幹　鍋壓則第 17 條（安全閥等管理）

雇主對於鍋爐之安全閥及其他附屬品，應依下列規定管理：

一、 安全閥應調整於最高使用壓力以下吹洩。但設有 2 具以上安全閥者，其中至少一具應調整於最高使用壓力以下吹洩，其他安全閥可調整於超過最高使用壓力至最高使用壓力之 1.03 倍以下吹洩；具有釋壓裝置之貫流鍋爐，其安全閥得調整於最高使用壓力之 1.16 倍以下吹洩。經檢查後，應予固定設定壓力，不得變動。

二、 過熱器使用之安全閥，應調整在鍋爐本體上之安全閥吹洩前吹洩。

三、 釋放管有凍結之虞者，應有保溫設施。

四、 壓力表或水高計應避免在使用中發生有礙機能之振動，且應採取防止其內部凍結或溫度超過攝氏 80 度之措施。

五、 壓力表或水高計之刻度板上，應明顯標示最高使用壓力之位置。

六、 在玻璃水位計上或與其接近之位置，應適當標示蒸汽鍋爐之常用水位。

七、 有接觸燃燒氣體之給水管、沖放管及水位測定裝置之連絡管等，應用耐熱材料防護。

八、 熱水鍋爐之回水管有凍結之虞者，應有保溫設施。

▶提示

本題曾考過**填空題**。

1-129

題幹　鍋壓則第 21 條（沖放鍋爐水）

雇主於鍋爐操作人員沖放鍋爐水時，不得使其從事其他作業，並 不得使單獨一人同時從事二座以上鍋爐之沖放工作 。

▶提示

本題曾考過是非題。

題幹　鍋壓則第 25 條（吹洩壓力）

雇主對於小型鍋爐之安全閥，應調整於每平方公分 1 公斤以下或 0.1 百萬帕斯卡（MPa）以下之壓力吹洩。但小型貫流鍋爐應調整於最高使用壓力以下吹洩。

▶提示

本題曾考過小型鍋爐安全閥壓力應調整多少填空題或是非題。

題幹　高壓則第 2 條（高壓氣壓）

溫度在攝氏 35 度時，壓力超過每平方公分 0 公斤以上之液化氣體中之 液化氰化氫 、 液化溴甲烷 、 液化環氧乙烷 或其他中央主管機關指定之液化氣體。（第 4 款）

▶提示

本題曾考過填空題。考液化環氧乙烷（溫度、壓力）

氣體種類		溫度	壓力（kg/cm²）
壓縮氣體	一般	常溫	10
		35度	10
	乙炔	常溫	2
		15度	2
液化氣體	一般液化	常溫	2
		35度	2
	液化氰化氫、液化溴甲烷、液化環氧乙烷或其他經中央主管機關指定之液化氣體	35度	0

題幹　高壓則第 3 條（特定高壓氣體）

本規則所稱 特定高壓氣體 ，係指高壓氣體中之 壓縮氫氣 、 壓縮天然氣 、 液氧 、 液氨 及 液氯 、 液化石油氣 。

▶提示

本題曾考過複選題。

題幹　高壓則第 4 條（可燃性氣體）

本規則所稱 可燃性氣體 ，係指丙烯腈、丙烯醛、乙炔、乙醛、氨、一氧化碳、乙烷、乙胺、乙苯、乙烯、氯乙烷、氯甲烷、氯乙烯、環氧乙烷、環氧丙烷、氰化氫、環丙烷、二甲胺、氫、三甲胺、二硫化碳、丁二烯、丁烷、丁烯、丙烷、丙烯、溴甲烷、苯、甲烷、甲胺、二甲醚、硫化氫及其他爆炸下限在 10 %以下或爆炸上限與下限之差在 20 %以上之氣體。

▶提示

本題曾考過是非題、填空題。主要是判斷可燃性氣體是否為原料氣體？須配合高壓則第 5 條一起看。另外也考過可燃性氣體是指其他爆炸下限在 10% 以下或爆炸上限與下限之差在 20% 以上之氣體。

題幹　高壓則第 5 條（原料氣體）

本規則所稱 原料氣體 係指 前條規定之氣體 及 氧氣 。

▶提示

本題曾考過是非題。如原料氣體指的是可燃性氣體與氧氣嗎？須配合高壓則第 4 條一起看。

題幹　高壓則第 6 條（毒性氣體）

本規則所稱 毒性氣體 ，指 丙烯腈 、丙烯醛、二氧化硫、氨、 一氧化碳 、氯、氯甲烷、氯丁二烯、環氧乙烷、氰化氫、二乙胺、三甲胺、二硫化碳、氟、溴甲烷、苯、光氣、甲胺、硫化氫及其他容許濃度在百萬分之 200 以下之氣體。

前項所稱容許濃度，指勞工作業場所容許暴露標準規定之容許濃度。

▶提示

本題曾考過是非題。如丙烯腈及一氧化碳是否為毒性氣體？答：是。

題幹　高壓則第 13 條（可燃性氣體低溫儲槽）

本規則所稱可燃性氣體低溫儲槽，係將大氣壓時沸點為攝氏零度以下之可燃性氣體於攝氏 [0] 度以下或以該氣體氣相部分之常用壓力於每平方公分 [1] 公斤以下之液態下儲存，並使用絕熱材料被覆或利用冷凍設備冷卻，使槽內氣體溫度不致上升至常用溫度之儲槽。

▶ 提示

本題曾考過填空題。

題幹　高壓則第 3、15、16 條（名詞定義）

[特定高壓氣體]，係指 [高壓氣體中之壓縮氫氣、壓縮天然氣、液氧、液氨及液氯、液化石油氣]。（第 3 條）

[高壓氣體設備]，係指 [氣體設備中有高壓氣體流通之部分]。（第 15 條）

[處理設備]，係指 [以壓縮、液化及其他方法處理氣體之高壓氣體製造設備]。（第 16 條）

▶ 提示

本題曾考過連連看。

題幹　高壓則第 20 條（冷凍能力）

本規則所稱冷凍能力，指下列規定之一者：

一、使用 [離心式壓縮機之製造設備]，以該壓縮機之原動機額定輸出 [1.2] 瓩為一日冷凍能力 1 公噸。

二、使用 [吸收式冷凍設備]，以 1 小時加熱於發生器之入熱量 [6,640] 仟卡為一日冷凍能力 1 公噸。

▶ 提示

本題曾考過填空題、計算題。（**考離心式壓縮機之製造設備，以該壓縮機之原動機 4,000 瓦一日冷凍能力多少公噸？答：4/1.2＝3.3 公噸。吸收式冷凍設備，以 1 小時加熱於發生器之入熱量 400kcal 一日冷凍能力多少公噸？答：400/6640＝0.06 公噸。**）

題幹　高壓則第 23 條（液化石油氣製造設備）

本規則所稱液化石油氣製造設備，指下列設備之一者：

一、 第一種製造設備 ：指加氣站以外設有 儲槽 或 導管 之固定式製造設備。

二、 第二種製造設備 ：指加氣站以外 未設 有儲槽或導管之固定式製造設備。

▶提示

本題曾考過選擇題。

題幹　高壓則第 24 條（供應設備）

本規則所稱供應設備如下：

一、 第一種供應設備 ：在供應事業場所以 灌氣容器 或 殘氣容器 （含儲存設備及導管之輸送）供應液化石油氣之各該設備。

二、 第二種供應設備 ：前款以外之從事供應液化石油氣時之各該設備。

▶提示

本題曾考過選擇題。

題幹　高壓則第 25 條（加氣站）

本規則所稱 加氣站 ，係指直接將液化石油氣 灌裝 於固定在使用該氣體為燃料之車輛之容器之固定式製造設備。

▶提示

本題曾考過選擇題。

題幹　高壓則第 26 條（冷凍機器）

本規則所稱冷凍機器，係指專供冷凍設備使用之機械，且一日之冷凍能力在 3 公噸以上者。

▶提示

本題曾考過填空題。

題幹　高壓則第 27 條（製造事業單位）

甲類製造事業單位：使用壓縮、液化或其他方法處理之氣體容積（係指換算成溫度在攝氏零度、壓力在每平方公分 0 公斤時之容積。）一日在 30 立方公尺以上或一日冷凍能力在 20 公噸（適於中央主管機關規定者，從其規定。）以上之設備從事高壓氣體之製造（含灌裝於容器；以下均同。）者。（第 1 款）

▶ 提示

本題曾考過填空題。

題幹　高壓則第 28 條（特定高壓氣體消費事業單位）

本規則所稱特定高壓氣體消費事業單位係指設置之特定高壓氣體儲存設備之儲存能力適於下列之一或使用導管自其他事業單位導入特定高壓氣體者。

一、壓縮氫氣之容積在 300 立方公尺以上者。
二、壓縮天然氣之容積在 300 立方公尺以上者。
三、液氧之質量在 3,000 公斤以上者。
四、液氨之質量在 3,000 公斤以上者。
五、液氯之質量在 1,000 公斤以上者。

▶ 提示

本題曾考過填空題。

題幹　高壓則第 33 條（製造安全設施）

自可燃性氣體製造設備（以可燃性氣體可流通之部分為限；經中央主管機關指定者除外。）之外面至 處理煙火 （不含該製造設備內使用之煙火。）之設備，應保持 8 公尺以上距離或設置防止可燃性氣體自製造設備漏洩時不致流竄至處理煙火之設備之措施。

▶ 提示

本題曾考過填空題。

題幹　高壓則第 34 條（製造安全設施）

自可燃性氣體製造設備之高壓氣體設備（不含供作其他高壓氣體設備之冷卻用冷凍設備。）之外面至其他 可燃性氣體製造 設備之高壓氣體設備（以可燃性氣體可流通之部分為限。）應保持 5 公尺以上之距離，與 氧氣製造 設備之高壓氣體設備（以氧氣可流通之部分為限。）應保持 10 公尺以上距離。

▶ 提示

本題曾考過填空題。

題幹　高壓則第 35 條（製造安全設施）

自儲存能力在 300 立方公尺或 3,000 公斤以上之可燃性氣體儲槽外面至其他可燃性氣體或氧氣儲槽間應保持 1 公尺或以該儲槽、其他可燃性氣體儲槽或氧氣儲槽之最大直徑和之 4 分之 1 以上較大者之距離。但設有水噴霧裝置或具有同等以上有效防火及滅火能力之設施者，不在此限。

▶ 提示

本題曾考過填空題。

題幹　高壓則第 36 條（識別管理）

可燃性氣體儲槽應塗以 紅色 或在該槽壁上明顯部分以 紅字書明該氣體名稱 。但標示於槽壁缺乏識別效果之地下儲槽、埋設於地盤內儲槽、覆土式儲槽及其他儲槽，得 採設置標示牌或其他易於識別之方式為之 。

▶ 提示

本題曾考過選擇題。

題幹　高壓則第 37 條（防溢設施）

下列設備應於其四周設置可防止液化氣體漏洩時流竄至他處之防液堤或其他同等設施：

一、儲存能力在 1,000 公噸以上之液化可燃性氣體儲槽。

二、儲存能力在 1,000 公噸以上之液化氧氣儲槽。

三、儲存能力在 5 公噸以上之液化毒性氣體儲槽。

四、以毒性氣體為冷媒氣體之冷媒設備，其承液器內容積在 10,000 公升以上者。

▶ 提示

本題曾考過填空題。

題幹　高壓則第 41 條（耐壓及氣密試驗）

高壓氣體設備應以常用壓力 1.5 倍以上之壓力實施耐壓試驗，並以常用壓力以上之壓力實施氣密試驗測試合格。但不包括下列設備：

一、第 7 條所列之容器。

二、經重新檢查或構造檢查實施耐壓試驗、氣密試驗測試合格之高壓氣體特定設備。

三、經中央主管機關認定具有同等效力之試驗合格者。

▶ 提示

本題曾考過填空題。

題幹　高壓則第 49 條（安全裝置）

前條安全裝置（除設置於惰性高壓氣體設備者外。）中之安全閥或破裂板應置釋放管；釋放管開口部之位置，應依下列規定：

一、設於可燃性氣體儲槽者：應置於距地面 5 公尺或距槽頂 2 公尺高度之任一較高之位置以上，且其四周應無著火源等之安全位置。

二、設於毒性氣體高壓氣體設備者：應置於該氣體之除毒設備內。

三、設於其他高壓氣體設備者：應置於高過鄰近建築物或工作物之高度，且其四周應無著火源等之安全位置。

▶ 提示

本題曾考過填空題。

題幹　高壓則第 53 條（緊急遮斷裝置）

設置於內容積在 5,000 公升以上之可燃性氣體、毒性氣體或氧氣等之液化氣體儲槽之配管，應於距離該儲槽外側 5 公尺以上之安全處所設置可操作之緊急遮斷裝置。但僅用於接受該液態氣體之配管者，得以逆止閥代替。

▶ 提示

本題曾考過填空題。

題幹　高壓則第 72 條（灌裝規範）

為防止灌裝後氣體之漏洩或爆炸，高壓氣體之灌裝，應依下列規定：

一、 乙炔 應灌注於浸潤有多孔質物質性能試驗合格之 丙酮 或 二甲基甲醯胺 之多孔性物質之容器。

二、 氰化氫 之灌裝，應在純度 98 %以上氰化氫中添加 穩定劑 。

三、氰化氫之灌氣容器，應於灌裝後靜置 24 小時以上，確認無氣體之漏洩後，於其容器外面張貼載明有製造年月日之貼籤。

四、儲存 環氧乙烷 之儲槽，應經常以氮、二氧化碳置換其內部之氮、二氧化碳及環氧乙烷以外之氣體，且維持其溫度於攝氏 5 度以下。

五、 環氧乙烷 之灌氣容器，應灌注氮或二氧化碳，使其溫度在攝氏 45 度時內部氣體之壓力可達每平方公分 4 公斤以上。

▶ 提示

本題曾考過填空題。

題幹　高壓則第 181 條（場所氣溫）

可燃性氣體或毒性氣體之消費，應在通風良好之場所為之，且應保持其容器在攝氏 40 度以下。

▶ 提示

本題曾考過填空題。

題幹　安全標準第 4 條（安全護圍）

以動力驅動之衝壓機械及剪斷機械（以下簡稱衝剪機械），應具有 安全護圍 、 安全模 、特定用途之專用衝剪機械或自動衝剪機械（以下簡稱安全護圍等）。但具有防止滑塊等引起危害之機構者，不在此限。

▶ 提示

本題曾考過複選題。

1-137

題幹　安全標準第 5 條（安全模）

安全模：下列各構件間之間隙應在 $\boxed{8}$ 毫米以下：（第 2 款）

一、上死點之上模與下模之間。

二、使用脫料板者，上死點之上模與下模脫料板之間。

三、導柱與軸襯之間。

▶提示

本題曾考過填空題。

題幹　安全標準第 10 條（安全裝置）

雙手操作式安全裝置應符合下列規定：

一～五、（省略）。

六、其一按鈕之外側與其他按鈕之外側，至少距離 $\boxed{300}$ 毫米以上。但按鈕設有護蓋、擋板或障礙物等，具有防止以單手及人體其他部位操作之同等安全性能者，其距離得酌減之。

七～八、（省略）。

▶提示

本題曾考過填空題。

題幹　安全標準第 12 條（安全裝置）

光電式安全裝置應符合下列規定：

一～二、（省略）。

三、投光器及受光器之光軸數須具 $\boxed{2}$ 個以上，且將遮光棒放在前款之防護高度範圍內之任意位置時，檢出機構能感應遮光棒之最小直徑（以下簡稱連續遮光幅）在 $\boxed{50}$ 毫米以下。但具啟動控制功能之光電式安全裝置，其連續遮光幅為 $\boxed{30}$ 毫米以下。

四～六、（省略）。

▶提示

本題曾考過填空題。

題幹　安全標準第 15 條（安全裝置）

衝剪機械之安全裝置，其機械零件、電氣零件、鋼索、切換開關及其他零配件，應符合下列規定：

一、本體、連接環、構材、控制桿及其他主要機械零件，具有充分之強度。

二、承受作用力之金屬零配件：

　(一) 材料符合國家標準 CNS 3828「機械構造用碳鋼鋼料」規定之 S45C 規格之鋼材或具有同等以上之機械性能。

　(二) 金屬零配件承受作用力之部分，其表面實施淬火或回火，且其硬度值為 洛氏 C 硬度值 45 以上 50 以下。

▶ 提示

本題曾考過填空題。

題幹　安全標準第 21 條（緊急停止裝置）

衝壓機械緊急停止裝置之操作部，應符合下列規定：

一、紅色之凸出型按鈕或其他簡易操作、可明顯辨識及迅速有效之人為操作裝置。

二、設置於各操作區。

三、有側壁之直壁式衝壓機械及其他類似機型，其台身兩側之最大距離超過 1,800 毫米者，分別設置於該側壁之正面及背面處。

▶ 提示

本題曾考過填空題。

題幹　安全標準第 23 條（連鎖機構）

衝壓機械，應具有防止滑塊等意外下降之安全擋塊或固定滑塊之裝置，且備有在使用安全擋塊或固定裝置時，滑塊等無法動作之連鎖機構。但下列衝壓機械使用安全擋塊或固定裝置有困難者，得使用安全插栓、安全鎖或其他具有同等安全功能之裝置：

一、摺床。

二、摺床以外之機械衝床，其台盤各邊長度未滿 1,500 毫米或模高未滿 700 毫米。

▶ 提示

本題曾考過填空題。

題幹　安全標準第 38 條（監視裝置）

曲軸等之轉速在每分鐘 300 轉以下之曲軸衝床，應具有超限運轉監視裝置。但依規定無須設置快速停止機構之曲軸衝床及具有不致使身體介入危險界限之構造者，不在此限。

▶提示

本題曾考過填空題。

題幹　安全標準第 76 條（方向指示器）

堆高機應於其左右各設一個方向指示器。但最高時速未達 20 公里之堆高機，其操控方向盤之中心至堆高機最外側未達 65 公分，且機內無駕駛座者，得免設方向指示器。

▶提示

此題適合出填空題。

題幹　安全標準第 79 條（頂蓬規範）

堆高機應設置符合下列規定之頂蓬。但堆高機已註明限使用於裝載貨物掉落時無危害駕駛者之虞者，不在此限：

一、頂蓬強度足以承受堆高機最大荷重之 2 倍之值等分布靜荷重。其值逾 4 公噸者為 4 公噸。

二、上框各開口之寬度或長度不得超過 16 公分。

三、駕駛者以座式操作之堆高機，自駕駛座上面至頂蓬下端之距離，在 95 公分以上。

四、駕駛者以立式操作之堆高機，自駕駛座底板至頂蓬上框下端之距離，在 1.8 公尺以上。

▶提示

本題曾考過填空題。

題幹　安全標準第 83 條（鏈條安全係數）

堆高機裝卸裝置使用之鏈條，其安全係數應在 5 以上。

▶提示

本題曾考過填空題。

題幹　安全標準第 84 條（防墜設施）

駕駛座採用升降方式之堆高機，應於其駕駛座設置扶手及防止墜落危險之設備。

使用座式操作之堆高機，應符合下列規定：

一、駕駛座應使用緩衝材料，使其於走行時，具有不致造成駕駛者身體顯著振動之構造。

二、 配衡型 堆高機及 側舉型 堆高機之駕駛座，應配置防止車輛傾倒時，駕駛者被堆高機壓傷之安全帶、護欄或其他防護設施。

▶提示

本題曾考過選擇題。

題幹　安全標準第 104 條（護罩規範）

桌上用研磨機及床式研磨機使用之護罩，應以設置舌板或其他方法，使研磨之必要部分之 研磨輪周邊與護罩間之間隙 可調整在 10 毫米以下。

前項舌板，應符合下列規定：

一、為板狀。

二、材料為第 96 條第 1 項所定之壓延鋼板。

三、厚度具有與護罩之周邊板同等以上之厚度，且在 3 毫米以上，16 毫米以下。

四、有效橫斷面積在全橫斷面積之 70%以上，有效縱斷面積在全縱斷面積之 20%以上。

五、安裝用螺絲之直徑及個數，依研磨輪厚度，具有附表三十四所定之值。

▶提示

本題曾考過填空題。

題幹　安全標準第 107 條（支架間隙）

桌上用研磨機或床式研磨機，應具有可調整 研磨輪與工作物支架之間隙 在 3 毫米以下之工作物支架。

▶提示

本題曾考過填空題。

題幹　安全標準附表十三（堆高機速限規範）

堆高機狀態	制動初速度（單位：公里/小時）	停止距離（單位：公尺）
走行時之基準無負荷狀態	20（最高速度未達每小時 20 公里之堆高機者，為其最高速度）。	5
走行時之基準負荷狀態	10（最高速度未達每小時 10 公里之堆高機者，為其最高速度）。	2.5

備註：

一、本表所稱「走行時之基準無負荷狀態」，指伸臂完全縮回，使桅桿垂直，貨叉呈水平，貨叉上端距離地面 30 公分狀態。

二、本表所稱「走行時之基準負荷狀態」，指在基準負荷狀態下，桅桿及貨叉呈最大後傾狀態。

▶ 提示

本題曾考過**填空題**。考制動初速度及停止距離各多少？答：如有負荷狀態時，堆高機行駛速限為 10km/hr，停止距離為 2.5m。

題幹　資訊申報辦法第 4 條（宣告產品符合安全標準）

申報者依職業安全衛生法第 7 條第 3 項規定，宣告其產品符合安全標準者，應採下列方式之一佐證，以網路傳輸相關測試合格文件，並自行妥為保存備查：

一、委託經中央主管機關認可之檢定機構實施型式檢定合格。

二、委託經國內外認證組織認證之產品驗證機構審驗合格。

三、製造者完成自主檢測及產品製程一致性查核，確認符合安全標準。

防爆燈具、防爆電動機、防爆開關箱、動力衝剪機械、木材加工用圓盤鋸 及 研磨機，以採前項第 1 款規定之方式為限。

▶ 提示

本題曾考過**複選題**。

題幹　監督管理辦法第 2 條（用詞定義）

本辦法用詞，定義如下：

一、產品監督：指對本法第 7 條第 1 項、第 3 項或第 8 條第 1 項所定產品，於生產廠場或倉儲場所，執行取樣檢驗、查核產銷紀錄完整性及製造階段產品安全規格一致性。

二、市場查驗：指對本法第 7 條第 1 項、第 3 項或第 8 條第 1 項所定產品，執行其於經銷、生產、倉儲、勞動、營業之場所或其他場所之產品檢驗或調查。

▶ 提示

本題曾考過配合題、是非題。

題幹　監督管理辦法第 4 條（檢驗調查）

中央主管機關、勞動檢查機構及本法第 8 條第 1 項之型式驗證機構，得依業務需要，執行產品之購樣、取樣之檢驗或調查。

中央主管機關執行前項產品購樣、取樣之市場查驗業務，得依本法第 52 條規定委託專業團體辦理。

▶ 提示

本題曾考過配合題。

題幹　驗證管理辦法第 2、3 條（用詞定義）

產製：指生產、製造、加工或修改，包括將機械類產品由個別零組件予以組裝銷售，及於進入市場前，為銷售目的而修改。（第 2 條第 1 項第 2 款）

機械類產品（以下簡稱產品）之報驗義務人如下：（第 3 條）

一、產品在國內產製，為該產品之產製者。但產品委託他人產製，而以在國內有住所或營業所之委託者名義，於國內銷售時，為委託者。

二、產品在國外產製，為該產品之輸入者。但產品委託他人輸入，而以在國內有住所或營業所之委託者名義，於國內銷售時，為委託者。

三、產品之產製、輸入、委託產製或委託輸入者不明，或不能追查時，為銷售者。

▶ 提示

本題曾考過配合題、選擇題。（本題考各報驗義務人之定義）

題幹　驗證管理辦法第 11 條（型式驗證）

驗證機構實施產品型式驗證，經審驗合格者，應發給附字號之 型式驗證合格證明書 。

前項型式驗證合格證明書之有效期間，為 3 年。

▶ 提示

本題曾考過填空題。

題幹　驗證管理辦法第 30 條（認可期限）

中央主管機關對 驗證機構 之認可期限為 3 年，期限屆滿前 60 日內，驗證機構得申請展延。

▶ 提示

本題曾考過填空題。

題幹　吊籠安全標準第 45 條（吊籠鋼索）

除椅式吊籠外，卸放吊籠工作台之鋼索應使用 2 條以上。

▶ 提示

本題曾考過填充題。

Q 題目

化學品管理相關法規（含危害性化學品標示及通識規則、缺氧症預防規則、危害性化學品評估及分級管理辦法、新化學物質登記管理辦法、管制性化學品之指定及運作許可管理辦法、優先管理化學品之指定及運作管理辦法）

題幹　通識規則第 2 條（名詞定義）

具有危害性之化學品（以下簡稱危害性化學品），指下列危險物或有害物：

一、 危險物 ：符合國家標準 CNS 15030 分類，具有 物理性 危害者。

二、 有害物 ：符合國家標準 CNS 15030 分類，具有 健康 危害者。

▶提示

本題曾考過配合題、選擇題。曾經考過物理性跟健康、物理性跟化學性、化學性跟健康…等等不同的選項。

題幹　通識規則第 4 條（不適用）

下列物品不適用本規則：

一、 事業 廢棄物 。

二、 菸草 或菸草製品。

三、 食品、飲料、 藥物 、 化粧品 。

四、 製成品 。

五、 非工業用途之一般民生消費商品。

六、 滅火器 。

七、 在反應槽或製程中正進行化學反應之中間產物。

八、 其他經中央主管機關指定者。

▶提示

本題曾考過是非題、複選題。

題幹　通識規則第 5 條（標示規範）

雇主對裝有危害性化學品之容器，應依附表一規定之分類及標示要項，參照附表二之格式明顯標示下列事項，所用文字以中文為主，必要時並輔以作業勞工所能瞭解之外文：

一、危害圖式。

二、內容：

　　(一) 名稱 。

　　(二) 危害成分 。

　　(三) 警示語 。

　　(四) 危害警告訊息 。

　　(五) 危害防範措施 。

　　(六) 製造者、輸入者或供應者之名稱、地址及電話 。

前項容器內之危害性化學品為混合物者，其應標示之危害成分指混合物之危害性中符合國家標準 CNS 15030 分類，具有物理性危害或健康危害之所有危害物質成分。

第 1 項容器之容積在 100 毫升以下者，得僅標示 名稱 、 危害圖式 及 警示語 。

▶提示

本題曾考過填空題，此題適合出**排序題**。

題幹　通識規則第 7 條（圖式規範）

危害圖式形狀為直立 45 度角之正方形，其大小需能辨識清楚。圖式符號應使用 黑 色，背景為 白 色，圖式之 紅 框有足夠警示作用之寬度。

▶提示

本題曾考過填空題，此題適合出**配合題**。

題幹　通識規則第 15 條（安全資料表）

製造者、輸入者、供應者或雇主，應依實際狀況檢討安全資料表內容之正確性，適時更新，並至少每 3 年檢討一次。

前項安全資料表更新之內容、日期、版次等更新紀錄，應保存 3 年。

▶提示

本題曾考過填空題。

題幹 通識規則附表一（危害圖式辨識）

危害性	危害圖式	危害分類	危害性	危害圖式	危害分類
物理性危害		1. 爆炸物 2. 自反應物質型 3. 有機過氧化物型 例如：過氧化丁酮	健康危害		急毒性物質 例如：氰、硫酸
		1. 易燃氣體、氣膠、液體或固體 2. 自反應物質型 3. 發火性液體或固體 4. 自熱物質 5. 禁水性物質 6. 有機過氧化物型 例如：甲烷、乙炔、汽油			1. 呼吸道過敏物質 2. 生殖細胞致突變性物質 3. 致癌物質 4. 生殖毒性物質 5. 特定標的器官系統毒性物質－單一暴露 6. 特定標的器官系統毒性物質－重複暴露 7. 吸入性危害物質 例如：雙氧水、汽油
		氧化性氣體、液體或固體 例如：雙氧水			1. 腐蝕／刺激皮膚物質 2. 嚴重損傷／刺激眼睛物質 例如：硫酸、氨、雙氧水
		加壓氣體 例如：氧氣鋼瓶、乙炔鋼瓶			1. 急毒性物質第4級 2. 腐蝕／刺激皮膚物質第2級 3. 嚴重損傷／刺激眼睛物質第2級 4. 特定標的器官系統毒性物質－單一暴露第2級 5. 皮膚過敏物質 例如：雙氧水、汽油
		金屬腐蝕物 例如：硫酸			
環境危害		水環境之危害物質 例如：硫酸、氨			

1-147

▶ 提示

本題曾考過配合題,也適合出選擇題、填空題、連連看。

氧,硫酸,甲烷,乙炔,過氧化氫(雙氧水),氨,汽油等⋯

急毒性第 4 級、自反應物質之圖式。

題幹　通識規則附表二(標示之格式)

① ② ③

名稱:

危害成分:

警示語:

危害警告訊息:

危害防範措施:

製造者、輸入者或供應者:

(1) 名稱

(2) 地址

(3) 電話

※更詳細的資料,請參考安全資料表

註:

1. 危害圖式、警示語、害告訊息依附表一之規定。

2. 有二種以上危害圖式時,應全部排列出,其排列以辨識清楚為原則,視容器情況得有不同排列方式。

▶ 提示

本題曾考過配合題。

題幹　通識規則附表四（安全資料表）

安全資料表內容：

一、 化 學品與廠商資料。

二、 危 害辨識資料。

三、 成 分辨識資料。

四、 急 救措施。

五、滅 火 措施。

六、洩 漏 處理方法。

七、安全處置與儲 存 方法。

八、暴 露 預防措施。

九、 物 理及化學性質。

十、 安 定性及反應性。

十一、 毒 性資料。

十二、 生 態資料。

十三、 廢 棄處置方法。

十四、 運 送資料。

十五、 法 規資料。

十六、 其 他資料。

▶提示

本題曾考過排序題、連連看。如 SDS 安全資料表、LD_{50} 半致死劑量、LC_{50} 半致死濃度、GHS 化學品全球調和制度、PEL-STEL 短時間時量平均容許濃度、PEL-TWA_8 八小時日時量平均容許濃度、Log Kow 辛醇/水分配係數、PEL-Ceiling 最高容許濃度。

▶口訣

化為成急；火漏存；露露安；毒生廢；運法旗（化危成急；火漏存；露物安；毒生廢；運法其）

題幹　缺氧症第 2 條（缺氧作業）

本規則適用於從事缺氧危險作業之有關事業。

前項缺氧危險作業，指於下列缺氧危險場所從事之作業：

一、長期間未使用之水井、坑井、豎坑、隧道、沉箱、或類似場所等之內部。

二、貫通或鄰接下列之一之地層之水井、坑井、豎坑、隧道、沉箱、或類似場所等之內部。

　　(一) 上層覆有不透水層之砂礫層中，無含水、無湧水或含水、湧水較少之部分。

　　(二) 含有亞鐵鹽類或亞錳鹽類之地層。

　　(三) 含有甲烷、乙烷或丁烷之地層。

　　(四) 湧出或有湧出碳酸水之虞之地層。

　　(五) 腐泥層。

三、供裝設電纜、瓦斯管或其他地下敷設物使用之暗渠、人孔或坑井之內部。

四、滯留或曾滯留雨水、河水或湧水之槽、暗渠、人孔或坑井之內部。

五、滯留、曾滯留、相當期間置放或曾置放海水之熱交換器、管、槽、暗渠、人孔、溝或坑井之內部。

六、密閉相當期間之鋼製鍋爐、儲槽、反應槽、船艙等內壁易於氧化之設備之內部。但內壁為不銹鋼製品或實施防銹措施者，不在此限。

七、置放煤、褐煤、硫化礦石、鋼材、鐵屑、原木片、木屑、乾性油、魚油或其他易吸收空氣中氧氣之物質等之儲槽、船艙、倉庫、地窖、貯煤器或其他儲存設備之內部。

八、以含有乾性油之油漆塗敷天花板、地板、牆壁或儲具等，在油漆未乾前即予密閉之地下室、倉庫、儲槽、船艙或其他通風不充分之設備之內部。

九、穀物或飼料之儲存、果蔬之燜熟、種子之發芽或蕈類之栽培等使用之倉庫、地窖、船艙或坑井之內部。

十、置放或曾置放醬油、酒類、胚子、酵母或其他發酵物質之儲槽、地窖或其他釀造設備之內部。

十一、置放糞尿、腐泥、污水、紙漿液或其他易腐化或分解之物質之儲槽、船艙、槽、管、暗渠、人孔、溝、或坑井等之內部。

十二、使用乾冰從事冷凍、冷藏或水泥乳之脫鹼等之冷藏庫、冷凍庫、冷凍貨車、船艙或冷凍貨櫃之內部。

十三、置放或曾置放氦、氬、氮、 氟氯烷 、二氧化碳或其他惰性氣體之 鍋爐、儲槽、 反應槽、船艙或其他設備之內部 。

十四、其他經中央主管機關指定之場所。

▶提示

本題曾考過複選題、是非題。何者為缺氧環境？答：如氧氣濃度<18%的坑井環境。或何者是缺氧危險作業場所？答：如汙水儲槽之內部場所。

題幹　缺氧症第 3 條（名詞定義）

缺氧：指空氣中氧氣濃度未滿 18 %之狀態。

▶提示

本題曾考過填空題。

題幹　缺氧症第 16 條（確認濃度）

雇主使勞工從事缺氧危險作業時，於當日 作業開始前 、所有勞工離開作業場所後 再次開始作業前 及勞工身體或換氣裝置等 有異常 時，應確認該作業場所空氣中氧氣濃度、硫化氫等其他有害氣體濃度。

前項確認結果應予記錄，並保存 3 年。

▶提示

本題曾考過填空題。

題幹　缺氧症第 18 條（公告周知）

雇主使勞工於缺氧危險場所或其鄰接場所作業時，應將下列注意事項公告於作業場所入口顯而易見之處所，使作業勞工周知：

一、 有罹患缺氧症之虞之事項 。

二、 進入該場所時應採取之措施 。

三、 事故發生時之緊急措施及緊急聯絡方式 。

四、 空氣呼吸器等呼吸防護具、安全帶等、測定儀器、換氣設備、聯絡設備等之保管場所 。

五、 缺氧作業主管姓名 。

▶ 提示

本題曾考過複選題。

題幹　缺氧症第 20 條（主管監督）

雇主使勞工從事缺氧危險作業時，應於每 1 班次指定缺氧作業主管從事下列監督事項：

一、決定 作業方法 並指揮勞工作業。

二、第 16 條規定事項。

三、當班作業前 確認換氣 裝置、測定儀器、空氣呼吸器等呼吸防護具、安全帶等及其他防止勞工罹患缺氧症之器具或設備之狀況，並採取必要措施。

四、 監督 勞工對防護器具或設備之使用狀況。

五、其他預防作業勞工罹患缺氧症之必要措施。

▶ 提示

本題曾考過填空題。

題幹　缺氧症第 21 條（監視應變）

雇主使勞工從事缺氧危險作業時，應指派 1 人以上之監視人員，隨時監視作業狀況，發覺有異常時，應即與缺氧作業主管及有關人員聯繫，並採取緊急措施。

▶ 提示

本題曾考過填空題。

題幹　缺氧症第 30 條（輸氣管面罩）

雇主使勞工戴用輸氣管面罩之連續作業時間，每次不得超過 1 小時。

▶ 提示

本題曾考過填空題。

題幹　缺氧症第 31 條（缺氧症狀）

雇主對從事缺氧危險作業之勞工，發生下列症狀時，應即由醫師診治：

一、顏面蒼白或紅暈、 脈搏及呼吸加快 、 呼吸困難 ，目眩或頭痛等缺氧症之 初期症狀 。

二、 意識不明 、痙攣、呼吸停止或心臟停止跳動等缺氧症之 末期症狀 。

三、硫化氫、一氧化碳等其他有害物中毒症狀。

▶提示

本題曾考過選擇題。

題幹　化學品評估辦法第 8 條（暴露評估）

中央主管機關對於化學品，定有容許暴露標準，而事業單位從事特別危害健康作業之勞工人數在 100 人以上，或總勞工人數 500 人以上者，雇主應依有科學根據之採樣分析方法或運用定量推估模式，實施暴露評估。

雇主應就前項暴露評估結果，依下列規定，定期實施評估：

一、 暴露濃度低於容許暴露標準 1/2 之者 ，至少 每 3 年評估一次 。

二、 暴露濃度低於容許暴露標準但高於或等於其 1/2 者 ，至少 每年評估一次 。

三、 暴露濃度高於或等於容許暴露標準者 ，至少 每 3 個月評估一次 。

游離輻射作業不適用前 2 項規定。

化學品之種類、操作程序或製程條件變更，有增加暴露風險之虞者，應於變更前或變更後 3 個月內，重新實施暴露評估。

▶提示

此題曾考過填空題，也適合出連連看、配合題。

題幹　化學品評估辦法第 10 條（分級管理）

雇主對於化學品之暴露評估結果，應依下列風險等級，分別採取控制或管理措施：

一、 第一級管理 ： 暴露濃度低於容許暴露標準 1/2 者 ，除應持續維持原有之控制或管理措施外，製程或作業內容變更時，並採行適當之變更管理措施。

二、 第二級管理 ： 暴露濃度低於容許暴露標準但高於或等於其 1/2 者 ，應就製程設備、作業程序或作業方法實施檢點，採取必要之改善措施。

三、第三級管理：暴露濃度高於或等於容許暴露標準者，應即採取有效控制措施，並於完成改善後重新評估，確保暴露濃度低於容許暴露標準。

▶提示

本題曾考過填空題。曾考過某一物質 8 小時日時量平均容許濃度 100ppm（下列濃度為第幾級？）。30ppm（第 1 級）、50ppm（第 2 級）、80ppm（第 2 級）、100ppm（第 3 級）、120ppm（第 3 級）

題幹　新化學第 2 條（用詞定義）

一、混合物：指含 2 種以上不會互相反應之物質、溶液或配方。（第 4 款）

二、低關注聚合物：指經中央主管機關審查，並符合下列條件之一者：（第 15 款）

　　(一) 聚合物之數目平均分子量介於 1,000 至 10,000 道爾頓（Dalton）之間者，其分子量小於 500 道爾頓之寡聚合物含量少於 10%，分子量小於 1,000 道爾頓之寡聚合物含量少於 25%。

　　(二) 聚合物之數目平均分子量大於 10,000 道爾頓者，其分子量小於 500 道爾頓之寡聚合物含量少於 2%，且分子量小於 1,000 道爾頓之寡聚合物含量少於 5%。

　　(三) 聚酯聚合物。

　　(四) 不可溶性聚合物（Insoluble Polymers）

▶提示

本題曾考過填空題。

題幹　新化學第 5 條（核准登記）

製造者或輸入者對於公告清單以外之 新化學物質，未向中央主管機關繳交化學物質安全評估報告（以下簡稱評估報告），並經核准登記前，不得製造或輸入含有該物質之化學品。

前項製造者或輸入者，得委託國內之廠商或機構，代為申請核准登記。

第 1 項公告清單之化學物質，中央環境保護主管機關依毒性化學物質管理法另有規定者，從其規定。

▶提示

本題曾考過是非題。

題幹　新化學第 16 條（審查程序）

申請人對於登記審查結果有疑義者，得於審查結果通知送達之日起 30 個工作天內，以書面敘明理由申覆。

前項申覆次數，以 1 次為限。

▶ 提示

本題曾考過填空題。

題幹　新化學第 22 條（登記管理）

中央主管機關依登記類型發給核准登記文件之有效期間如下：

一、標準登記：5 年。

二、簡易登記：2 年。

三、少量登記：2 年。但少量登記之低關注聚合物之有效期間為 5 年。

▶ 提示

本題曾考過填空題。

題幹　新化學附表四（登記類型）

年製造或輸入量	登記類型
未達 100 公斤	少量登記
100 公斤以上未達 1 公噸	簡易登記
1 公噸以上	標準登記

▶ 提示

本題曾考過選擇題。

題幹　管制化學第 4 條（不適用）

下列物品不適用本辦法：

一、有害事業廢棄物。

二、菸草或菸草製品。

三、 食品、飲料、藥物、化粧品 。

四、 製成品 。

五、 非工業用途之一般民生消費商品 。

六、 滅火器 。

七、 在反應槽或製程中正進行化學反應之中間產物 。

八、 其他經中央主管機關指定者 。

▶提示

本題曾考過複選題。

題幹　管制化學第 12 條（許可文件)

管制性化學品之許可文件，應記載下列事項：

一、 許可編號、核發日期及有效期限 。

二、 運作者名稱及登記地址 。

三、 運作場所名稱及地址 。

四、 許可運作事項 ：

　　(一) 管制性化學品名稱。

　　(二) 運作行為及用途。

五、 其他備註事項 。

▶提示

本題曾考過複選題、填空題、是非題。

題幹　管制化學第 13 條（許可期限)

前條許可文件之有效期限為 5 年，中央主管機關認有必要時，得依化學品之危害性或運作行為，縮短有效期限為 3 年。

運作者於前項期限屆滿仍有運作需要者，應於期滿前 3 個月至 6 個月期間，依第 7 條規定，重新提出申請。

▶提示

本題曾考過填空題。

題幹　管制化學附表一（管制性化學品）

管制性化學品如下：

一、 黃磷火柴。

二、 聯苯胺及其鹽類。

三、 4-胺基聯苯及其鹽類。

四、 4-硝基聯苯及其鹽類。

五、 β-萘胺及其鹽類。

六、 二氯甲基醚。

七、 多氯聯苯。

八、 氯甲基甲基醚。

九、 青石綿、褐石綿。

十、 甲基汞化合物。

十一、 五氯酚及其鈉鹽。

十二、 二氯聯苯胺及其鹽類。

十三、 α-萘胺及其鹽類。

十四、 鄰-二甲基聯苯胺及其鹽類。

十五、 二甲氧基聯苯胺及其鹽類。

十六、 鈹及其化合物。

十七、 三氯甲苯。

十八、 含苯膠糊〔含苯容量占該膠糊之溶劑（含稀釋劑）超過5%者。〕

十九、 含有 2 至 16 列舉物占其重量超過 1%之混合物（鈹合金時，含有鈹占其重量超過 3%為限）；含有 17 列舉物占其重量超過 0.5%之混合物。

▶提示

提示：本題曾考過是非題。

硫酸 是管制性化學品嗎？ 否

二硫化碳 是管制性化學品嗎？ 否

4-胺基聯苯 是管制性化學品嗎？ 是

題幹　優先管理化學第 2 條（優先管理化學品）

本辦法所定優先管理化學品如下：

一、本法第 29 條第 1 項第 3 款及第 30 條第 1 項第 5 款規定之危害性化學品，如附表一（鉛及其無機化合物、六價鉻化合物、黃磷、氯氣、氰化氫、苯胺、二硫化碳、三氯乙烯、環氧乙烷、丙烯醯胺、次乙亞胺、砷及其無機化合物、汞及其無機化合物）。

二、依國家標準 CNS 15030 分類，屬下列化學品之一，並經中央主管機關指定公告者：
   (一) 致癌物質、生殖細胞致突變性物質、生殖毒性物質。
   (二) 呼吸道過敏物質第 一 級。
   (三) 嚴重損傷或刺激眼睛物質第 一 級。
   (四) 特定標的器官系統毒性物質屬重複暴露第 一 級。

三、依國家標準 CNS 15030 分類，具物理性危害或健康危害之化學品，並經中央主管機關指定公告。

四、其他經中央主管機關指定公告者。

▶提示

本題曾考過填空題、選擇題。如黃磷、二硫化碳、三氯乙烯。另考過何為 CMR 物質？（C：致癌物質、M：生殖細胞致突變性物質、R：生殖毒性物質）

題幹　優先管理化學第 3 條（用詞定義）

本辦法用詞，定義如下：

一、運作：指對於化學品之製造、輸入、供應或供工作者處置、使用之行為。

二、運作者：指從事前款行為之製造者、輸入者、供應者或雇主。

三、處置：指對於化學品之處理、置放或貯存之行為。

四、最大運作總量：指化學品於任一時間存在於運作場所之最大數量。

▶提示

本題曾考過是非題。考運作是指哪些行為？有一個錯誤選項【運輸】。

題幹　優先管理化學第 7 條（報請備查）

運作者對於第 2 條之優先管理化學品，應檢附下列資料報請中央主管機關首次備查：

一、 運作者基本資料。

二、 優先管理化學品運作資料。

三、 其他中央主管機關指定公告之資料。

前項報請首次備查之期限如下：

一、 運作者勞工人數達 100 人以上者：應於中央主管機關公告生效日起 6 個月內報請備查。

二、 運作者勞工人數未滿 100 人者：應於中央主管機關公告生效日起 12 個月內報請備查。

▶ 提示

本題曾考過填空題。

題幹　優先管理化學第 8 條

運作者於完成前條首次備查後，應依下列規定期限，再行檢附前條第 1 項所定資料，報請中央主管機關定期備查：

一、 依第 6 條第 1 項第 1 款或第 2 款規定完成首次備查者，應於該備查之次年起，每年 4 月至 9 月期間辦理。

二、 依第 6 條第 1 項第 3 款或第 4 款規定完成首次備查者，應於該備查後，每年 1 月及 7 月分別辦理。

▶ 提示

本題曾考過填空題。

題幹　優先管理化學第 11 條（報請備查）

運作者於第 7 條第 2 項規定之報請備查期限後，始於運作場所發生優先管理化學品之運作事實，應於該事實發生之日起 30 日內，依第 7 條第 1 項規定報請中央主管機關首次備查，並按第 8 條及第 9 條規定辦理。

▶ 提示

本題曾考過填空題。

題幹　優先管理化學第 13 條（變更登錄）

運作者報請備查之資料，有下列情形之一者，應於變更後 30 日內辦理變更，並將更新資料登錄於指定之資訊網站：

一、 運作者名稱、負責人、運作場所名稱或地址變更。

二、 其他經中央主管機關指定者。

▶ 提示

本題曾考過填空題。

Q 題目

有害物質危害預防法規（含有機溶劑中毒預防規則、特定化學物質危害預防標準、鉛中毒預防規則、粉塵危害預防標準）

題幹　有機溶劑第 3 條（用詞定義）

本規則用詞，定義如下：

一、有機溶劑：本規則所稱之有機溶劑指附表一規定之有機溶劑，其分類如下：

　　(一) 第一種有機溶劑，指附表一第 1 款規定之有機溶劑。

　　(二) 第二種有機溶劑，指附表一第 2 款規定之有機溶劑。

　　(三) 第三種有機溶劑，指附表一第 3 款規定之有機溶劑。

二、有機溶劑混存物：指有機溶劑與其他物質混合時，所含之有機溶劑佔其重量 5%以上者，其分類如下：

　　(一) 第一種有機溶劑混存物：指 有機溶劑混存物中，含有第一種有機溶劑佔該混存物重量 5%以上者 。

　　(二) 第二種有機溶劑混存物：指 有機溶劑混存物中，含有第二種有機溶劑或第一種有機溶劑及第二種有機溶劑之和佔該混存物重量 5%以上而不屬於第一種有機溶劑混存物者 。

　　(三) 第三種有機溶劑混存物：指 第一種有機溶劑混存物及第二種有機溶劑混存物以外之有機溶劑混存物 。

三、密閉設備：指密閉有機溶劑蒸氣之發生源使其蒸氣不致發散之設備。

四、局部排氣裝置：指藉動力強制吸引並排出已發散有機溶劑蒸氣之設備。

五、整體換氣裝置：指藉動力稀釋已發散有機溶劑蒸氣之設備。

六、通風不充分之室內作業場所：指室內對外開口面積未達底面積之 1/20 以上或全面積之 3 %以上者。

七、儲槽等：指下列之一之作業場所：

　　(一) 儲槽之內部。

　　(二) 貨櫃之內部。

　　(三) 船艙之內部。

　　(四) 凹窪之內部。

1-161

(五) 坑之內部。

(六) 隧道之內部。

(七) 暗溝或人孔之內部。

(八) 涵箱之內部。

(九) 導管之內部。

(十) 水管之內部。

(十一) 其他經中央主管機關指定者。

八、作業時間短暫：指雇主使勞工每日作業時間在 $\boxed{1}$ 小時以內。

九、臨時性之有機溶劑作業：指正常作業以外之有機溶劑作業，其作業期間不超過 $\boxed{3}$ 個月且 $\boxed{1}$ 年內不再重複者。

▶提示

本題曾考過**配合題、填空題、複選題**。

依據有機溶劑定義，特舉下列範例說明：

(1) 第一種有機溶劑 7％，第二種有機溶劑 6％，第三種有機溶劑 3％，屬第一種有機溶劑混存物。

(2) 第一種有機溶劑 7％，第二種有機溶劑 8％，第三種有機溶劑 3％，屬第一種有機溶劑混存物。

(3) 第一種有機溶劑 4％，第二種有機溶劑 4％，第三種有機溶劑 3％，屬第二種有機溶劑混存物。

(4) 第一種有機溶劑 4％，第二種有機溶劑 3％，第三種有機溶劑 90％，屬第二種有機溶劑混存物。

(5) 第一種有機溶劑 1％，第二種有機溶劑 2％，第三種有機溶劑 2％，屬第三種有機溶劑混存物。

(6) 第一種有機溶劑 1％，第二種有機溶劑 2％，第三種有機溶劑 1％，不屬於有機溶劑（因為 1％＋2％＋1％＜5％）

題幹　有機溶劑第 21 條（作業規定）

雇主使勞工於儲槽之內部從事有機溶劑作業時，應送入或吸出 $\boxed{3}$ 倍於儲槽容積之空氣，或以水灌滿儲槽後予以全部排出。（第 7 款）

▶提示

本題曾考過填充題。

題幹　有機溶劑第 23 條（防毒面罩）

雇主使勞工戴用輸氣管面罩之連續作業時間，每次不得超過 $\boxed{1}$ 小時，並給予適當之休息時間。（第 2 項）

▶ 提示

本題曾考過填空題。

題幹　有機溶劑附表一（有機溶劑）

第一種有機溶劑

1. 三氯甲烷	2. 1,1,2,2,-四氯乙烷	3. 四氯化碳
4. 1,2,-二氯乙烯	5. 1,2,-二氯乙烷	6. 二硫化碳
7. 三氯乙烯	8. 僅由 1.至 7.列舉之物質之混合物	

第二種有機溶劑

1. 丙酮	2. 異戊醇	3. 異丁醇
4. 異丙醇	5. 乙醚	6. 乙二醇乙醚
7. 乙二醇乙醚醋酸酯	8. 乙二醇丁醚	9. 乙二醇甲醚
10. 鄰-二氯苯	11. 二甲苯（含鄰、間、對異構物）	12. 甲酚
13. 氯苯	14. 乙酸戊酯	15. 乙酸異戊酯
16. 乙酸異丁酯	17. 乙酸異丙酯	18. 乙酸乙酯
19. 乙酸丙酯	20. 乙酸丁酯	21. 乙酸甲酯
22. 苯乙烯	23. 1,4,-二氧陸圜	24. 四氯乙烯
25. 環己醇	26. 環己酮	27. 1-丁醇
28. 2-丁醇	29. 甲苯	30. 二氯甲烷
31. 甲醇	32. 甲基異丁酮	33. 甲基環己醇
34. 甲基環己酮	35. 甲丁酮	36. 1,1,1,-三氯乙烷
37. 1,1,2,-三氯乙烷	38. 丁酮	39. 二甲基甲醯胺
40. 四氫呋喃	41. 正己烷	42. 僅由 1.至 41.列舉之物質之混合物

1-163

第三種有機溶劑

1. 汽油	2. 煤焦油精	3. 石油醚
4. 石油精	5. 輕油精	6. 松節油
7. 礦油精	8. 僅由 1. 至 7. 列舉之物質之混合物	

▶ 提示

本題曾考過選擇題、是非題。（給兩種判斷，看是不是第一種或第二種有機溶劑，如**四氯乙烷及二氯乙烯**是否為第一種有機溶劑？答：是。如**三氯乙烷、四氯化碳**是否為第二種有機溶劑？答：四氯化碳為第一種有機溶劑。）

題幹　有機溶劑附表二（容許消費量）

有機溶劑或其混存物之容許消費量及其計算方式

有機溶劑或其混存物之種類	有機溶劑或其混存物之容許消費量
第一種有機溶劑或其混存物	容許消費量=1/15×作業場所之氣積
第二種有機溶劑或其混存物	容許消費量=2/5×作業場所之氣積
第三種有機溶劑或其混存物	容許消費量=3/2×作業場所之氣積

(1) 表中所列作業場所之氣積不含超越地面 4 公尺以上高度之空間。
(2) 容許消費量以公克為單位，氣積以立方公尺為單位計算。
(3) 氣積超過 150 立方公尺者，概以 150 立方公尺計算。

▶ 提示

本題曾考過**配合題、填空題、計算題**。考過正己烷在一長 8 公尺，寬 4 公尺，高 3 公尺的空間內，1 小時容許消費量為多少公克？答：正己烷（第二種有機溶劑）容許消費量＝2/5x(8x4x3)＝38.4g。

題幹　有機溶劑附表四（換氣能力）

消費之有機溶劑或其混存物之種類	換氣能力
第一種有機溶劑或其混存物	每分鐘換氣量＝作業時間 1 小時之有機溶劑或其混存物之消費量× 0.3
第二種有機溶劑或其混存物	每分鐘換氣量＝作業時間 1 小時之有機溶劑或其混存物之消費量× 0.04
第三種有機溶劑或其混存物	每分鐘換氣量＝作業時間 1 小時之有機溶劑或其混存物之消費量× 0.01

註：表中每分鐘換氣量之單位為立方公尺，作業時間內 1 小時之有機溶劑或其混存物之消費量之單位為公克。

▶提示

本題曾考過填空題。

題幹　特化第 3 條（特定管理物質）

本標準所稱 特定管理物質 ，指下列規定之物質：

一、 二氯聯苯胺 及其鹽類、α-萘胺及其鹽類、鄰-二甲基聯苯胺及其鹽類、二甲氧基聯苯胺及其鹽類、次乙亞胺、氯乙烯、3,3-二氯-4,4-二胺基苯化甲烷、四羰化鎳、對-二甲胺基偶氮苯、β-丙內酯、環氧乙烷、奧黃、苯胺紅、 石綿 （不含青石綿、褐石綿）、鉻酸及其鹽類、 砷 及其化合物、 鎳 及其化合物、重鉻酸及其鹽類、1,3-丁二烯及甲醛（含各該列舉物佔其重量超過 1%之混合物）。

二、 鈹 及其化合物、含鈹及其化合物之重量比超過 1%或鈹合金含鈹之重量比超過 3%之混合物（以下簡稱鈹等）。

三、 三氯甲苯 或其重量比超過 0.5%之混合物。

四、 苯 或其體積比超過 1%之混合物。

五、 煤焦油 或其重量比超過 5%之混合物。

▶提示

本題曾考過複選題、選擇題。

題目給各項物質，選擇特定管理物質。

題幹　特化第 4 條（特定化學設備）

本標準所稱特定化學設備，指製造或處理、置放（以下簡稱處置）、使用 丙類第一種物質、丁類物質 之固定式設備。

▶提示

本題曾考過**配合題**、**複選題**。

題幹　特化第 5 條（特定化學管理設備）

本標準所稱特定化學管理設備，指特定化學設備中進行 放熱 反應之反應槽等，且有因異常化學反應等，致漏洩丙類第一種物質或丁類物質之虞者。

▶提示

本題曾考過**選擇題**。

題幹　特化第 7 條（甲類限制）

雇主 不得 使勞工從事製造、處置或使用 甲類 物質。但供 試驗或研究 者，不在此限。

前項供試驗或研究之甲類物質，雇主應依管制性化學品之指定及運作許可管理辦法規定，向中央主管機關申請許可。

▶提示

本題曾考過**選擇題**。

題幹　特化第 8 條（設施規範）

雇主使勞工從事試驗或研究 甲類 物質時，應依下列規定辦理：

一、製造設備應為 密閉設備 。但在作業性質上設置該項設備顯有困難，而將其置於 氣櫃 內者，不在此限。

二、設置製造設備場所之地板及牆壁應以 不浸透性材料 構築，且應為易於用水清洗之構造。

三、從事製造或使用甲類物質者，應具有預防該物質引起危害健康之必要知識。

四、儲存甲類物質時，應採用 不漏洩、不溢出等之堅固容器 ，並應依危害性化學品標示及通識規則規定予以標示。

五、甲類物質應保管於一定之場所,並將其意旨揭示於顯明易見之處。
六、供給從事製造或使用甲類物質之勞工使用 不浸透性防護圍巾及防護手套 等個人防護具。
七、製造場所應 禁止與該作業無關之人員進入 ,並將其意旨揭示於顯明易見之處。

▶提示

本題曾考過配合題、複選題。(例如:試驗或研究二氯甲基醚預防設施)

題幹　特化第 17 條(局排裝置)

雇主依本標準規定設置之局部排氣裝置,依下列規定:
一、 氣罩應置於每一氣體、蒸氣或粉塵發生源;如為外裝型或接受型之氣罩,則應儘量接近各該發生源設置 。
二、 應儘量縮短導管長度、減少彎曲數目,且應於適當處所設置易於清掃之清潔口與測定孔 。
三、 設置有除塵裝置或廢氣處理裝置者,其排氣機應置於各該裝置之後。但所吸引之氣體、蒸氣或粉塵無爆炸之虞且不致腐蝕該排氣機者,不在此限 。
四、 排氣口應置於室外 。
五、 於製造或處置特定化學物質之作業時間內有效運轉,降低空氣中有害物濃度 。

▶提示

本題曾考過配合題。

題幹　特化第 23 條(防漏設施)

雇主使勞工處置、使用 丙類第一種物質或丁類物質 之合計在 100 公升以上時,應置備該物質等漏洩時能迅速告知有關人員之警報用器具及除卻危害之必要藥劑、器具等設施。

▶提示

本題曾考過配合題,此題適合出填空題。

題幹　特化第 38-1 條（專業訓練）

從事局部排氣裝置設計之專業人員，應接受在職教育訓練，其訓練時數每 3 年不得低於 12 小時。（第 2 項）

▶提示

本題曾考過填充題。

題幹　特化第 41 條（記錄保存）

雇主對製造、處置或使用特定管理物質之作業，應就下列事項記錄，並自該作業勞工從事作業之日起保存 30 年：

一、 勞工之姓名。
二、 從事之作業概況及作業期間。
三、 勞工顯著遭受特定管理物質污染時，其經過概況及雇主所採取之緊急措施。

▶提示

本題曾考過複選題。

題幹　特化第 43 條（石綿管制）

雇主不得使勞工使用石綿或含有石綿佔其重量超過 1 %之混合物從事吹噴作業。但為建築物隔熱防火需要採取下列措施從事樑柱等鋼架之石綿吹噴作業者，不在此限。

一、 將吹噴用石綿等投入容器或自該容器取出或從事混合石綿等之作業場所應於與吹噴作業場所隔離之作業室內實施。
二、 使從事吹噴作業勞工使用輸氣管面罩或空氣呼吸器及防護衣。

▶提示

本題曾考過填空題。

題幹　特化附表五（局排裝置設計專業訓練）

項次	課程名稱	時數（小時）
1	有害物危害預防法規	2
2	暴露評估	4
3	工業通風原理	5
4	整體通風系統（原理、案例說明）	5
5	局部通風系統設計（含氣罩設計與案例說明）	15
6	管道系統設計與排氣機匹配（含案例說明及計算練習）	15
7	空氣清淨裝置	3
8	局部通風系統安裝施工、檢測、維修保養之方法及技術	3
9	局部排氣裝置設計報告書與原始性能測試報告書之製作及練習	8
10	工廠實習（含案例設計演練）	12
	合計	72

▶ 提示

本題曾考過局部排氣裝置設計之專業人員訓練應有 72 小時。

題幹　鉛中毒第 3 條（用詞定義）

一、鉛合金：指鉛與鉛以外金屬之合金中，鉛佔該合金重量 10 %以上者。（第 1 款）

二、鉛化合物：指氧化鉛類、氫氧化鉛、氯化鉛、碳酸鉛、矽酸鉛、硫酸鉛、鉻酸鉛、鈦酸鉛、硼酸鉛、砷酸鉛、硝酸鉛、醋酸鉛及硬脂酸鉛。（第 2 款）

三、鉛混合物：指燒結礦、煙灰、電解漿泥及礦渣以外之鉛、鉛合金或鉛化合物與其他物質之混合物。（第 3 款）

四、鉛混存物：指鉛合金、鉛化合物、鉛混合物。（第 4 款）

五、燒結礦混存物：指燒結礦、礦渣、煙灰及電解漿泥。（第 9 款）

六、鉛塵：指加工、研磨、加熱等 產生之固體粒狀物 及 其氧化物如燻煙 等。（第 11 款）

▶ 提示

此題曾考過連連看。

題幹　鉛中毒第 32 條（整體換氣）

雇主使勞工從事第 2 條第 2 項第 10 款規定之作業，其設置整體換氣裝置之換氣量，應為每一從事鉛作業勞工平均每分鐘 1.67 立方公尺以上。

▶ 提示

此題適合出填空題。每分鐘 1.67 立方公尺相當於每小時 100 立方公尺，請注意單位換算問題。

題幹　鉛中毒第 36 條（除塵除污）

雇主為防止鉛、鉛混存物或燒結礦混存物等之鉛塵污染，應 每日 以水沖洗，或以真空除塵機、適當溶液清潔作業場所、休息室、餐廳等 1 次以上。但無鉛塵污染之虞者，不在此限。

▶ 提示

此題適合出填空題、是非題。

題幹　四烷基鉛第 3 條

本規則用詞，定義如下：

一、四烷基鉛：指 四甲基鉛 、 四乙基鉛 、 一甲基三乙基鉛 、 二甲基二乙基鉛 、 三甲基一乙基鉛 及含有上列物質之 抗震 劑。

二、加鉛汽油：指添加四烷基鉛之汽油。

三、裝置：指第 2 條第 1 項第 1 款作業中使用之機械或設備。

四、局部排氣裝置：指藉動力吸引並排出已發散四烷基鉛蒸氣之設備。

五、換氣裝置：指藉動力輸入外氣置換儲槽、地下室、船艙、坑井或通風不充分之場所等內部空氣之設備。

▶ 提示

本題曾考過配合題。四烷基鉛是什麼劑？另四烷基鉛的 5 種組合也曾考過。

Q 題目

其他（含特殊危害作業相關法規、勞工作業環境監測實施辦法及勞工作業場所容許暴露標準）

題幹　高溫作業第 4 條（工作類型）

本標準所稱 輕工作 ，指 僅以坐姿或立姿進行手臂部動作以操縱機器者 。所稱 中度工作 ，指 於走動中提舉或推動一般重量物體者 。所稱 重工作 ，指 鏟、掘、推等全身運動之工作者 。

▶提示

本題曾考過選擇題。

題幹　高溫作業第 6 條（高溫防護）

勞工於操作中須接近黑球溫度 50 度以上高溫灼熱物體者，雇主應供給身體熱防護設備並使勞工確實使用。

前項黑球溫度之測定位置為勞工工作時之位置。

▶提示

此題適合出填空題。

題幹　重體力勞動第 2 條（重體力勞動作業）

本標準所定重體力勞動作業，指下列作業：

一、以人力搬運或揹負重量在 40 公斤以上物體之作業。

二、以站立姿勢從事伐木作業。

三、以手工具或動力手工具從事鑽岩、挖掘等作業。

四、坑內人力搬運作業。

五、從事薄板壓延加工，其重量在 20 公斤以上之人力搬運作業及壓延後之人力剝離作業。

六、以 4.5 公斤以上之鎚及動力手工具從事敲擊等作業。

七、站立以鏟或其他器皿裝盛 5 公斤以上物體做投入與出料或類似之作業。

八、站立以金屬棒從事熔融金屬熔液之攪拌、除渣作業。

九、站立以壓床或氣鎚等從事 10 公斤以上物體之鍛造加工作業，且鍛造物必須以人力固定搬運者。

十、鑄造時雙人以器皿裝盛熔液其總重量在 80 公斤以上或單人搯金屬熔液之澆鑄作業。

十一、以人力拌合混凝土之作業。

十二、以人工拉力達 40 公斤以上之纜索拉線作業。

十三、其他中央主管機關指定之作業。

▶提示

本題曾考過複選題、填空題。

題幹　重體力勞動第 3 條（減少工時）

雇主使勞工從事重體力勞動作業時，應考慮勞工之體能負荷情形，減少工作時間給予充分休息，休息時間每小時不得少於 20 分鐘。

▶提示

此題適合出填空題。

題幹　精密作業第 3 條（精密作業）

本標準所稱精密作業，係指雇主使勞工從事下列凝視作業，且每日凝視作業時間合計在 2 小時以上者。

一、小型收發機用天線及信號耦合器等之線徑在 0.16 毫米以下非自動繞線機之線圈繞線。

二、精密零件之切削、加工、量測、組合、檢試。

三、鐘、錶、珠寶之鑲製、組合、修理。

四、製圖、印刷之繪製及文字、圖案之校對。

五、紡織之穿針。

六、織物之瑕疵檢驗、縫製、刺繡。

七、自動或半自動瓶裝藥品、飲料、酒類等之浮游物檢查。

八、以放大鏡、顯微鏡或外加光源從事記憶盤、半導體、積體電路元件、光纖等之檢驗、判片、製造、組合、熔接。

九、電腦或電視影像顯示器之調整或檢視。

十、以放大鏡或顯微鏡從事組織培養、微生物、細胞、礦物等之檢驗或判片。

十一、記憶盤製造過程中，從事磁蕊之穿線、檢試、修理。

十二、印刷電路板上以人工插件、焊接、檢視、修補。

十三、從事硬式磁碟片（鋁基板）拋光後之檢視。

十四、 隱形眼鏡之拋光 、切削鏡片後之檢視。

十五、蒸鍍鏡片等物品之檢視。

▶提示

本題曾考過複選題。哪些是精密作業？答：如鐘錶之鑲製、紡織之穿針等凝視作業。

題幹　精密作業第 4 條（局部照明）

雇主使勞工從事精密作業時，應依其作業實際需要施予適當之照明，其作業台面局部照明不得低於 1,000 米燭光。

▶提示

此題適合出填空題。

題幹　精密作業第 5、6、7、8、9、10 條（保護措施）

雇主使勞工從事精密作業時，應採取之視機能保護措施如下：

一、作業台面 不得產生反射耀眼光線 ，其採色並應與處理物件有較佳對比之顏色。（第 5 條）

二、如採用發光背景時，應使 光度均勻 。（第 6 條）

三、工作台面照明與其半徑 1 公尺以內接鄰地區照明之比率不得低於 1 比 1/5 ，與鄰近地區照明之比率不得低於 1 比 1/20 。（第 7 條）

四、採用輔助局部照明時，應使勞工眼睛與光源之連線和眼睛與注視工作點之連線所成之角度，在 30 度以上。如在 30 度以內應設置適當之 遮光裝置 ， 不得產生 眩目 之大面積光源。（第 8 條）

五、應 縮短工作時間 ，於連續作業 2 小時，給予作業勞工至少 15 分鐘之休息。（第 9 條）

六、應 注意勞工作業姿態 ，使其眼球與工作點之距離保持在明視距離約 30 公分。（第 10 條）

▶ 提示

本題曾考過是非題、複選題、填空題。

題幹　高架作業第 3 條（高架作業）

本標準所稱高架作業，係指雇主使勞工從事之下列作業：

一、 未設置平台、護欄等設備而已採取必要安全措施，其高度在 2 公尺以上者 。

二、 已依規定設置平台、護欄等設備，並採取防止墜落之必要安全措施，其高度在 5 公尺以上者 。

前項高度之計算方式依下列規定：

一、 露天作業場所，自勞工站立位置，半徑 3 公尺範圍內最低點之地面或水面起至勞工立足點平面間之垂直距離。

二、 室內作業或儲槽等場所，自勞工站立位置與地板間之垂直距離。

▶ 提示

本題曾考過是非題、填空題。

題幹　高架作業第 4 條（休息時間）

雇主使勞工從事高架作業時，應減少工作時間，每連續作業 2 小時，應給予作業勞工下列休息時間：

一、 高度在 2 公尺以上未滿 5 公尺者，至少有 20 分鐘休息。

二、 高度在 5 公尺以上未滿 20 公尺者，至少有 25 分鐘休息。

三、 高度在 20 公尺以上者，至少有 35 分鐘休息。

▶ 提示

本題曾考過填空題。

題幹　異常氣壓第 2 條（異常氣壓作業）

本標準所稱異常氣壓作業，種類如下：

一、 高壓室內作業：指沉箱施工法或 壓氣潛盾施工法 及其他壓氣施工法中，於表壓力（以下簡稱壓力）超過大氣壓之作業室（以下簡稱作業室）或豎管內部實施之作業。

二、 潛水作業：指使用潛水器具之水肺或水面供氣設備等，於水深超過 10 公尺之水中實施之作業。

▶提示

本題曾考過填空題、選擇題。

題幹　異常氣壓第 3 條（用詞定義）

本標準用詞，定義如下：

一、 氣閘室：指對高壓室內作業之勞工於進出作業室之際，實施加、減壓之處所。

二、 耐氧試驗：指對從事異常氣壓作業勞工在高壓艙以每平方公分 1.8 公斤（60 呎）之壓力，使其呼吸純氧 30 分鐘之試驗。

▶提示

本題曾考過填空題、選擇題。

題幹　異常氣壓第 40 條（急救公告）

雇主使勞工從事潛水作業前，應備置必要之急救藥品及器材，並公告下列資料：

一、 減壓艙所在地 。

二、 潛水病醫療機構及醫師 。

三、 海陸空運輸有關資訊 。

四、 國軍或其他急難救援單位 。

▶提示

本題曾考過複選題。有一個錯誤選項【海象和潮汐資訊】

題幹　環測辦法第 2 條（用詞定義）

一、臨時性作業：指正常作業以外之作業，其作業期間不超過 3 個月，且 1 年內不再重複者。（第 3 款）

二、作業時間短暫：指雇主使勞工每日作業時間在 1 小時以內者。（第 4 款）

三、作業期間短暫：指作業期間不超過 1 個月，且確知自該作業終了日起 6 個月，不再實施該作業者。（第 5 款）

▶提示

本題曾考過填空題。

題幹　環測辦法第 7 條（監測頻率）

一、設有 中央 管理方式之 空氣調節設備 之建築物室內作業場所，應每 6 個月 監測 二氧化碳 濃度一次以上。

二、下列 坑內作業場所 應每 6 個月 監測 粉塵、二氧化碳 之濃度一次以上：

　(一) 礦場地下礦物之試掘、採掘場所。

　(二) 隧道掘削之建設工程之場所。

　(三) 前二目已完工可通行之地下通道。

三、勞工噪音暴露工作日 8 小時日時量平均音壓級 85 分貝以上之作業場所，應每 6 個月 監測 噪音 一次以上。

▶提示

本題曾考過複選題。

題幹　環測辦法第 8 條（監測場所）

雇主應依下列規定，實施作業環境監測：

一、下列作業場所，其勞工工作日時量平均 綜合溫度熱指數 在中央主管機關規定值以上者，應每 3 個月 監測綜合溫度熱指數一次以上：

　(一) 於鍋爐房從事工作之作業場所。

　(二) 處理灼熱鋼鐵或其他金屬塊之壓軋及鍛造之作業場所。

　(三) 鑄造間內處理熔融鋼鐵或其他金屬之作業場所。

　(四) 處理鋼鐵或其他金屬類物料之加熱或熔煉之作業場所。

(五) 處理搪瓷、玻璃及高溫熔料或操作電石熔爐之作業場所。

(六) 於蒸汽機車、輪船機房從事工作之作業場所。

(七) 從事蒸汽操作、燒窯等之作業場所。

二、粉塵危害預防標準所稱之特定 粉塵 作業場所，應每 6個月 監測粉塵濃度一次以上。

三、製造、處置或使用附表一所列 有機溶劑 之作業場所，應每 6個月 監測其濃度一次以上。

四、製造、處置或使用附表二所列 特定化學物質 之作業場所，應每 6個月 監測其濃度一次以上。

五、接近煉焦爐或於其上方從事 煉焦 作業之場所，應每 6個月 監測溶於苯之煉焦爐生成物之濃度一次以上。

六、鉛中毒預防規則所稱 鉛 作業之作業場所，應 每年 監測鉛濃度一次以上。

七、四烷基鉛中毒預防規則所稱 四烷基鉛 作業之作業場所，應 每年 監測四烷基鉛濃度一次以上。

▶ 提示

本題曾考過**複選題**、**配合題**。

▶ 口訣

鉛 1 年，高溫 3 個月，其他 6 個月。

題幹　環測辦法第 9 條（評估風險）

雇主於 引進 或 修改 製程、作業程序、材料及設備時，應評估其勞工暴露之風險，有增加暴露風險之虞者， 應即實施作業環境監測 。

▶ 提示

本題曾考過**複選題**。

題幹　環測辦法第 10 條（監測計畫）

雇主實施作業環境監測前，應就作業環境危害特性、監測目的及中央主管機關公告之相關指引，規劃採樣策略，並訂定含採樣策略之作業環境監測計畫（以下簡稱監測計畫），確實執行，並依實際需要檢討更新。

前項監測計畫，雇主應於作業勞工顯而易見之場所公告或以其他公開方式揭示之，必要時應向勞工代表說明。

雇主於實施監測 15 日前，應將監測計畫依中央主管機關公告之網路登錄系統及格式，實施通報。但依前條規定辦理之作業環境監測者，得於實施後 7 日內通報。

▶ 提示

本題曾考過填空題。

題幹　環測辦法第 10-1 條（計畫內容）

監測計畫，應包括下列事項：

一、 危害辨識及資料收集。
二、 相似暴露族群之建立。
三、 採樣策略之規劃及執行。
四、 樣本分析。
五、 數據分析及評估。

▶ 提示

本題曾考過是非題。

題幹　環測辦法第 10-2 條（評估小組）

事業單位從事特別危害健康作業之勞工人數在 100 人以上，或依本辦法規定應實施化學性因子作業環境監測，且勞工人數 500 人以上者，監測計畫應由下列人員組成監測評估小組研訂之：

一、 工作場所 負責人 。
二、 依職業安全衛生管理辦法設置之 職業安全衛生人員 。
三、 受委託之執業 工礦衛生技師 。
四、 工作場所 作業主管 。

▶ 提示

本題曾考過填空題。

題幹　環測辦法第 11 條（直讀式儀器）

雇主實施作業環境監測時，應設置或委託監測機構辦理。但監測項目屬物理性因子或得以 直讀式儀器 有效監測之下列化學性因子者，得僱用 乙級 以上之監測人員或委由執業之工礦衛生技師辦理：

一、 二氧化碳 。

二、 二硫化碳 。

三、 二氯聯苯胺及其鹽類 。

四、 次乙亞胺 。

五、 二異氰酸甲苯 。

六、 硫化氫 。

七、 汞及其無機化合物 。

八、 其他經中央主管機關指定公告者。

▶ 提示

本題曾考過是非題。

題幹　環測辦法第 12 條、附表四（監測結果處理）

雇主依前二條訂定監測計畫，實施作業環境監測時，應會同職業安全衛生人員及 勞工代表 實施。

前項監測結果應依附表三記錄，並保存 3 年。但屬附表四所列化學物質者，應保存 30 年；粉塵之監測紀錄應保存 10 年。

第 1 項之監測結果，雇主應於作業勞工顯而易見之場所公告或以其他公開方式揭示之，必要時應向勞工代表說明。

雇主應於採樣或測定後 45 日內完成監測結果報告，通報至中央主管機關指定之資訊系統。所通報之資料，主管機關得作為研究及分析之用。

附表四（所列化學物質之監測結果紀錄應保存 30 年）：

分類	化學物質名稱
特定化學物質-甲類物質	1. 聯苯胺及其鹽類 2. 4-胺基聯苯及其鹽類 3. β-萘胺及其鹽類
特定化學物質-乙類物質	1. 二氯聯苯胺及其鹽類 2. α-萘胺及其鹽類 3. 鄰-二甲基聯苯胺及其鹽類 4. 二甲氧基聯苯胺及其鹽類 5. 鈹及其化合物
特定化學物質-丙類第一種物質	1. 次乙亞胺 2. 氯乙烯 3. 苯
特定化學物質-丙類第三種物質	1. 石綿 2. 鉻酸及其鹽類 3. 砷及其化合物 4. 重鉻酸及其鹽類 5. 煤焦油 6. 鎳及其化合物
特定化學物質-丁類物質	硫酸
第一種有機溶劑	三氯乙烯
第二種有機溶劑	四氯乙烯

▶提示

本題曾考過**填空題**。考硫酸監測紀錄要保存 30 年。

題幹　暴露標準第 3 條（容許濃度）

本標準所稱容許濃度如下：

一、8 小時日時量平均容許濃度：除附表一符號欄註有「高」字外之濃度，為勞工每天工作 8 小時，一般勞工重複暴露此濃度以下，不致有不良反應者。

二、短時間時量平均容許濃度：附表一符號欄未註有「高」字及附表二之容許濃度乘以下表變量係數所得之濃度，為一般勞工連續暴露在此濃度以下任何 15 分鐘，不致有不可忍受之刺激、慢性或不可逆之組織病變、麻醉昏暈作用、事故增加之傾向或工作效率之降低者。

容許濃度	變量係數	備註
未滿 1	3	表中容許濃度氣狀物以 ppm、粒狀物以 mg/m³、石綿 f/cc 為單位。
1 以上，未滿 10	2	
10 以上，未滿 100	1.5	
100 以上，未滿 1,000	1.25	
1,000 以上	1	

三、最高容許濃度：附表一符號欄註有「高」字之濃度，為不得使一般勞工有任何時間超過此濃度之暴露，以防勞工不可忍受之刺激或生理病變者。

▶ 提示

本題曾考過填空題。此題適合出配對題、連連看。

題幹　暴露標準附表一（空氣中有害物容許濃度）

24.45 為在攝氏 25 度、1 大氣壓條件下，氣狀有害物之毫克莫耳體積立方公分數。

▶ 提示

本題曾考過填空題。

題幹　中高齡促進法第 3 條（用詞定義）

本法用詞，定義如下：

一、中高齡者：指年滿 45 歲至 65 歲之人。

二、高齡者：指逾 65 歲之人。

三、受僱者：指受雇主僱用從事工作獲致薪資之人。

四、求職者：指向雇主應徵工作之人。

五、雇主：指僱用受僱者之人、公私立機構或機關。代表雇主行使管理權或代表雇主處理有關受僱者事務之人，視同雇主。

▶ 提示

本題曾考過填空題、複選題。考中高齡者的定義及健康問題（心血管疾病、視力、聽力、骨骼疾病）

1-2 專業課程與計畫管理

Q 題目

職業安全衛生管理系統

題幹 不同事業種類及規模應執行之職業安全衛生管理事項？

說明 \ 事業單位人數	30人以下	31~99人	100人以上	第一類事業200人以上 第二類事業500人以上
職業安全衛生管理紀錄	✓	✓	✓	✓
職業安全衛生管理計畫		✓	✓	✓
職業安全衛生管理規章			✓	✓
職業安全衛生管理系統				✓

▶ 提示

本題曾考過配合題。

題幹 解釋下列職業安全衛生管理系統（CNS 45001：2018）各項名詞為何：

一、組織：具其 責任 、 職權 及 關係 之職能，以達成目標之人員或一組人員。

二、利害相關者：可能影響、受到影響或自認為受到決策或活動影響的 人員 或 組織 。

三、工作者：在組織管制下，執行工作或工作相關活動的人員。

四、承攬商：依協議之 規範 、 條款 及 條件 ，對組織提供服務的外部組織。

五、最高管理階層：在最高層級指揮與管制組織的一人或一組人。

　　備註1： 最高管理階層有權力指派組織內權責並提供資源，但仍須肩負職業安全衛生管理系統最終責任。

　　備註2： 若管理系統範圍僅涵蓋組織的一部分，則最高管理階層係指指揮與管制組織該部分之人員。

六、外包：屬於動詞，係指安排外部組織執行組織的一部分功能或過程。

> 備註：雖然外部組織在管理系統範圍之外，但其所外包的職能或過程仍在管理系統範圍內。

七、 政策 ： 由最高管理階層對組織所正式表達之意圖與方向 。

八、目標：欲達成之結果。

> 備註：目標可以其他方式表示之，例：預期結果、目的、營運準則、職業安全衛生目標，或使用其他類似含意的語詞（例：標靶、目的或標的）表示。

九、職業安全衛生政策：預防工作者遭受工作相關的受傷及健康妨害，並提供安全與健康工作場所的政策。

十、職業安全衛生目標：由組織所設定以達成與 職業安全衛生政策 一致的特定結果的 目標 。

十一、受傷及健康妨害：個人 生理 、 心理 或 認知 狀態的不利影響。

十二、 危害 ： 潛在會造成人員受傷及健康妨害之來源 。

十三、 風險 ： 不確定性之效應 。

十四、職業安全衛生風險：與工作相關之危害事件或暴露的 可能性 ，與該事件或暴露造成的受傷及健康妨害之 嚴重度 的組合。

十五、職業安全衛生機會：可導致職業安全衛生 績效改進 之狀況或一組狀況。

十六、要求：明示、通常隱含或必須遵守的需求或期望。

十七、法規要求事項與其他要求事項：法規要求事項係組織 必須符合 的事項，而其他要求係組織 必須或選擇需符合 的事項。

十八、參與：參加 決策 。

十九、諮詢：在決策前 徵詢 意見。

二十、 適任性 ： 運用知識與技能達成預期結果之能力 。

二十一、 過程 ： 將輸入（投入）轉換為輸出（產出）的一組相互關聯或交互作用之活動 。

二十二、 程序 ： 以指定的方法執行活動或過程 。

二十三、 績效 ： 可量測之結果 。

> 備註 1： 績效可為有關 定量 或 定性 的發現，結果可使用定性或定量的方法予以決定與評估。
>
> 備註 2： 績效可與活動、過程、產品、系統或組織的管理有關。

二十四、 監督：系統、過程或活動狀態之判定。

二十五、 量測：決定某一數值之過程。

二十六、 稽核：為取得稽核證據並作客觀地評估，以判定是否符合稽核準則程度之系統性、獨立性且文件化的過程。

二十七、 文件化資訊：組織管制與維持之資訊，以及承載該資訊的物件。

　　備註 1： 文件化資訊可以任何物件顯示。

　　備註 2： 文件化資訊包括下列：

　　　　(1) 包括管理系統之 過程 。

　　　　(2) 組織運作建立之 文件 。

　　　　(3) 達成結果之 紀錄 。

二十八、 有效性：達成所規劃的活動並達成所規劃之結果的程度。

二十九、 符合：合乎要求。

三十、 不符合：不合乎要求。

三十一、 事故：由工作所引起或工作過程中發生可能或確實造成受傷及健康妨害的情事。

　　備註 1： 發生受傷及健康妨害之事故有時稱為「意外事故」。

　　備註 2： 未發生受傷及健康妨害但有可能發生受傷及健康妨害之事故，可稱為近錯誤（near miss）、遭遇虛驚（near hit）或涉險（close call）。

　　備註 3： 儘管事故可能與一項或多項不符合有關，但即使無任何不符合，亦可能會發生事故。

三十二、 矯正措施：消除 不符合 或 事故 的原因並防止再發生之措施。

三十三、 持續改進：增強績效之持續活動。

　　備註： 增強績效係有關使用職業安全衛生管理系統以獲得與職業安全衛生政策及職業安全衛生目標一致之全面職業安全衛生績效的改進。

三十四、 管理系統：組織之一套 相關 或 互動 的要項，用以建立 政策 、 目標 及 過程 以達成該等目標。

　　備註 1： 管理系統可處理單一紀律或多項紀律。

　　備註 2： 此系統要項包括組織之架構、角色與責任、規劃、運作、績效評估及改進。

備註 3： 管理系統之範圍可包括組織整體、組織之特定且經鑑別的職能、特定且經鑑別的部門，跨組織群組之一項或多項職能。

三十五、 職業安全衛生管理系統：用於達成職業安全衛生政策的管理系統或部分管理系統。

備註：職業安全衛生管理系統預期結果為 預防工作者受傷 及 健康妨害 ，並提供安全與健康的工作場所。

▶提示

上述各項名詞定義，部分名詞曾考過**連連看**，適用於**是非題、選擇題**，方框適用於**配合題**。

題幹　TOSHMS（CNS 45001）與 ISO 45001 之間的差異？

TOSHMS 驗證	ISO 45001 驗證
主管機關主導	民間驗證機構推動
高風險事業單位法規強制建置，但未強制要求通過驗證	貿易自願性
CNS 45001 及臺灣職業安全衛生管理系統驗證指導要點之 TOSHMS 特定稽核重點事項為驗證標準	ISO 45001 為驗證標準
驗證範圍包含職安法所規範整個事業單位	驗證範圍不一定包含整個事業單位
驗證機構及稽核員除符合國際規範，另須具備特定證照之要求	驗證機構及稽核員須符合國際規範
比照 ISO 45001 驗證稽核	須符合 ISO、IEC 及 IAF 等規範
對驗證機構採取不定期督導，確保稽核品質	對驗證機構採取不定期督導，確保稽核品質
職安署制定證書格式，以事業單位為發證對象	驗證證書無統一之識別標示，一張證書包含地區事業單位或事業單位個別發證
職安署對通過驗證者建檔管理並公告，委由各地區促進會辦理推廣及輔導活動	驗證機構自行建檔管理

▶提示

本題曾考過**複選題**及**單選題**。

| 題幹 | 請問下列事業及規模，依法哪些需建置職業安全衛生管理系統？
一、 印刷工廠勞工人數 300 人。
二、 醫院勞工人數 350 人。
三、 營造工地勞工人數 170 人。
四、 健身房勞工人數 520 人。
五、 甲類危險性工作場所。
六、 丙類危險性工作場所。
七、 倉儲業勞工人數 350 人。
八、 保全服務業勞工人數 500 人。
九、 電話公司勞工人數 550 人。
十、 銀行勞工人數 300 人。

一、 健身房勞工人數 520 人（項次四）。

二、 甲類危險性工作場所（項次五）。

三、 倉儲業勞工人數 350 人（項次七）。

四、 保全服務業勞工人數 500 人（項次八）。

五、 電話公司勞工人數 550 人（項次九）。

▶ 提示

本題判斷需建置管理系統之事業，曾考過**配合題**及**選擇題**，也適用於**是非題**。依「職業安全衛生管理辦法」規定，印刷工廠屬於第二類事業，勞工人數達到 500 人以上才需依法建置職業安全衛生管理系統。

題幹　承攬管理流程？

依據「承攬管理技術指引」承攬管理之參考作業流程如下：

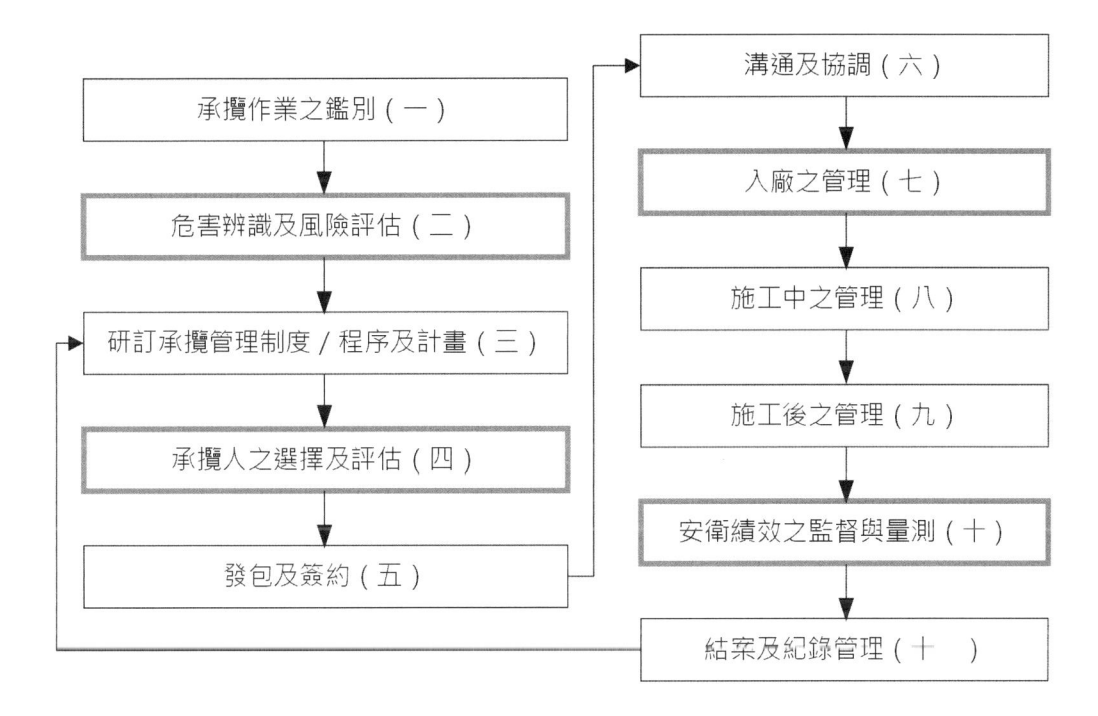

```
承攬作業之鑑別（一）
        ↓
危害辨識及風險評估（二）
        ↓
研訂承攬管理制度／程序及計畫（三） ←──────┐
        ↓                                │
承攬人之選擇及評估（四）                    │
        ↓                                │
發包及簽約（五）                           │
        ↓                                │
溝通及協調（六）                           │
        ↓                                │
入廠之管理（七）                           │
        ↓                                │
施工中之管理（八）                          │
        ↓                                │
施工後之管理（九）                          │
        ↓                                │
安衛績效之監督與量測（十）                   │
        ↓                                │
結案及紀錄管理（十一）─────────────────────┘
```

▶ 提示

本題承攬管理流程，曾考過上圖粗框之**配合題**或**連連看**，也適用於**排序題**或**選擇題**。

題幹　變更管理流程？

依據「變更管理技術指引」變更管理之參考作業流程如下：

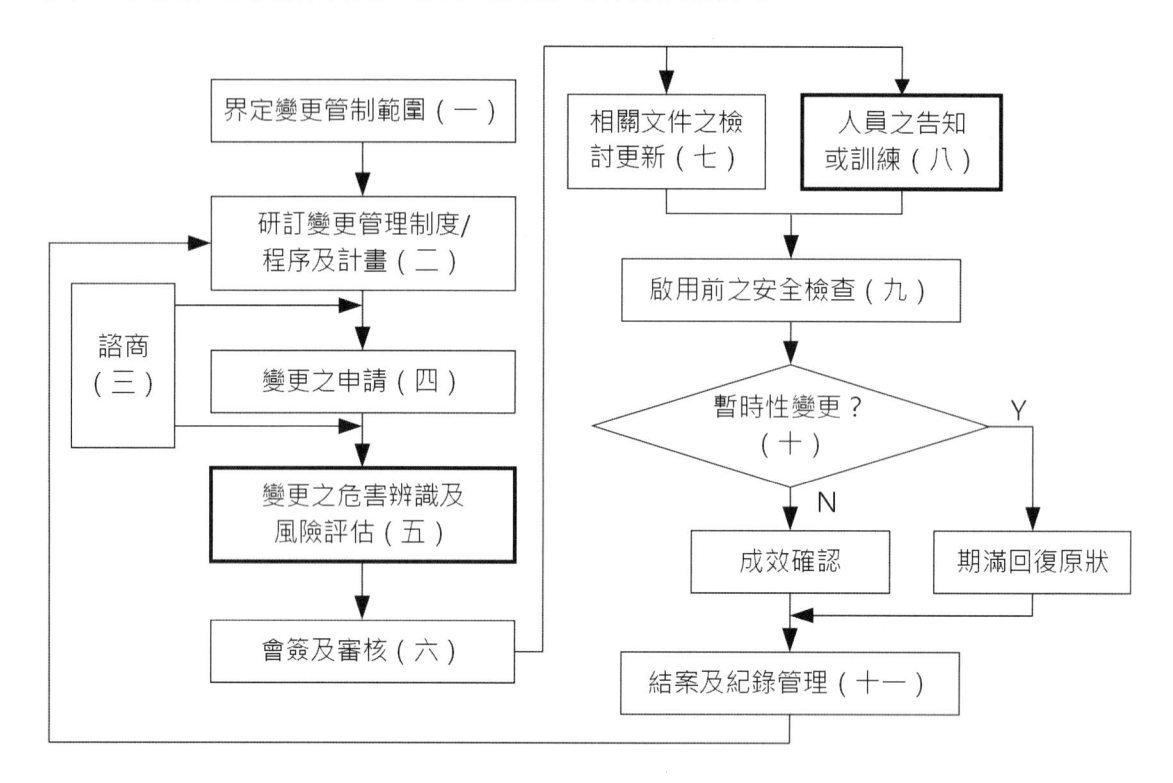

```
界定變更管制範圍(一)
        ↓
研訂變更管理制度/程序及計畫(二) ← 諮商(三)
        ↓
變更之申請(四)
        ↓
變更之危害辨識及風險評估(五)
        ↓
會簽及審核(六)
        ↓
相關文件之檢討更新(七)　　人員之告知或訓練(八)
        ↓
啟用前之安全檢查(九)
        ↓
暫時性變更？(十)
   N ↓         Y →  期滿回復原狀
成效確認                ↓
        ↓
結案及紀錄管理(十一)
```

▶提示

本題變更管理流程曾考過**連連看**、**配合題**，也適用於**排序題**或**選擇題**。

題幹　採購管理流程？

依據「採購管理技術指引」採購管理之參考作業流程如下：

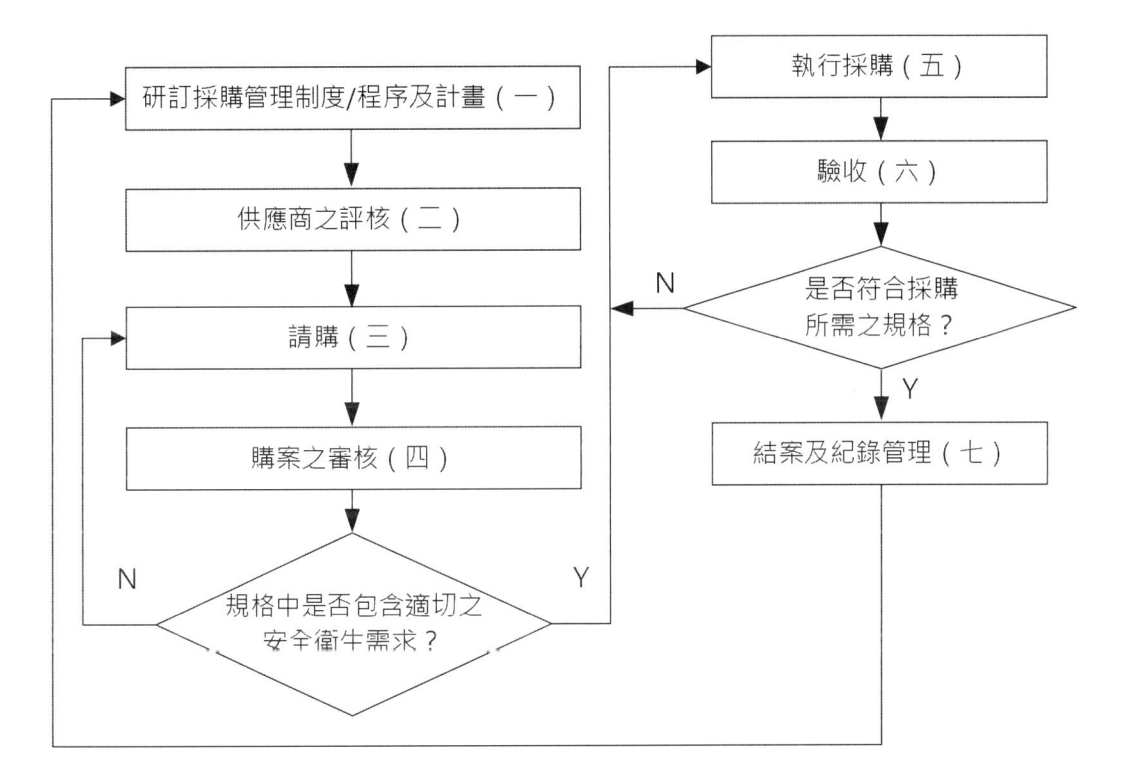

```
研訂採購管理制度/程序及計畫（一）
        ↓
供應商之評核（二）
        ↓
請購（三）
        ↓
購案之審核（四）
        ↓
規格中是否包含適切之安全衛生需求？
  N → （回到請購）        Y ↓
                    執行採購（五）
                          ↓
                        驗收（六）
                          ↓
                  是否符合採購所需之規格？
                  N → （回到請購）  Y ↓
                              結案及紀錄管理（七）
```

▶提示

本題採購管理流程曾考過**連連看**及**配合題**，也適用於**排序題**或**選擇題**。也考過「採購管理不包含發包簽約。○」及「承辦採購人員應實施安全衛生教育訓練。○」等是非題。

題幹　事業單位對於供應商之選擇，應考量哪些資料？

事業單位對於供應商安全衛生之評核，應將下列要項納入考量：

一、符合請購單或契約上安全衛生需求之狀況。

二、在廠（場）內卸貨及搬運等過程中之安全衛生表現。

三、在廠（場）內執行施工、安裝、測試及試俥等作業期間，遵守相關安全衛生管理規定之績效。

四、主動提供安全衛生相關資訊之狀況等。

五、投標廠商之安全衛生管理能力（含歷年職業災害績效）。

▶ 提示

本題參考採購管理技術指引，曾考過**配合題**或**複選題**。

▶ 題幹　**PDCA 融入職業安全衛生管理系統（CNS 45001：2018）之架構？**

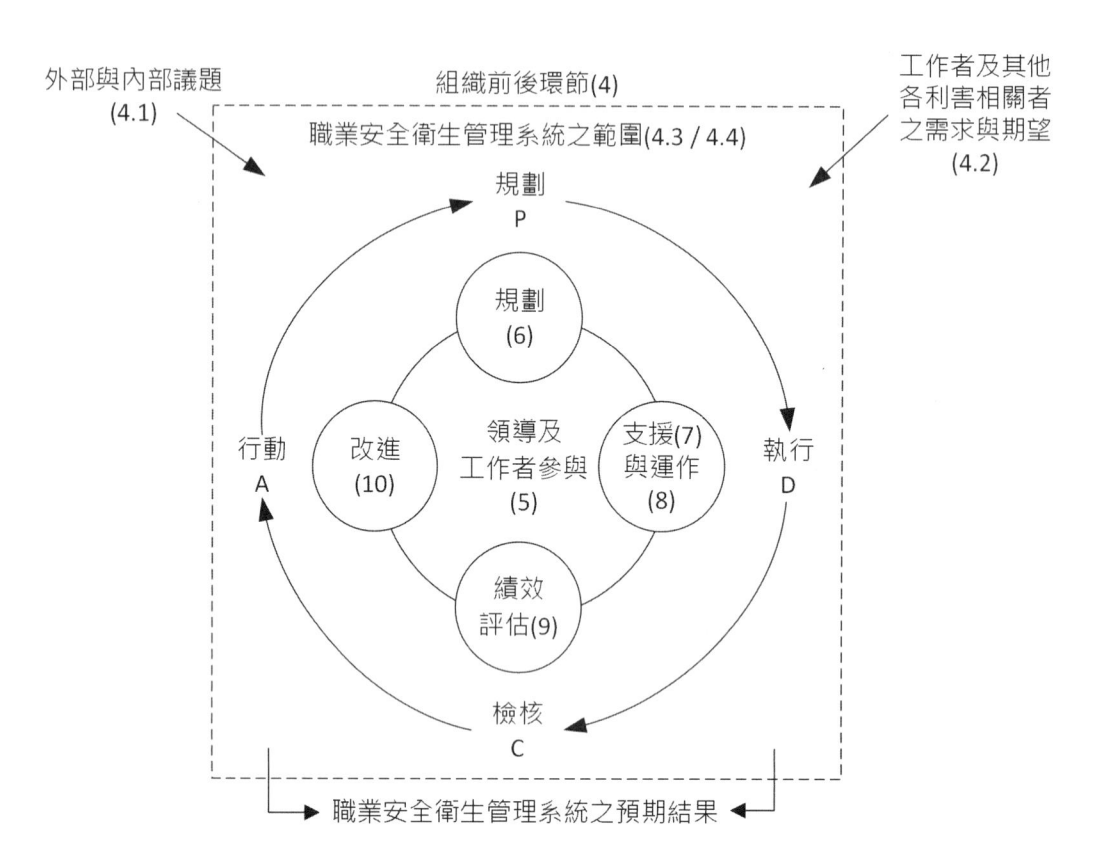

```
               外部與內部議題           組織前後環節(4)              工作者及其他
                 (4.1)                                            各利害相關者
                          職業安全衛生管理系統之範圍(4.3 / 4.4)      之需求與期望
                                                                    (4.2)

                                        規劃
                                         P

                                       ┌規劃┐
                                       │(6) │
                                       └────┘
                           ┌改進┐  領導及   ┌支援(7)┐
                    行動   │(10)│ 工作者參與 │與運作 │  執 行
                     A     └────┘   (5)    │ (8)  │   D
                                           └──────┘
                                       ┌績效┐
                                       │評估│
                                       │(9) │
                                       └────┘

                                        檢核
                                         C

                       └──▶ 職業安全衛生管理系統之預期結果 ◀──┘
```

▶ 提示

本題 CNS 45001：2018 是依據國際標準組織（ISO）2018 年公告之 ISO 45001，不變更技術內容，制定成為中華民國國家標準（CNS）。曾考過**配合題、排序題**，也適用於**選擇題、是非題或連連看**。例如：PDCA 排序，規劃（Plan）→執行（Do）→檢核（Check）→行動（Act）4 階段。CNS 45001：2018 架構排序，組織前後環節→領導及工作者參與→規劃→支援→運作→績效評估→改進。

題幹　請填寫下列缺空的位置。

組織前後架構	規劃	支援	執行	績效評估	改進	行動	查核
策劃	領導及工作者參與	風險評估	組織前後環節	績效評比
行政管理	工程改善	計畫	運作

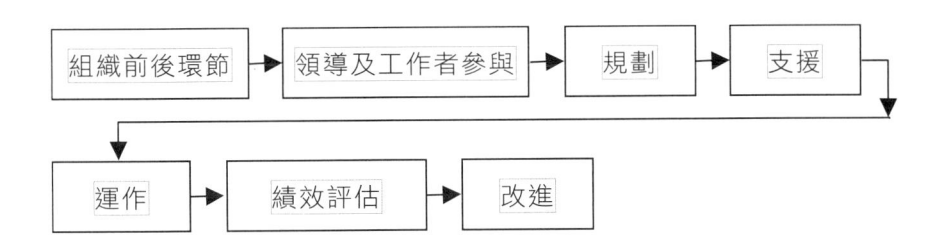

組織前後環節 → 領導及工作者參與 → 規劃 → 支援 →
↓
運作 → 績效評估 → 改進

▶提示

本題曾考過配合題。

題幹　職業安全衛生管理系統（CNS 45001：2018）之系統架構及要項？

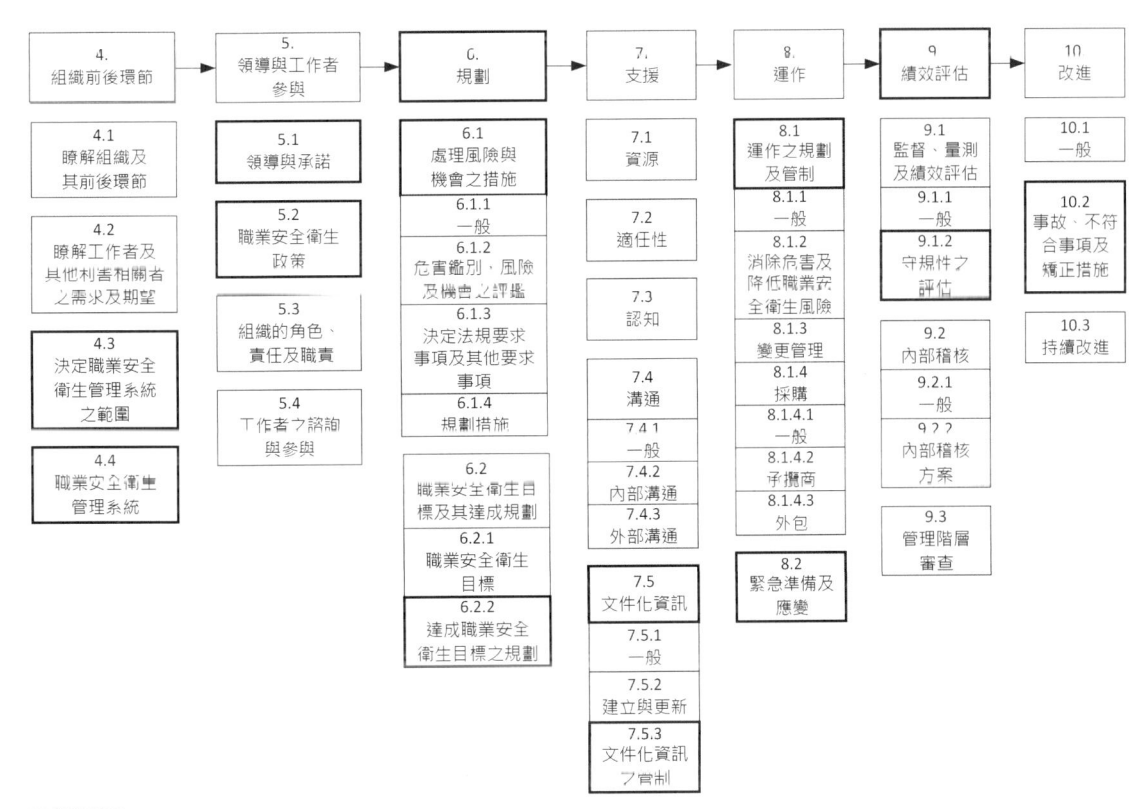

4. 組織前後環節 → 5. 領導與工作者參與 → 6. 規劃 → 7. 支援 → 8. 運作 → 9. 績效評估 → 10. 改進

- 4.1 瞭解組織及其前後環節
- 4.2 瞭解工作者及其他利害相關者之需求及期望
- 4.3 決定職業安全衛生管理系統之範圍
- 4.4 職業安全衛生管理系統

- 5.1 領導與承諾
- 5.2 職業安全衛生政策
- 5.3 組織的角色、責任及職責
- 5.4 工作者之諮詢與參與

- 6.1 處理風險與機會之措施
  - 6.1.1 一般
  - 6.1.2 危害鑑別、風險及機會之評鑑
  - 6.1.3 決定法規要求事項及其他要求事項
  - 6.1.4 規劃措施
- 6.2 職業安全衛生目標及其達成規劃
  - 6.2.1 職業安全衛生目標
  - 6.2.2 達成職業安全衛生目標之規劃

- 7.1 資源
- 7.2 適任性
- 7.3 認知
- 7.4 溝通
  - 7.4.1 一般
  - 7.4.2 內部溝通
  - 7.4.3 外部溝通
- 7.5 文件化資訊
  - 7.5.1 一般
  - 7.5.2 建立與更新
  - 7.5.3 文件化資訊之管制

- 8.1 運作之規劃及管制
  - 8.1.1 一般
  - 8.1.2 消除危害及降低職業安全衛生風險
  - 8.1.3 變更管理
  - 8.1.4 採購
    - 8.1.4.1 一般
    - 8.1.4.2 承攬商
    - 8.1.4.3 外包
- 8.2 緊急準備及應變

- 9.1 監督、量測及績效評估
  - 9.1.1 一般
  - 9.1.2 守規性之評估
- 9.2 內部稽核
  - 9.2.1 一般
  - 9.2.2 內部稽核方案
- 9.3 管理階層審查

- 10.1 一般
- 10.2 事故、不符合事項及矯正措施
- 10.3 持續改進

▶提示

本題曾考過上圖粗框部分之配合題或連連看，也適用於排序題、選擇題、是非題。

題幹　職業安全衛生管理系統文件層級？

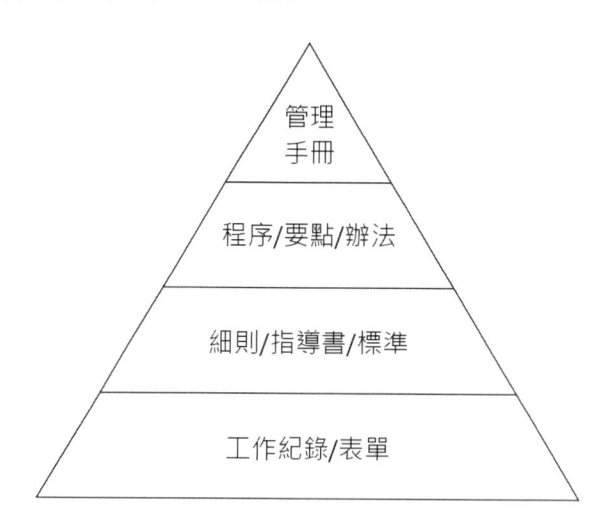

```
         管理
         手冊
      ─────────
      程序/要點/辦法
    ─────────────
     細則/指導書/標準
   ─────────────────
      工作紀錄/表單
```

▶ 提示

本題曾考過配合題或連連看。

題幹　職業安全衛生管理系統(CNS 45001：2018)之內部議題及外部議題？

組織應決定與其直接相關且會影響職業安全衛生績效之內外部議題，內外部議題可能是正面的或負面影響，分類如下：

一、內部議題：

(一) 組織治理、架構、角色及當責 。

(二) 政策、目標 及達成的 策略 。

(三) 資源、知識及 適任性 。

(四) 資訊之系統 、流通及 決策過程 。

(五) 引進新的產品、物料、服務、軟體、工具、設備及工作場所。

(六) 與工作者 關係及價值觀。

(七) 組織的文化 。

(八) 組織採用的標準、指導綱要及模式。

(九) 合約型式及範圍。

(十) 工作時間的安排 。

(十一) 工作條件 。

(十二) 上述各項議題的變更。

二、外部議題：

(一) 文化、社會、政治、法規、財務、技術、經濟、自然環境及市場競爭，不論其是否國際性、國家性或地方性。

(二) 引進 競爭對手、承攬商、再承攬商、供應商及合夥人、新法令、新技術或新職業的出現 。

(三) 產品的 新知識及其對安全衛生的影響 。

(四) 影響組織產業的相關趨勢。

(五) 與外部利害相關者的關係 及價值觀。

(六) 上述各項議題的變更。

▶ 提示

本題曾考過內部議題選「是」、外部議題選「否」之是非題及填空題。也適用於**配合題**、**選擇題**或**連連看**。

題幹　職業安全衛生管理系統（CNS 45001：2018）工作者之諮詢與參與？

組織應向工作者諮詢及使其有時間參與職業安全衛生管理系統發展、規劃、實施、績效評估及改進措施的過程，工作者諮詢及參與之事項如下：

一、非管理階層工作者之 諮詢 ：

(一) 決定利害相關者需求及期望。

(二) 建立職業安全衛生政策。

(三) 指派組織之角色、責任及職權。

(四) 決定履行法規及其他要求事項。

(五) 設定職業安全衛生目標及規劃達成的過程。

(六) 決定適用外包、採購及承攬商管制之措施。

(七) 決定需監督、量測及評估事項。

(八) 規劃、建立、實施及維持稽核方案。

(九) 確保持續改進。

二、非管理階層工作者之 參與 ：

    (一) 決定諮詢及參與之機制。

    (二) 鑑別危害及風險與機會之評估。

    (三) 決定消除危害及降低職業安全衛生風險之措施。

    (四) 決定適任性要求、訓練需求、訓練及訓練評估。

    (五) 決定溝通事項及執行方式。

    (六) 決定管制措施及其有效性之實施與使用。

    (七) 調查事故及不符合事項，並決定矯正措施。

▶提示

本題曾考過是非題及填空題，也適用於配合題、選擇題或連連看。例如：參與事項打「X」，諮詢事項打「○」。諮詢選「A」，參與選「B」。

題幹　申請職業安全衛生管理系統績效審查，何時開始應通過 TOSHMS 驗證？

事業單位或其總機構 自 111 年 1 月 1 日 起應通過臺灣職業安全衛生管理系統（TOSHMS）驗證，始得申請績效審查，調整及修正申請檢附文件。

▶提示

本題曾考過填空題。

題幹　通過 TOSHMS 績效審查的好處？（職業安全衛生管理辦法第 6-1 條）

第一類事業單位或其總機構已實施第 12-2 條 職業安全衛生管理系統 相關管理制度，管理績效並經中央主管機關審查通過者，得不受 一級管理單位應為專責 及 職業安全衛生業務主管應為專職 之限制。

▶提示

本題曾考過複選題、配合題。

題幹　安全管理演進

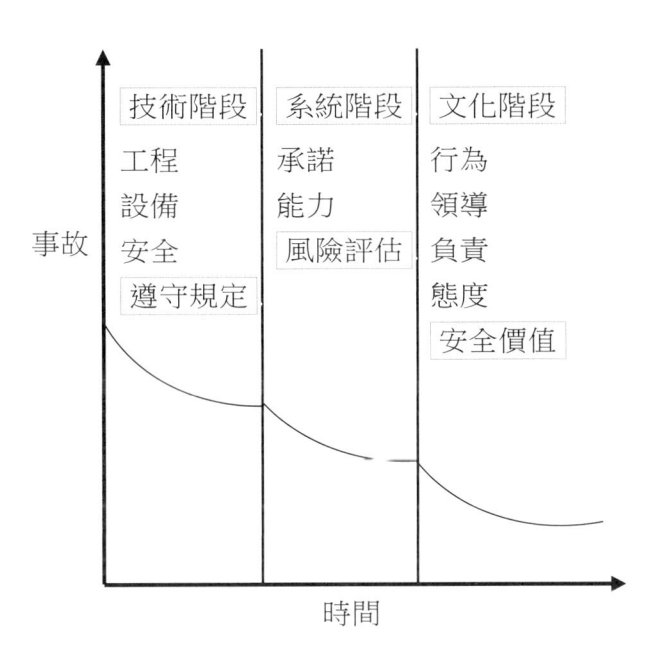

```
事故 ↑
    │ │技術階段│ │系統階段│ │文化階段│
    │   工程      承諾      行為
    │   設備      能力      領導
    │   安全     │風險評估│  負責
    │  │遵守規定│           態度
    │                      │安全價值│
    │    ╲
    │     ╲___
    │         ╲___
    │             ╲_____
    └─────────────────────────→ 時間
```

▶提示

本題曾考過排序題、連連看。

Q 題目

職業安全衛生管理計畫及緊急應變計畫之製作

題幹　職業安全衛生管理計畫的內容？

職業安全衛生管理計畫之內容至少包含下列要項：

一、職業安全衛生 政策 。

二、計畫 目標 。

三、計畫 項目 。

四、實施 細目 。

五、計畫 時程 。

六、實施 方法 。

七、實施 單位及人員 。

八、完成 期限 。

九、 經費編列 。

十、績效 考核 。

十一、其他規定事項。

▶提示

本題職業安全衛生管理計畫之內容，是參考職業安全衛生管理員訓練教材、「職業安全衛生管理規章及職業安全衛生管理計畫指導原則」總計 11 項，曾考過**連連看**或**排序題**，例如：績效與哪一項有關，亦適用於是非題、**複選題**或**配合題**。其中計畫項目實務上為「職業安全衛生法施行細則」第 31 條之 16 項。職業安全衛生管理計畫需經事業單位負責人或最高主管核准公告，並充分運用規劃（Plan）、執行（Do）、檢核（Check）及行動（Act）之管理步驟，實現職業安全衛生管理目標。

題幹　擬訂緊急應變計畫的方法，依其編製程序（順序）可以分成哪些過程？

緊急應變計畫之作業流程序如下：

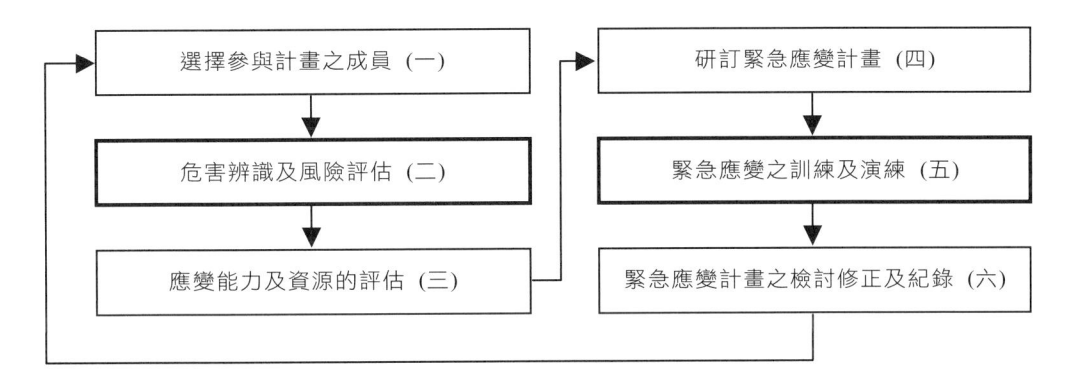

```
選擇參與計畫之成員（一） → 研訂緊急應變計畫（四）
        ↓                        ↓
危害辨識及風險評估（二）  → 緊急應變之訓練及演練（五）
        ↓                        ↓
應變能力及資源的評估（三） → 緊急應變計畫之檢討修正及紀錄（六）
```

▶ 提示

本題緊急應變計畫之作業流程，曾考過配合題。適用於排序題。

題幹　何種狀況下需規劃緊急應變？（指引適用範圍）

參考「緊急應變措施技術指引」，事業單位可參考下列緊急狀況進行應變規劃：

一、 氣體外洩 ：如毒性氣體（氯氣、磷化氫、氟氣等）、惰性氣體（氮氣等）、易燃氣體（液化石油氣、氫氣等）等之洩漏。

二、 液體外洩 ：如易燃液體（甲醇、異丙醇等有機溶劑）、光阻液、顯影液、腐蝕性液體（鹽酸、硫酸、氫氧化鈉等強酸鹼）、毒性液體等之洩漏。

三、 火警或爆炸 ：如易燃氣體、廢液，PVC、PP 容器或管線等。

四、 異味 ：不明氣體或液體外洩。

五、 地震、颱風或其他 天災 。

六、 電力中斷 。

七、 員工受傷 ：機械性、化學性或物理性等傷害。

八、 其他 運作場所之緊急事故。

▶ 提示

本題曾考過配合題。

Q 題目

安全衛生管理規章及安全衛生工作守則之製作

題幹　職業安全衛生管理規章的架構？

職業安全衛生管理規章的架構如下列：

一、制定 目的 。

二、適用 範圍 。

三、規章 內容 。

四、 權責 單位。

五、 獎懲 。

六、相關 表單 及作業 流程 。

七、頒布 實施及修正 。

▶提示

本題是參考「職業安全衛生管理規章及職業安全衛生管理計畫指導原則」總計 7 項，曾考過連連看或排序題，如職業安全衛生管理計畫內容混合規章之架構，請區分出哪些是規章架構。亦適用於是非題、複選題或配合題。

題幹　職業安全衛生管理規章的種類及內容？

項次	規章種類	內容
1	政策與組織	(1) 安全衛生政策及目標 。 (2) 安全衛生權責劃分標準。 (3) 職業安全衛生委員會組織規程。 (4) 職業安全衛生管理單位（如職業安全衛生處或職業安全衛生室等）組織規程。 (5) 承攬共同作業協議組織設置及運作要點。 (6) 危險性工作場所評估小組設置及運作要點。

項次	規章種類	內容
2	承攬人（含工程及勞務等）管理	(1) 承攬人安全衛生輔導要點。 (2) 承攬人作業安全衛生稽查要點。 (3) 承攬人違反安全衛生規定罰款處理要點。 (4) 交付承攬作業風險評估實施要點。 (5) 交付承攬作業安全衛生設施與管理費用編列及執行要點。 (6) 職業安全衛生績優承攬人表揚要點。
3	獎懲激勵	(1) 員工安全衛生優良事蹟獎勵要點。 (2) 防止承攬人工作傷害事故獎勵要點。 (3) 安全衛生績優有功人員獎勵要點。 (4) 推行安全衛生績效優良單位各級主管人員獎勵要點。 (5) 無職業災害單位獎勵要點。 (6) 安全衛生績效競賽實施要點。 (7) 交付承攬作業各級人員執行安全衛生獎懲要點。
4	教育訓練及宣導	(1) 職業安全衛生人員訓練實施要點。 (2) 職業安全衛生活動辦理要點。 (3) 職業安全衛生教育訓練實施要點。
5	稽核督導	(1) 各級主管走動管理實施要點。 (2) 各級主管及人員安全衛生分層負責實施要點。 (3) 工作場所安全衛生巡檢結果處理要點。
6	安全衛生管控（應含危害辨識後，主要危害之控制作業程序標準、要點、辦法等）	(1) 製程安全評估或施工安全評估作業要點。 (2) 危害辨識、風險評估及控制作業要點。 (3) 墜落危害預防實施要點。 (4) 感電危害預防措施注意要點。 (5) 電焊作業安全衛生實施要點。 (6) 動火管制作業要點。 (7) 安全作業標準實施要點。 (8) 局限空間作業管制要點。 (9) 職業安全衛生工作守則。 (10) 實驗場所安全衛生管理要點。 (11) 危險性機械及設備管理要點。 (12) 作業環境監測實施要點。 (13) 危害性化學品評估及分級管理要點。 (14) 危害性化學品標示及通識管理要點。 (15) 安全衛生作業標準訂定要點。

項次	規章種類	內容
		(16) 機械、器具、設備、原料及個人防護具等採購管理實施辦法。 (17) 營繕工程承攬契約管理要點。 (18) 變更管理作業程序書。 (19) ○○作業程序書。
7	防護具管理	個人防護具管理要點。
8	健康管理	(1) 辦理健康檢查及管理實施要點。 (2) 辦理健康促進實施要點。
9	事故處理	(1) 災害事故、虛驚事故及影響身心健康事件通報程序要點。 (2) 職業災害調查處理程序要點。 (3) 災害防救要點。 (4) 員工傷害事故、虛驚事故、影響身心健康事件及復工計畫個案追蹤處理要點。 (5) 緊急應變處理要點。
10	交通安全	(1) 加強交通安全實施要點。 (2) 員工交通安全宣導實施要點。 (3) 員工交通安全教育訓練實施要點。

▶提示

本題是參考「職業安全衛生管理規章及職業安全衛生管理計畫指導原則」總計 10 項，曾考過事業單位可否針對交通安全訂定職業安全管理規章是非題以及規章種類與內容連連看。「安全衛生管控」規章包含職業安全衛生工作守則。規章是可以修改的並運用 PDCA 架構。職業安全衛生工作守則在規章內。

工作安全分析與安全作業標準之製作

題幹　工作安全分析為？

工作安全分析可以說是 工作分析 與 預知危險 的結合。

▶提示

本題曾考過選擇題。

題幹　工作安全分析主要考慮及注意的事項是作業中所存在的潛在危險或可能危害，其潛在危害的根源有哪 5 個方面？

人 、 機械 、 材料 、 方法 、 環境 。

▶提示

本題曾考過選擇題。

題幹　決定要分析的工作其優先選擇項目或考慮對象。

一、 傷害頻率高的工作 。

二、 傷害嚴重率高的工作 。

三、 具潛在嚴重危害性的工作。

四、 臨時性或非經常性的工作。

五、 新工作製程。

六、 經常性，但非生產性的工作。

▶提示

本題曾考過選擇題。

題幹　工作安全分析評估的實施步驟為何？

工作安全分析評估的實施步驟：

一、成立工作安全分析評估小組。

二、製作安全衛生相關活動、作業清查表。

三、進行危害辨識及風險評估。

四、工作安全分析。

五、依據工作結果制定或修訂安全作業標準。

▶提示

本題曾考過排序題。

題幹　「酒精槽車駛進儲槽區裝卸作業」之工作安全分析，有潛在危險包含：
(一) 煞車故障或駕駛失誤撞擊設備。
(二) 槽車未裝滅焰器進入儲槽區，產生火源。
(三) 槽車輪胎卡住邊溝，酒精溢流。
(四) 卸料時管線接頭損壞洩漏酒精。
(五) 剎車故障或駕駛失誤於儲槽區內撞傷工作人員。
(六) 儲槽區內與其他車輛相撞，致酒精溢流並起火。

請將下列安全工作方法填入上述潛在危險：
(一) 有專人監視、檢查。
(二) 自動檢查、保養及教育訓練。
(三) 有人引導定位。
(四) 管制其他車輛進入槽區。

項次	潛在危險	安全工作方法
(一)	煞車故障或駕駛失誤撞擊設備。	(二) 自動檢查、保養及教育訓練。 (三) 有人引導定位。
(二)	槽車未裝滅焰器進入儲槽區，產生火源。	(一) 有專人監視、檢查。
(三)	槽車輪胎卡住邊溝，酒精溢流。	(二) 自動檢查、保養及教育訓練。 (三) 有人引導定位。
(四)	卸料時管線接頭損壞洩漏酒精。	(二) 自動檢查、保養及教育訓練。
(五)	剎車故障或駕駛失誤於儲槽區內撞傷工作人員。	(二) 自動檢查、保養及教育訓練。
(六)	儲槽區內與其他車輛相撞，致酒精溢流並起火。	(二) 自動檢查、保養及教育訓練。 (四) 管制其他車輛進入槽區。

▶ 提示

本題曾考過配合題，也適用於複選題。

參考資料：陳冠志，應用工作安全分析於酒精儲槽區裝卸及調和作業，勞動及職業安全衛生研究季刊，105 年。

題幹 請問工作安全分析表，其中分析者、審查者、核准者身分順序及簽名順序？

身分順序	簽名順序
分析者（領班）→ 審查者（安全衛生人員/中階主管）→ 核准者（最高主管）	分析者（領班）→ 審查者（安全衛生人員/中階主管）→ 核准者（最高主管）

▶ 提示

本題曾考過排序題。

題幹 請問工作安全分析表，初核者是？

職業安全衛生人員（含職安衛業務主管、管理員(師)）/中階主管（如領班主管）。

▶ 提示

本題曾考過單選題。

題幹 擬定一份五欄式安全作業標準應包含哪 5 個要項？

安全作業標準（除標題欄及圖示外）之主要內容一般包含下列 5 項：

```
                XXXX 安全作業標準
工作名稱：
```

工作步驟	工作方法	不安全因素	安全措施	緊急事故處理

1-203

▶ 提示

本題 5 項內容曾考過排序題，也適用於複選題、配合題，容易與工作安全分析表之項目混淆，請特別注意！

題幹　製作安全作業標準之功用為何？

安全作業標準之功能有下列幾點：

一、 預防 工作場所 危害 的發生。

二、 確定作業場所所需的 設備、器具或防護器具 。

三、 選擇 適當的人員 工作。

四、 作為 安全教導 的參考。

五、 作為 安全觀察 的參考。

六、 作為 事故調查 的參考。

七、 提升工作效率維護 工作品質 。

八、 增進工作人員的 參與感 。

九、 其他 輔助性功能。

▶ 提示

本題曾考過配合題，亦適用於複選題。其他輔助性功能，其中包含「職務再設計」，是針對中高齡或身心障礙工作者，依其工作能力，將現有職務重新設計或安排，以期發揮事配合人的功能。

題幹　請問有時候會在工作表內加上照片的是哪一種表單？

安全作業標準。

▶ 提示

本題曾考過配合題，適用於是非題、選擇題。

題幹 「酒精槽車裝卸作業」安全作業標準之不安全因素與安全措施。

項次	不安全因素	安全措施
1	馬達過載運轉產生高溫,作業人員碰觸造成燙傷。	依照安全作業標準實施。 加強在職教育及訓練。
2	酒精管線破裂致洩漏瀰漫,如遇火源,將引燃酒精氣發生火災。	作業範圍內嚴禁煙火。
3	車輛未熄火,如遇酒精氣將發生火燒車。	作業人員在場監視檢查。
4	維修酒精輸送管線或泵浦,使用工具敲擊,引燃酒精氣,發生火災。	嚴禁使用鋼製工具。
5	輸送管線及焊道劣化洩漏酒精。	自動檢查及保養。
6	馬達泵浦電源線破皮短路,恐發生火災。	
7	槽車手剎車故障失效,如車輛移動拉斷管線,發生酒精洩漏。	
8	管路過濾器阻塞,管路爆管,發生酒精洩漏。	
9	橡膠軟管破裂,發生酒精洩漏。	
10	誤起動泵浦電源,致馬達空轉高溫燒毀,如遇酒精氣,將發生火災。	泵浦高溫偵測自動停止裝置。
11	司機爬到槽車頂時,不慎墜落。	設置安全母索及確實使用安全帶。
12	酒精自輸送管線接頭處噴出,作業人員眼睛遭濺傷。	作業人員配戴護目鏡。

▶ 提示

本題曾考過**配合題**,也適用於**複選題**。

參考資料:陳冠志,應用工作安全分析於酒精儲槽區裝卸及調和作業,勞動及職業安全衛生研究季刊,105 年。

題幹　油槽清理作業分為2個工作步驟，請依下列項目配對至安全作業標準中？
A. 作業人員吸入有害氣體。
B. 鬆開螺栓打開人孔蓋。
C. 氣動抽油，產生靜電。
D. 產生爆炸受傷，緊急送醫。
E. 接地。
F. 虛驚事故。
G. 吸入有害氣體，緊急送醫。
H. 作業人員穿戴呼吸防護具。
I. 將存油抽至另一座儲槽。

工作步驟	工作方法	不安全因素	安全措施	緊急事故處理
打開人孔	B	A	H	G
抽出存油	I	C	E	D

▶提示

本題曾考過配合題或排序題。此題型配對內容會變化，請依經驗作答。

題幹　吊運安全作業標準，請依下列項目配對至安全作業標準中？
A. 工作步驟。
B. 安全措施。
C. 工作方法。
D. 事故處理。
E. 把貨物放置定位。
F. 不安全因素。
G. 吊運貨物。

A	C	F	B	D
G	平穩吊掛於吊具上後緩慢上升、移動。	自吊鉤上脫落而飛落，砸傷人員。	吊運離地後，不得以手碰觸貨物。	壓傷時，緊急送醫。
E	移動至目標位置，緩慢放置於目標位置。	放置不穩固倒塌，使人員被壓傷。	貨物放置穩固後才可鬆開吊具。	壓傷時，緊急送醫。

▶提示

本題曾考過配合題。此題型配對內容會變化，請依經驗作答。

題幹 請依照安全作業標準，配對至下表正確的作業順序。

不安全因素　工作步驟　安全措施　緊急事故處理　工作方法

工作步驟	工作方法	不安全因素	安全措施	緊急事故處理
吊掛東西	收好鋼索，吊物放好	吊物品位置不穩	確認物品穩定	可能壓傷緊急送醫
完成收工	把鋼索收好	被鋼索絆倒	鋼索整理好和放好	被鋼索絆倒緊急送醫

▶ 提示

本題曾考過**配合題**。此題型配對內容會變化，請依經驗作答。

題目

職業衛生與職業病預防概論

題幹 依勞工保險職業病種類表所列，下列由生物性危害所引起之疾病及其續發症，其相對應之工作性質或工作場所為何？

職業病	工作性質或工作場所
(一) 病毒性肝炎 (二) 退伍軍人症 (三) 登革熱 (四) 漢他病毒 出血熱 (五) 愛滋病	A. 從事 冷卻水塔維修 、牙科門診等工作或工作於中央空調辦公室、旅館、醫院、安養院、精神病院、漩渦水療等有感染該疾病之虞的工作場所。 B. 從事經常 接觸嚙齒類動物 之工作或工作於嚙齒類動物出沒頻繁等有感染該疾病之工作場所。 C. 醫療保健服務業工作人員因 針扎、噴濺 等途徑，或其他因工作暴露 人體血液、體液 導致感染之後所致。 D. 限於因職務性質所需，在 蚊蟲聚集 的草叢水渠等地『例行、經常性、規律地』工作人員。 E. 後天免疫缺乏症候群的簡稱，因帶有病毒的體液感染後破壞人體原本的免疫系統，使病患的身體抵抗力降低造成生病，嚴重時會導致病患死亡。

(一) C、(二) A、(三) D、(四) B、(五) E。

▶提示

本題曾考過配合題。

題幹 一般而言，要判定為職業疾病，至少必須要滿足的條件有哪些？

一、工作者確實有 病徵 ，且工作場所中 有害因子 應確實存在。

二、必須曾 暴露 於存在有害因子之環境。

三、發病期間與症狀及有害因子之暴露期間有 時序 之關係。

四、病因 不屬於非職業上之因素所引起。

五、文獻上曾記載 症狀 與危害因子之關係（但極少數新形成之職業病例外）。

▶ 提示

本題可以用來考選擇題、排序題。

題幹　　工作負荷因子。

一、 不規則 的工作。

二、 工作時間長 的工作。

三、 經常出差 的工作。

四、 輪班 工作或 夜班 工作。

五、 工作環境（異常溫度環境、噪音、時差）。

六、 伴隨精神緊張的工作。

▶ 提示

本題曾考過選擇題。

題幹　　自然過程之惡化因子：「自然過程」係指血管病變在老化、飲食生活、飲酒、抽煙習慣等日常生活中逐漸惡化的過程。包括：

一、 高齡 。

二、 肥胖。

三、 飲食習慣 。

四、 吸菸、飲酒。

五、 藥物作用。

▶ 提示

本題曾考過選擇題。

題幹 依職業促發腦血管及心臟疾病（外傷導致者除外）之認定參考指引，評估工作負荷與過勞之相關，應考量勞工於發病前是否有異常的事件、短期工作過重、長期工作過重三要件。請說明此三要件，分別係指勞工發病前多少期間內之工作負荷。

一、異常事件：

（一）突發性 或難以預測的極度緊張、興奮、恐懼、驚嚇等強度精神之負荷。（精神負荷）

（二）對身體造成突發性或難以預測的緊急強度之負荷。（身體負荷）

（三）急遽且顯著的環境變動。（工作環境變化）

二、短期工作過重：

（一）發病前至前 1 日之期間有特別長時間過度勞動。

（二）發病前約 1 週內常態性長時間勞動。

（三）工作型態及伴隨精神緊張之工作負荷。

三、長期工作過重：

（一）發病前 1 個月，加班時數超過 100 小時。

（二）發病前 2 到 6 個月內之前 2 個月、前 3 個月、前 4 個月、前 5 個月、前 6 個月之任一期間的月平均加班時數超過 80 小時。

（三）發病日前 1 個月之加班時數，及發病前 2 個月、前 3 個月、前 4 個月、前 5 個月、前 6 個月之月平均加班時數超過 45 小時。

（四）工作型態及伴隨精神緊張之工作負荷。

▶提示

本題可以用來考選擇題、填空題。考前 1 個月加班 90 小時是否長期負荷，給 2-6 個月平均加班時數，再評估是否負荷，最後綜合評估是否負荷。

chapter 1 術科題型精選解析

題幹 請依所從事職業特性、暴露與可能導致之危害來源，根據勞動部公布之職業病種類表，請將以下職業代號（下列左欄）配對最常見可能引發之職業病（下列右欄）。

職業代號	『職業病』或『執行職務所致疾病』
A. 游離輻射暴露作業	1. H5N1 感染
B. 醫學檢驗作業	2. 肝細胞癌
C. 日光燈管回收作業	3. 腰椎椎間盤突出
D. 氯乙烯暴露作業	4. 甲狀腺癌
E. 用力抓緊或握緊物品之作業	5. 塵肺症
F. 物流貨運搬運作業	6. 過敏性接觸性皮膚炎
G. 地板地毯鋪設作業	7. 間皮細胞瘤
H. 陶瓷廠粉塵作業	8. 腕隧道症候群
I. 船舶拆卸作業	9. 膝關節半月狀軟骨病變
J. 養雞場作業	10. 急性腎衰竭

A. 游離輻射暴露作業　→　4. 甲狀腺癌

B. 醫學檢驗作業　→　6. 過敏性接觸性皮膚炎

C. 日光燈管回收作業　→　10. 急性腎衰竭

D. 氯乙烯暴露作業　→　2. 肝細胞癌

E. 用力抓緊或握緊物品之作業　→　8. 腕隧道症候群

F. 物流貨運搬運作業　→　3. 腰椎椎間盤突出

G. 地板地毯鋪設作業　→　9. 膝關節半月狀軟骨病變

H. 陶瓷廠粉塵作業　→　5. 塵肺症

I. 船舶拆卸作業　→　7. 間皮細胞瘤

J. 養雞場作業　→　1. H5N1 感染

▶提示

本題可以用來考選擇題、是非題、連連看。

題幹 下列左欄為職業病，右欄為致病原。請分別說明每項職業病之致病原。（單選）

職業病
1. 痛痛病
2. 氣喘
3. 肝癌
4. 鼻中膈穿孔
5. 間皮癌（瘤）
6. 龐帝亞克熱
7. 陰囊癌
8. 白血病（血癌）
9. 水俁病
10. 骨內瘤

致病原	
A. 砷	H. 鎘
B. 真菌	I. 苯
C. 聚乙烯（PE）	J. 聚氯乙烯（PVC）
D. 鐳鹽	K. 水泥
E. 石綿	L. 有機汞
F. 煤焦油	M. 鉻
G. 退伍軍人菌	

1. 痛痛病　　　　　→　H. 鎘

2. 氣喘　　　　　　→　B. 真菌

3. 肝癌　　　　　　→　J. 聚氯乙烯（PVC）

4. 鼻中膈穿孔　　　→　M. 鉻

5. 間皮癌（瘤）　　→　E. 石綿

6. 龐帝亞克熱　　　→　G. 退伍軍人菌

7. 陰囊癌　　　　　→　F. 煤焦油

8. 白血病（血癌）　→　I. 苯

9. 水俁病　　　　　→　L. 有機汞

10. 骨內瘤　　　　　→　D. 鐳鹽

▶提示

本題曾考過連連看，可以用來考**選擇題**、**是非題**。

題幹　下列何者為缺氧症末期症狀？
【A】顏面蒼白
【B】痙攣
【C】脈搏及呼吸加快
【D】呼吸困難

【B】痙攣。

初期症狀：顏面蒼白或紅暈、脈搏及呼吸加快、呼吸困難，目眩或頭痛等。

末期症狀：意識不明、痙攣、呼吸停止或心臟停止跳動等。

▶提示

本題曾考過選擇題。

題幹　職業病相關問題連連看。

危害因子	職業病
1. 振動	A. 非游離輻射
2. 高壓	B. 游離輻射
3. X光	C. 潛水伕症
4. 微波	D. 白指症
5. 高溫	E. 凍傷
6. 低溫	F. 橫紋肌溶解症

連線：1-D、2-C、3-B、4-A、5-F、6-E

▶提示

本題曾考過連連看。

安全衛生監測儀器

題幹
一、檢修電氣設備前應先停止送電，要確認是否已切斷電源，可使用哪些安全衛生測定儀器？
二、從事局限空間作業應置備測定儀器，最常使用四用氣體偵測器，此四用氣體偵測器可偵測哪 4 種氣體標準為何？

一、一般低壓電氣設備（對地電壓在 250V 以下）可使用 絕緣 電阻計、接地 電阻計、驗電筆、三用電表 來確認設備是否已切斷電源。

二、一般四用氣體偵測器可偵測氣體種類如下列：
(一) 硫化氫（H_2S），其容許濃度為 10ppm。
(二) 一氧化碳（CO），其容許濃度為 35ppm。
(三) 氧氣（O_2），18% 以上。
(四) 可燃性氣體，LEL 30% 以下。

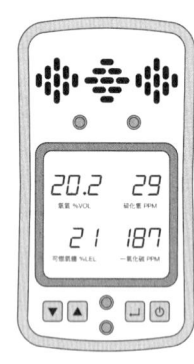

▶提示

本題曾考過選擇題、連連看或填空題。也曾考過不可偵測可燃性氣體濃度、爆炸上限及各種有害物，且會受電磁波干擾及環境溫溼度影響。

題幹 四用氣體偵測器相關問題是非題。

1. 四用氣體偵測器可以監測可燃性氣體濃度？✗
2. 四用氣體偵測器可以監測爆炸下限？○
3. 空氣中可燃性氣體濃度越濃，反應時間越長？✗
4. 四用氣體偵測器可以用來監測氯氣濃度？✗
5. 四用氣體偵測器可以監測硫化物濃度？✗
6. 四用氣體偵測器可以監測爆炸上限？✗
7. 四用氣體偵測器可以監測氮氧化物濃度？✗
8. 四用氣體偵測器可以監測氨氣濃度？✗

9. 四用氣體偵測器可以監測氧氣濃度？○
10. 四用氣體偵測器可以監測一氧化碳濃度？○
11. 四用氣體偵測器是否能測量氣體種類？×
12. 儀器校正跟溫度是否影響精準？○
13. 氣體濃度越高，反應是否越慢？×
14. 氯氣是否影響觸媒燃燒感測？○
15. 是否能測量各種有害物？×
16. 對未知化合物不具鑑定能力？○
17. 是否會受電磁波干擾？○
18. 是否易受環境溫溼度與粉塵影響？○

▶ 提示

本題曾考過是非題。

題幹 下列勞工作業環境空氣中有害物，請由 A.活性碳吸附管、B.矽膠吸附管、C.吸收液、D.混合纖維素酯濾紙、E.聚氯乙烯濾紙等 5 項中，選定最適當採樣介質：(本題各項均為單選，答案方式如：(一)A、(二)B…)
(一)正己烷。 (二)重金屬粉塵。 (三)可呼吸性粉塵。 (四)硫化氫。
(五)苯胺。

有害物	適當採樣介質
(一) 正己烷	A.活性碳吸附管
(二) 重金屬粉塵	D.混合纖維素酯濾紙
(三) 可呼吸性粉塵	E.聚氯乙烯濾紙
(四) 硫化氫	C.吸收液
(五) 苯胺	B.矽膠吸附管

▶ 提示

本題可以用來考選擇題、配合題、連連看。

1-215

題幹　請說明照度測定方法有哪些？

一、照明燈具與供電電源之狀況：於測定開始前，原則上燈泡應點亮 5 分鐘以上，放電燈應點亮 30 分鐘以上。

二、照度測定點之決定方法：照度測定時，如無特別規定者，照度測定面之高度應為離地板上 80 ±5 公分。室外時為地板或地面上 15 公分以下，但在室內桌上或作業台等有作業對象面時，定為其面上或離台上 5 公分以內之假想面。

三、在測定範圍切換型之照度計，盡量不要採用 0~ 1/4 之刻度範圍讀取之。

四、鉛直面照度之測定高度，如無特別規定，應離地板或地面 120 ±5 公分。

▶提示

本題曾考過填空題，也可以用來考選擇題。

Q 題目

個人防護具

題幹 依職業安全衛生設施規則規定，雇主供給勞工使用之呼吸防護具，其選擇與使用應依國家標準 CNS 14258 Z3035 辦理。請回答在下表所列條件時，是否可使用列舉之呼吸防護具，可使用者請答○，不可使用者請答 X。（答題方式：(一) ○、(二) ○...）

作業環境污染危害型態與程度	呼吸式防護具功能分類		
	無動力淨氣式呼吸防護具		供氣式呼吸防護具
	防塵面具	防毒面具	正壓壓縮空氣開放式自攜呼吸器
氧含量高於 18%，粒狀污染物濃度不致立即對生命健康造成危害	(一)	(二)	(三)
氧含量不明或低於 18%，且有害物濃度不明或可能立即對生命健康造成危害	(四)	(五)	

(一) ○、(二) ✕、(三) ○、(四) ✕、(五) ○。

▶ 提示

本題可以用來考選擇題、是非題、配合題、連連看。

題幹 請問 N95 防塵口罩所稱之 "N" 及 "95" 各代表何種意義？

N：代表其材質僅適用於 非油性 微粒為主的過濾防護。

95：代表濾材捕集率高於 95% ，也可以說洩漏率低於 5% 。

▶ 提示

本題可以用來考選擇題、填空題。

※ N95 口罩代表的意義為，防護以非油性微粒為主，且最易穿透粒徑微粒的捕集效率達 95%以上。

根據 NIOSH 42 CFR part 84 方法中將無動力式防塵口罩濾材分成 N、R、P 三類：

分類	意義	適用環境	代號	過濾效能
N	Not resistant to oil（非抗油）	不適用於含有油性氣膠的環境	N95	95%
			N99	99%
			N100	99.97%
R	Resistant to oil（抗油）	非油性或油性微粒均適用	R95	95%
			R99	99%
			R100	99.97%
P	Oil proof（耐油）	非油性或油性微粒均適用	P95	95%
			P99	99%
			P100	99.97%

題幹　呼吸防護計畫如何計算其勞工人數？

勞工人數計算包含：

一、從事勞工健康服務之 醫師 。

二、受人員 指揮之勞工 。

三、受人員 監督之勞工 。

四、暑假 工讀生 。

五、該事業之作業 勞工 。

▶ 提示

本題曾考過複選題。勞工人數計算，除事業單位僱用之勞工外，受工作場所負責人指揮或監督從事勞動之人員，於事業單位工作場所從事勞動，均應列入人數之計算。

| 題幹 | 請說明 N95 口罩之佩戴步驟為何？

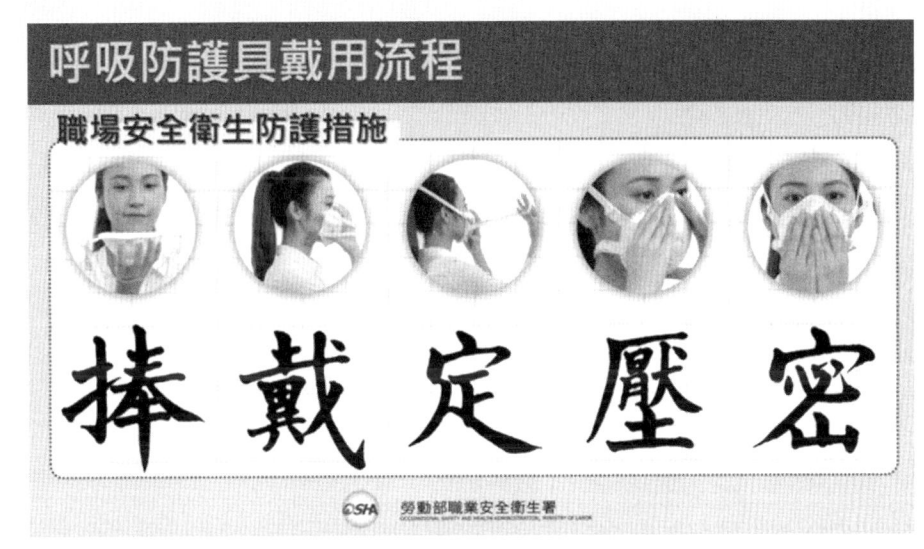

上圖參考出處為勞動部職安署網站

一般碗狀型 N95 口罩配戴流程為 捧、戴、定、壓、密。

一、將口罩放在掌心，鼻片部分朝向指尖，使固定帶自然下垂。

二、將口罩貼緊於口鼻上方。

三、將上方固定帶越過頭頂，使其固定於頭部上方。將下方固定帶越過頭頂，固定於兩耳下之頸後位置。

四、使用雙手壓緊鼻片兩側，使其緊貼鼻部。

五、每次使用口罩時，需做密合度檢點。

▶提示

本題曾考過排序題。

題幹　呼吸防護器有哪些類型？

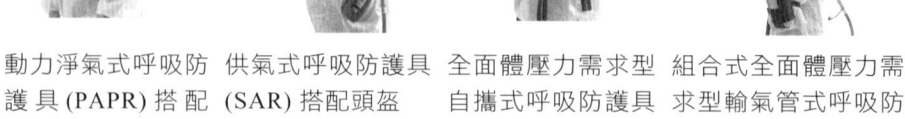

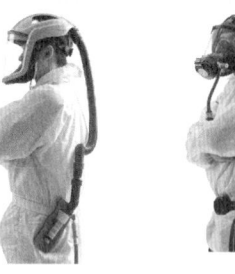

動力淨氣式呼吸防護具 (PAPR) 搭配頭盔　　供氣式呼吸防護具 (SAR) 搭配頭盔 　　全面體壓力需求型自攜式呼吸防護具 (SCBA) 　　組合式全面體壓力需求型輸氣管式呼吸防護具搭配輔助自備空氣源

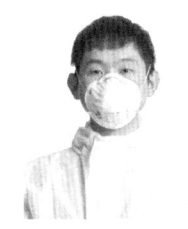

過濾面體式口罩 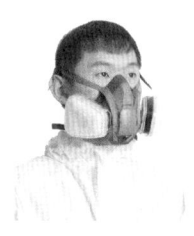　　防塵面(口)罩(面體與濾材分離)

上圖參考出處為勞動部職安署呼吸防護計畫技術參考手冊

目前勞工戴用之呼吸防護具種類大致如下幾類型：

一、 過濾面體 式口罩（如 N95）。

二、 半面體 面罩。

三、 全面體 面罩。

四、 動力淨氣 式呼吸防護具（PAPR）。

五、 輸氣管 空氣面罩（SAR）。

六、 自攜式 空氣呼吸防護具（SCBA）。

▶提示

本題曾考過配合題，屬正壓式呼吸防護具如 PAPR、SCBA 及 SAR 等。

chapter 1 術科題型精選解析

題幹 下圖為呼吸防護具選用參考步驟，請將圖中之英文字母（A~E）填入合適中文詞語。

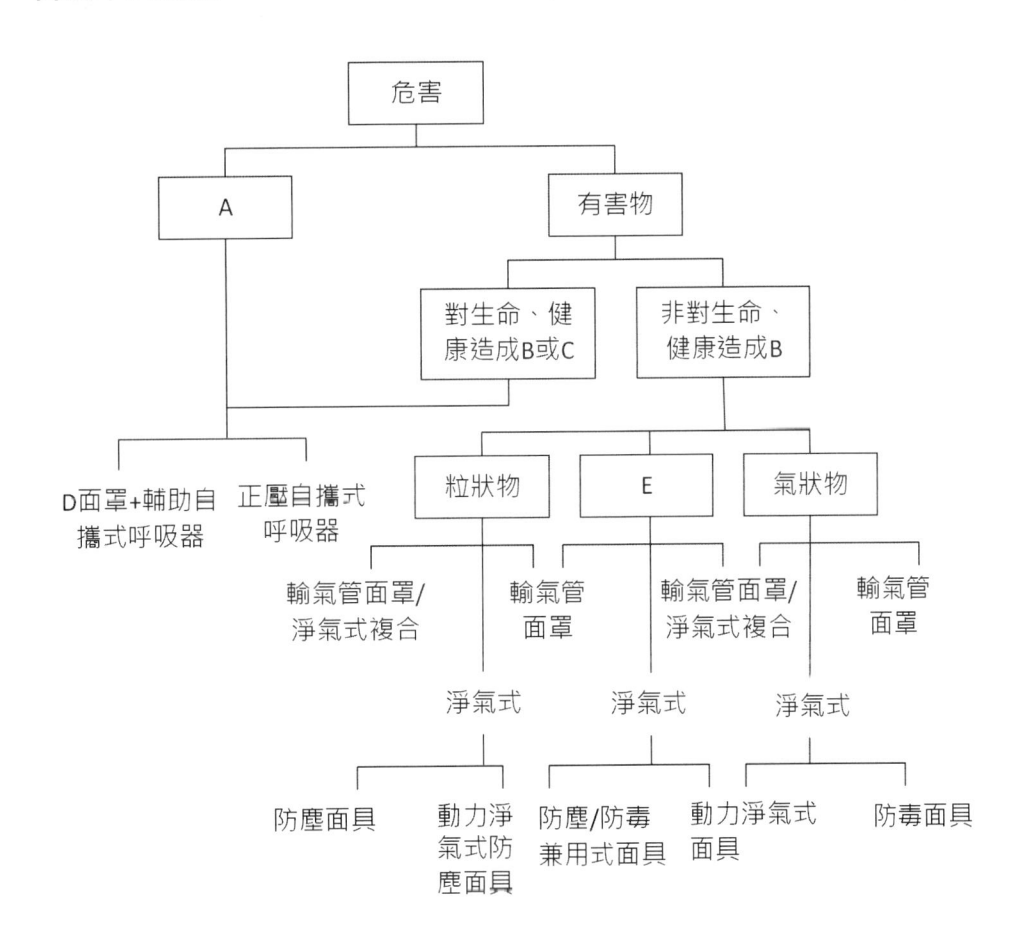

```
                            危害
                  ┌──────────┴──────────┐
                  A                    有害物
                  │              ┌──────┴──────┐
                  │          對生命、健康      非對生命、
                  │          造成B或C          健康造成B
           ┌──────┴──────┐         │
      D面罩+輔助自    正壓自攜式    │
      攜式呼吸器      呼吸器       │
                              ┌────┼────┐
                            粒狀物   E   氣狀物
                              │     │     │
                         輸氣管面罩/ 輸氣管  輸氣管面罩/  輸氣管
                         淨氣式複合  面罩   淨氣式複合    面罩
                              │     │     │
                           淨氣式  淨氣式  淨氣式
                           ┌─┴─┐ ┌─┴─┐ ┌─┴─┐
                         防塵 動力淨 防塵/防毒 動力淨氣式 防毒面具
                         面具 氣式防 兼用式面具 面具
                              塵面具
```

依據「呼吸防護具選用參考原則」第 6 條規定：

A 缺氧

B 立即致危濃度

C 緊急狀況

D 正壓或壓力需求型 輸氣管

E 粒狀物 + 氣狀物

▶ 提示

本題曾考過選擇題、配合題及連連看，也可以用來考是非題。

1-221

題幹 依勞動部公告之呼吸防護具選用參考原則試回答下列問題：
一、名詞說明：
(一) 危害比（HR）
(二) 防護係數（PF，並列出計算式）。
二、呼吸防護具使用時機？
三、呼吸防護具之選用首重工作環境之「危害辨識」，請問危害辨識之內容？

依據「呼吸防護具 選用參考 原則」規定：

一、名詞說明：

(一) 危害比 （HR）：空氣中有害物濃度 / 該污染物之容許暴露標準。

(二) 防護係數 （PF）：用以表示呼吸防護具防護性能之係數。

防護係數（PF）＝ 1 /（面體洩漏率＋濾材洩漏率）

二、呼吸防護具 使用時機 如下列：

(一) 採用工程控制及管理措施，仍無法將空氣中有害物濃度降低至勞工作業場所 容許暴露標準 之下。

(二) 進行作業場所清掃及設備（裝置）之維修、保養等 臨時性 作業或 短暫性 作業。

(三) 緊急應變 之處置。（消防除外）。

三、工作環境之「 危害辨識 」內容如下列：

(一) 暴露空氣中有害物之 名稱 及 濃度 。

(二) 該有害物在空氣中之 狀態 。（粒狀或氣狀）

(三) 作業 型態 及 內容 。

(四) 其他狀況（例如作業環境中是否有易燃、易爆氣體、不同大氣壓力或高低溫影響）。

▶提示

本題可以用來考選擇題、是非題、配合題、計算題。例：某氣體 8 小時暴露濃度為 36ppm，該氣體容許濃度為 8ppm，其危害比是多少？

危害比（HR）＝空氣中有害物濃度 / 該污染物之容許暴露標準＝36／8＝4.5

| 題幹 | 請說明安全帽構造。 |

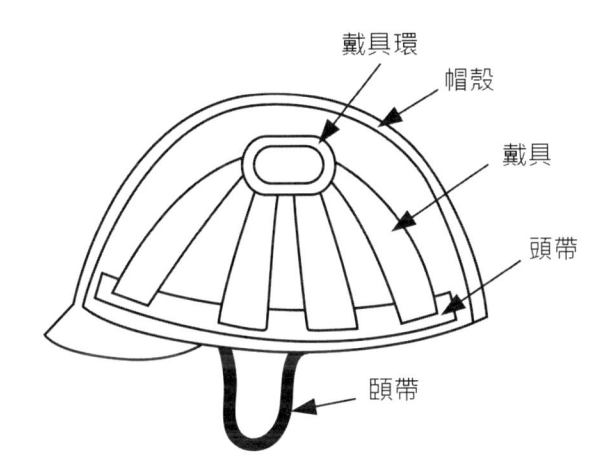

圖中標示：戴具環、帽殼、戴具、頭帶、頤帶

一、 安全帽 基本構件包含 帽殼 、 頤帶 、 戴具 、 戴具環 、 頭帶 等。

二、 選購時應注意其 認證合格 、 耐衝擊性 、 製造日期 （愈新愈好）及 穿戴舒適度 等。

▶提示

本題曾考過各構造名稱**配合題**及**填空題**，也可以用來考**選擇題**、**連連看**。

Q 題目

通風與換氣

題幹 局部排氣裝置問題：
一、各部位組件排序為何？
二、接近發生源是哪一個組件？
三、靜電集塵是哪一個組件？

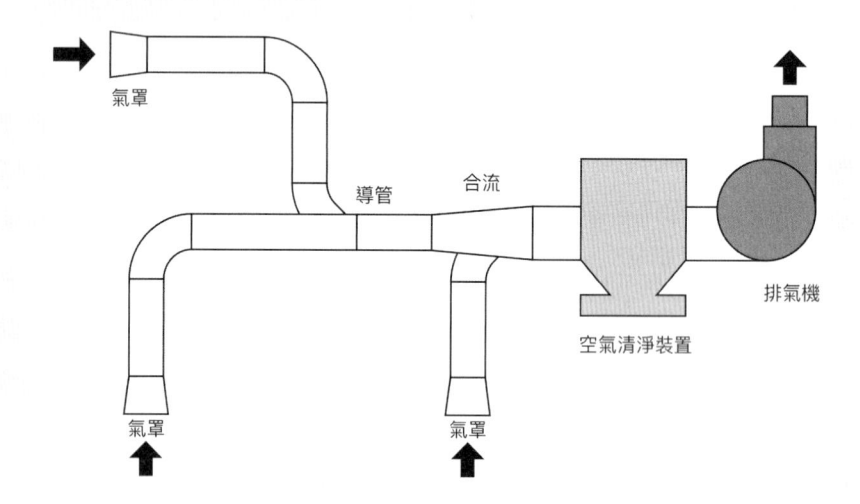

一、 氣罩 → 吸氣導管 → 空氣清淨裝置 → 排氣機 → 排氣導管 → 出風口 。

二、 氣罩 。

三、 空氣清淨裝置 中之 除塵 裝置。

▶ 提示

本題曾考過排序題。

題幹 請列出以下氣罩型式排氣量之估計公式。（單選，請以(一) A、(二) B…方式作答）

(一) 單一狹縫式	A. $0.75V(10X^2 + A)$
(二) 外裝型	B. $1.4PVX$
(三) 有凸緣之外裝型	C. $2.6\ LVX$
(四) 崗亭式	D. $3.7\ LVX$
(五) 懸吊式	E. $V(5X^2 + A)$
	F. $V(10X^2 + A)$
	G. VA

各公式的代號：V 為捕捉點風速，X 為氣罩開口與捕捉點距離，A 為氣罩開口面積，P 為作業面周長，L 為氣罩開口長邊邊長。

(一) D、(二) F、(三) A、(四) G、(五) B。

▶ 提示

本題曾考過**配合題**，也可以用來考**連連看**。

各式氣罩對應其公式：

(1) 包圍式或崗亭式：$Q=AV$
(2) 懸吊式：$Q=1.4PVH$
(3) 側方外裝式無凸緣＝$V(10x^2+A)$
(4) 側方外裝式附有凸緣＝$0.75V(10x^2+A)$
(5) 側方外裝式設於桌上或地板上＝$V(5x^2+A)$
(6) 側方外裝式設於桌上或地板上附有凸緣＝$0.75V(5x^2+A)$
(7) 單一狹縫型（槽溝型）附有凸緣：$2.6\ LVX$
(8) 單一狹縫型（溝槽型）無凸緣：$3.7\ LVX$
(9) 點熱源接收式氣罩（低吊式） $Q_Z = 4.84\ Z^{1.5}\ q^{1/3}$
(10) 點熱源接收式氣罩（高吊式） $Q_0 = 24.18(qHA_0^2)^{1/3}$

題幹　某廠房有一正常運作之吸氣導管，請回答下列問題：
(一) 此導管之全壓為正值或負值？
(二) 請指出以下圖示可分別測得全壓、動壓或靜壓。（本題各項均為單選，答題方式如：A＝全壓、B＝動壓、C＝靜壓）

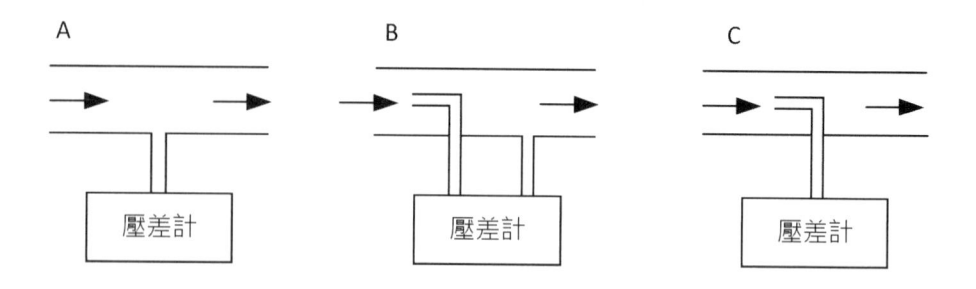

一、正常運作之吸氣導管之全壓應為 負值 。

二、A＝ 靜壓 、B＝ 動壓 、C＝ 全壓 。

參考資料：正常運轉之局部排氣系統內之動壓（P_V）皆為 正壓 ，全壓（P_T）與靜壓（P_S）在排氣機前為 負壓 ，排氣機後為 正壓 。

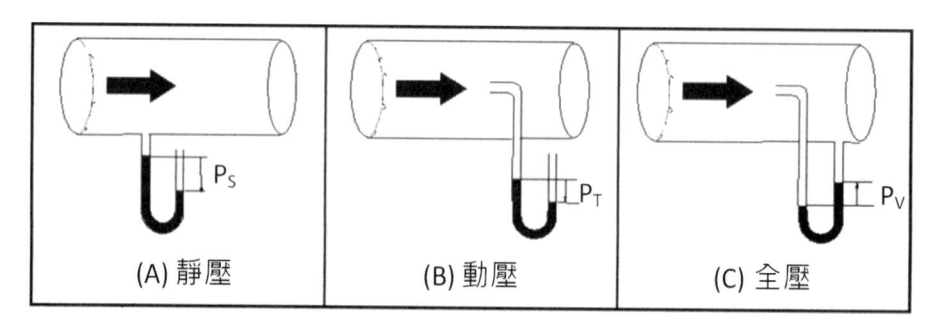

靜壓、動壓與全壓測定示意圖。

▶提示

本題曾考過配合題、連連看及選擇題。（全壓＝靜壓＋動壓，$P_T＝P_S＋P_V$，管壁量測到的是**靜壓**，管中量測到的是**全壓**，同時量測管中與管壁是**動壓**）

chapter 1 術科題型精選解析

題幹 有害物控制設備包括 A.包圍型氣罩、B.外裝型氣罩及 C.吹吸型換氣裝置。請問下列各圖示分屬上述何者？請依序回答。（單選，答題方式如：(一) A、(二) B...）。

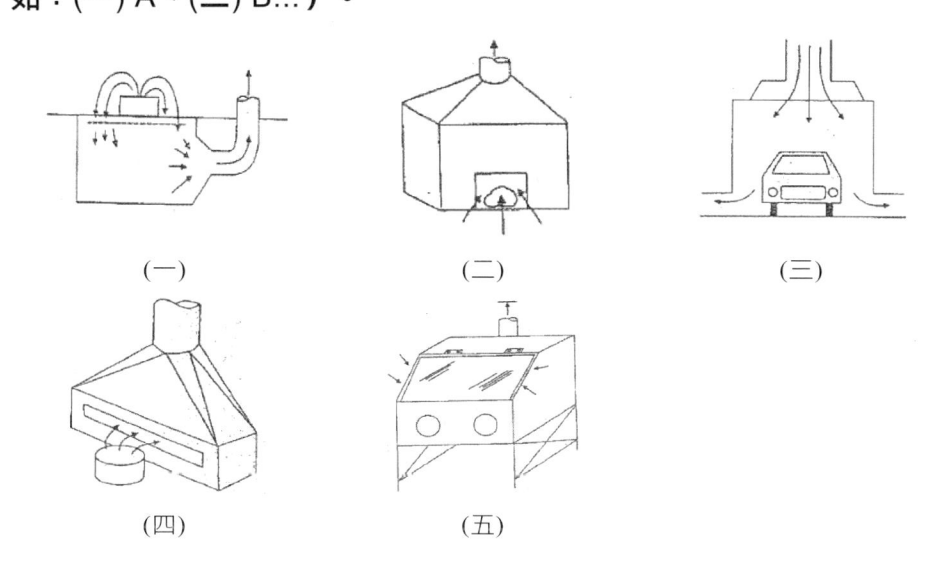

(一) (二) (三)

(四) (五)

(一) B、(二) A、(三) C、(四) B、(五) A。

▶提示

本題曾考過配合題，也適合考選擇題、連連看。

題幹 請說明室內空間之充足通風安排的基本原則為何？

以建築物、封閉區或部分封閉區域之充足通風安排基本原則為：

一、對於比空氣 重 之易燃性液體，應安排通風可流過易燃性蒸氣可能聚集之全部區域，尤其是 地面 區域。

二、對於比空氣 輕 之氣體，屋頂和牆開口應安排通風可流過氣體可能聚集之全部區域，尤其是 天花板 區域。且建築物、封閉區或部分封閉區域若符合下列 1 個以上之條件時，可視為 充足通風 場所。

(一) 建築物或區域有屋頂或天花板，而牆面少於 50% 之全部垂直區域（不考慮地板型式）。

(二) 建築物或區域沒有地板（例如地板為隔柵式）及屋頂或天花板。

(三) 建築物或區域沒有屋頂或天花板，且週邊至少 25% 沒有牆面。

1-227

▶ 提示

本題曾考過選擇題，也可以用來考是非題。

▶ 題幹　下列各情境，可使用整體換氣選(○)，可使用局部換氣選(×)

一、工作場所的區域大，不是隔離的空間。○

二、在一隔離的工作場所或有限的工作範圍。×

三、有害物的毒性高或放射性物質。×

四、有害物產生量少且毒性相當低，允許其散布在作業環境空氣中。○

五、有害物發生源分布區域大，且不易設置氣罩時。○

六、有害物進入空氣中的速率快，且無規律。×

七、有害物進入空氣中的速率相當慢，且較有規律。○

八、含有害物的空氣產生量不超過通風用空氣量。○

九、產生大量有害物的工作場所。×

十、工作者與有害物發生源距離足夠遠，使得工作者暴露濃度不致超過容許濃度標準。○

▶ 提示

本題曾考過是非題。

Q 題目

急救

題幹 勞工休克時應如何實施急救？

一、設法除去引發 休克 的原因（如出血、創傷、疼痛、中風、灼傷、中毒、熱衰竭或精神打擊等）。

二、將患者頭部 放低 、 仰臥 ，如有噁心嘔吐，頭部側放，兩腳墊高約 30 度。

三、 解開 領帶及衣扣，使其舒適，並用衣物給予保暖。

四、待其清醒可以吞嚥時，給予非酒精性飲料，若是熱衰竭患者，要給予 淡鹽水 。

五、使患者安心，嚴重者以 復原臥姿 送醫。

▶提示

本題可以用來考選擇題、是非題、**排序題**。

題幹 請說明 CPR+AED 急救的口訣為何？

專業版 CPR+AED 急救口訣： 叫 、 叫 、 C 、 A 、 B 、 D 。

・ 叫 ：叫病人，以確認有無反應。

二、 叫 ：求救，向 119 報案，並聽從執勤人員指示，同時找幫手並設法取得 AED。

三、(C)：壓胸。

四、(A)：維持呼吸道通暢（Airway）。

五、(B)：進行人工呼吸（Breathing）。

六、(D)：去顫（Defibrillation），使用 AED，打開電源，貼上貼片，聽從 AED 指示操作後立刻回復 CPR。

▶提示

本題曾考過排序題，可以用來考選擇題。民眾版 CPR+AED 急救口訣：叫、叫、壓、電。

（叫、叫、C、D）

題幹　請說明 AED 貼片張貼位置，如何使用？

一、AED 貼片張貼位置，將貼片貼在患者裸露的胸壁；一片貼在患者 左邊乳頭下方偏外側處 ，另一片貼在患者 右邊乳頭上方 。（口訣：右上、左下）

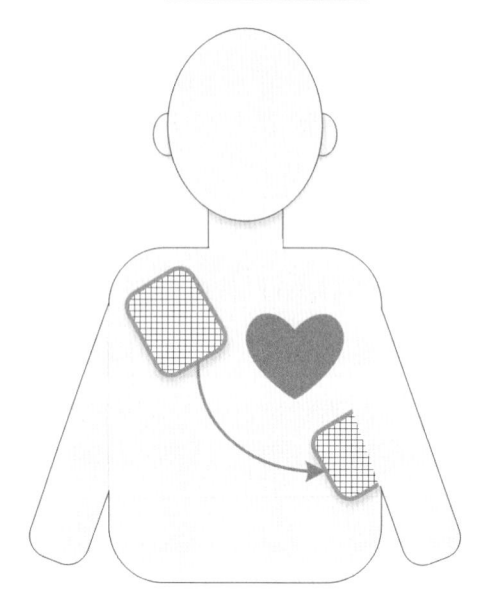

二、AED 的使用步驟如下：

(一) 開 ：打開電源。

(二) 貼 ：貼上電極貼片。

(三) 插 ：將線頭插入電擊插孔，這時另一位施救者應持續進行 CPR。

(四) 電 ：執行電擊並大喊：大家離開！在確認沒有人碰觸患者後，才可按下電擊鈕。

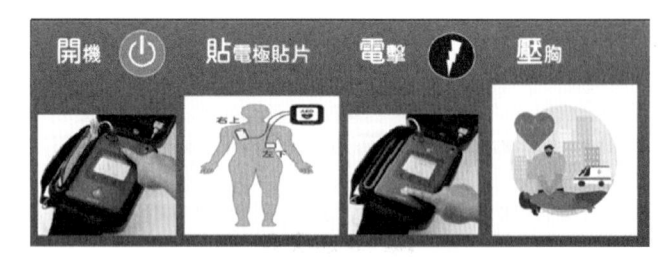

圖片來源：台北榮總護理部健康 e 點通

三、設置 AED 場所應指定管理員，負責 AED 之管理；管理員應接受並完成心肺復甦術及 AED 相關訓練，並每 2 年接受複訓一次。

▶提示

本題曾考過排序題，也可以用來考選擇題。

題幹 請說明衛生福利部公布「應置有自動體外心臟電擊去顫器之公共場所」AED 應設置場所為何？

根據衛生福利部公布「應置有自動體外心臟電擊去顫器之公共場所」之規定，應設置 AED 的公共場所包括：

一、 交通要衝：機場、高鐵站、三等站以上之台鐵車站、捷運站、轉運站、高速公路服務區、港區旅客服務區。

二、 長距離交通工具：高鐵、座位數超過 19 人座且派遣客艙組員之載客飛機、總噸位 100 噸以上或乘客超過 150 人之客船。

三、 觀光旅遊地區：國家級風景特定區及直轄市、縣（市）政府主管之風景區、國家公園、森林遊樂區、開放觀光遊憩活動水庫、觀光遊樂業、文化園區、農場及其他觀光旅遊性質地區。

四、 學校、大型集會場所：國民中學以上之學校、法院、立法院、議會、健身或運動中心、殯儀館、平均單日有 1,000 名民眾出入之宗教聚會場所。

五、 大型休閒場所：平均單日有 1,000 名民眾出入之電影片映演場所（戲院、電影院）、錄影節目帶播映場所、視聽歌唱場所、演藝廳、運動場館（如小巨蛋）、圖書館、博物館、美術館。

六、 大型購物場所：平均單日有 1,000 名民眾出入之大型商場（包括地下街）、賣場、超級市場、福利站及百貨業。

七、 旅宿場所：客房房間超過 100 間之旅館、飯店、招待所（限有寢室客房者）。

八、 大型公眾浴場或溫泉區：旺季期間平均單日有 100 人次出入之大型公眾浴場、溫泉區。

九、 公眾服務單位設施：警察分局、派出所、分駐所。

十、 特殊機構：1,000 名以上人員之軍營。

▶提示

本題曾考過填空題、選擇題。

題幹　CPR 時機為何？

溺水、心臟病、高血壓、車禍、觸電、藥物中毒、氣體中毒、異物堵塞呼吸道等導致之 呼吸終止 、 心跳停頓 在就醫前，均可利用 心肺復甦術 維護腦細胞及器官組織不致壞死。

▶ 提示

本題曾考過選擇題。

題幹　是否沒有脈搏心跳了，在 CPR 之前應先電擊？

否 。

▶ 提示

本題曾考過是非題。

題幹　常見熱疾病種類及處置原則。

當熱蓄積超過人體所能負荷之程度時，亦就是無法藉由流汗或血管流動散熱時，則可能引起之熱危害有： 熱中暑 、 熱衰竭 、 熱暈厥 、 熱痙攣 、 橫紋肌溶解症 。

熱疾病種類	成因	常見症狀	處置原則
熱中暑	熱衰竭進一步惡化，引起 中樞神經系統失調 （包括體溫調節功能失常），加劇體溫升高，使細胞產生急性反應。	1. 體溫超過 40°C 。 2. 神經系統異常：行為異常、幻覺、意識模糊不清、精神混亂（分不清時間、地點和人物）。 3. 呼吸困難。 4. 激動、焦慮。 5. 昏迷、抽搐。 6. 可能會 無汗 （皮膚 乾燥發紅 ）。	1. 撥打 119 求救或自行送醫。 2. 在等待救援同時： (1) 移動人員至陰涼處並同時 墊高頭部 。 (2) 鬆開衣物並移除外衣。 (3) 意識清醒者可給予稀釋之電解質飲品或加少許鹽之冷開水（不可含酒精或咖啡因）。 (4) 使用風扇吹以加速熱對流效應散熱。 (5) 可放置冰塊或保冷袋於病人頸部、腋窩、鼠蹊部等處加強散熱。 (6) 留在人員旁邊直到醫療人員抵達。

熱疾病種類	成因	常見症狀	處置原則
熱衰竭	大量出汗 嚴重脫水 ，導致水分與鹽份缺乏所引起之 血液循環衰竭 ，可視為「熱中暑」前期，易發生於年長、具高血壓或於熱環境工作者。	1. 身體溫度正常或微幅升高（ 低於 40°C ）。 2. 頭暈、頭痛。 3. 噁心、嘔吐。 4. 大量出汗 、皮膚 濕冷 。 5. 無力倦怠、臉色 蒼白 。 6. 心跳加快。 7. 姿勢性低血壓。	1. 移動人員至陰涼處躺下休息，並採取 平躺腳抬高 姿勢。 2. 移除不必要衣物，包括鞋子和襪子 3. 給予充足水分或其他清涼飲品。 4. 使用冷敷墊或冰袋，或以冷水清洗頭部、臉部及頸部方式降溫。 5. 若症狀惡化或短時間沒有改善，則將人員送醫進行醫療評估或處理。
熱暈厥	因血管擴張，水分流失，血管舒縮失調，造成姿勢性低血壓引發，於年長者最為常見。	1. 體溫與平時相同。 2. 昏厥（持續時間短）。 3. 頭暈。 4. 長時間站立或從坐姿或臥姿起立會產生輕度頭痛。	1. 移動人員至陰涼處休息放鬆或解開身上衣物並把腳抬高。 2. 通常意識短時間就會恢復，待恢復後即可給予飲水及鹽分或其他電解質補充液。 3. 若體溫持續上升、嘔吐、或意識持續不清，則立即送醫。
熱痙攣	當身體運動量過大、大量流失鹽分，造成電解質不平衡。	1. 身體溫度正常或輕度上升。 2. 流汗。 3. 肢體肌肉呈現局部抽筋現象 。 4. 通常發生在腹部、手臂或腿部。	1. 使人員於陰涼處休息。 2. 使人員補充水分及鹽分或清涼飲品。 3. 如果人員有心臟疾病、低鈉飲食或熱痙攣沒有在短時間內消退者，則尋求醫療協助。
橫紋肌溶解症	因遭受過度熱暴露以及體能耗竭，骨骼肌（橫紋肌）發生快速分解、破裂、與肌肉死亡。當肌肉組織死亡時，電解質與蛋白質進入血流，可引起心律不整、痙攣、與腎臟損傷。	1. 肌肉痙攣與疼痛。 2. 尿液呈異常暗色。（ 茶 或 可樂 的顏色） 3. 虛弱。 4. 無力活動。	1. 立刻停止活動。 2. 使人員補充水分。 3. 立即就近接受醫療照護。 4. 就醫時說明勞工熱暴露及症狀 以利針對橫紋肌溶解症進行血液檢查（肌氨酸激酶；creatine kinase）。

▶提示

本題曾考過選擇題。另**熱中暑**與**熱衰竭**曾被考過差異性比較，如**熱中暑**皮膚發紅，體溫高於攝氏 40 度，處理方式頭墊高；**熱衰竭**臉色蒼白，體溫低於攝氏 40 度，處理方式平躺腳抬高。

題幹　橫紋肌溶解症的症狀。

一、 肌肉痙攣與疼痛。

二、 尿液呈異常暗色（茶或可樂的顏色）。

三、 虛弱。

四、 無力活動。

▶ 提示

本題曾考過選擇題。

題幹　癲癇一定要放東西在嘴巴避免咬舌？

否。

▶ 提示

本題曾考過是非題。

題幹　癲癇急救步驟為何？

一、 注意患者周遭，避免患者摔倒或撞擊到頭部。

二、 解開患者脖子上的束縛物，可能是領帶、圍巾等，避免產生呼吸困難的狀況。

三、 若是患者不自覺發出吼叫、低吟，是由於大腦不正常放電，無法正常控制肌肉所致。

四、 協助患者躺下，可以毛巾、外套等較軟的物件，墊在病人周遭及頭側作為保護，不要輕易移動患者。

五、 可以自己的身體互助患者，幫助其轉成側躺的方式，但不要強制操控患者。

六、 側躺可讓患者口中的分泌物自然流出，切勿塞東西到病人嘴裡。

七、 在癲癇發生完後會有一段意識不清的時間，應盡可能留在病患身邊確保他的安全狀況無虞。

八、 若癲癇超過 5 分鐘，或是有再次發作的狀況，應即刻送醫。

▶ 提示

本題曾考過是非題、選擇題。

題幹　是否被蛇咬應該用彈性繃帶包紮，然後冰敷，使傷處低於心臟？

否。

▶提示

本題曾考過是非題。

題幹　是否流鼻血時，身體要前傾，壓住流血側 5-7 分鐘？

否（以拇指和食指稍微施力按壓鼻翼約 10 分鐘）。

▶提示

本題曾考過是非題。

題幹　是否在過度換氣症狀時，在鼻子前套上一個塑膠袋即可緩解？

否。

▶提示

本題曾考過是非題。

題幹　是否耳朵進小蟲可以到黑暗處用光照吸引小蟲出來再就醫？

是。

▶提示

本題曾考過是非題。

題幹　骨折的固定長度應該要到骨折位置的前後一個關節？

否（肢體骨折固定是以固定器材連接傷處前後 2 個關節）。

▶提示

本題曾考過是非題。

題幹　骨折時是否先固定，再止血？

否。（應先處理出血、休克等狀況；先止血、包紮，再固定、搬運、送醫治療。）

▶ 提示

本題曾考過是非題。

題幹　對於火焰燒傷之緊急處理措施為何？

沖 > 脫 > 泡 > 蓋 > 送

▶ 提示

本題曾考過排序題。若疑似遭腐蝕性物質灼傷，只要沖、脫、蓋、送，不宜再浸泡，避免危害物擴大傷害皮膚的面積。

題幹　著火自救（身體著火怎麼辦）？

停 > 躺 > 滾

▶ 提示

本題曾考過排序題。

chapter 1 術科題型精選解析

Q 題目
化學性危害預防

題幹 請說明鈉的危害與保存方式為何？

一、鈉的危害

依據鈉的安全資料表，鈉與水會起劇烈反應呈現不安定性，因此應避免接觸空氣及水，若將鈉粉末金屬丟到水中除了產生劇烈反應外，也會產生鹼性的 氫氧化鈉 溶液及氫氣。

$$\boxed{2}\ Na + \boxed{2}\ H_2O = \boxed{2}\ NaOH + \boxed{1}\ H_2$$

二、鈉的保存方式

因鈉的密度 0.97 比水（水=1）小，會浮於水面和空氣中之氧起作用，容易發生 火災 ；且鈉會與 水 發生劇烈反應，所以一般會將鈉儲存在 石油 中，由於鈉的密度比石油大，會沉入石油與 氧 隔絕，就不會起反應。

▶ 提示

本題曾考過填空題，也可以用來考是非題、選擇題，考過什麼物質碰到消防水，產生氫氣會爆炸。請平衡金屬鈉與水反應的化學方程式。考題會換數字，如金屬鈉加 8 公升水。

題幹 CH_4 燃燒方程式中，下列各 ☐ 為多少？

$$\boxed{1}\ CH_4 + \boxed{2}\ O_2 \rightarrow \boxed{1}\ CO_2 + \boxed{2}\ H_2O$$

▶ 提示

本題曾考過填空題。

1-237

題幹 一氧化碳與二氧化碳皆為窒息性物質，其中二氧化碳被歸類為單純性之窒息性物質，而一氧化碳則非屬單純性之窒息性物質。請問：
一、何謂單純性之窒息性物質？
二、一氧化碳未被歸類為單純性之窒息性物質之主要原因？

一、所謂 單純性 之 窒息性物質 係指物質本身無毒或毒性小，因大量存在而排擠並降低空氣中氧氣的含量，使人體呼吸氧氣不足而窒息，主要有 氮氣 、氫氣 、甲烷 、乙烯 、二氧化碳 等。

二、一氧化碳 未被歸類為單純性之窒息性物質之主要原因為一氧化碳與血液中的 血紅素 的結合力為氧氣的 200-250 倍；因此，人體一旦吸入一氧化碳便會取代氧氣搶先與血紅素結合，對 血紅蛋白 產生毒害作用，而形成 一氧化碳血紅素 （COHb），降低血紅素帶氧能力，這時體內組織無充足含氧，因而使細胞組織含氧不足而產生窒息；因其機轉為「 化學性窒息 」，故未被歸類為單純性之窒息性物質。

▶提示

本題可以用來考**選擇題**、**是非題**，除了窒息性，另外曾考過：
毒性氣體：一氧化碳、氯氣、氨氣、二氧化硫、硫化氫。
過敏性氣體：二異氰酸甲苯、甲醛。

題幹 油漆工作場所作業，危害物質可能入侵體內的途徑管道有哪些？

有機溶劑如油漆等化學毒性物質入侵人體主要的途徑，包含：

一、呼吸吸入 ：經由空氣，透過呼吸管道進入體內。
二、飲食 ：隨著喝水或食物等方式進入體內。
三、皮膚接觸 ：經由穿透皮膚表皮結構進入體內。
四、眼睛黏膜 ：經由手部碰觸眼睛，透過眼睛黏膜進入體內。
五、注射 ：通常機會不大，但亦有可能發生，如非法注射毒品（藥物）。

▶提示

本題可以用來考**選擇題**、**是非題**。

題幹　局限空間安全作業程序為何？

一、置備 氣體偵測 器。

二、進行 危害確認 。

三、實施 通風換氣 。

四、 設置救援 三腳架。

五、作業中 隨時測定 。

▶提示

本題曾考過排序題。

題幹　氧氣所佔空氣總體積的百分比約為 21 %？

▶提示

本題曾考過選擇題。（給選項 18%、21%、23%、25%）

題幹　氯痤瘡是因暴露於 多氯聯苯 而造成的。

▶提示

本題曾考過選擇題。（其他選項有過氯酸、氯乙烯、氯苯，此題與學科題目一樣）

題幹　GHS 危害圖式代表意義。

一、爆炸性物質

二、加壓氣體

三、易燃物質

四、健康危害性物質

五、腐蝕性物質

六、警告

七、氧化性物質

八、急毒性物質

九、水環境危害

▶提示

本題曾考過連連題、配合題。

職場健康管理概論

題幹 下列選項哪些是造成中風的原因？
心肌梗塞、腦出血、腦梗塞、主動脈剝離、蜘蛛膜下腔出血、腹腔出血、高血壓性腦病變。

腦出血、腦梗塞、蜘蛛膜下腔出血、高血壓性腦病變。

▶ 提示

本題曾考過複選題。

題幹 何謂菸害防制策略 MPOWER？

世界衛生組織（WHO）為有效控制菸害造成的全球性的健康、社會、經濟與環境問題，於西元 2003 年通過、2005 年生效「菸草控制框架公約」（簡稱 FCTC），提供世界各國一份減少菸草供應和需求的基本原則。為進一步協助各締約國進行控菸工作、保護人民健康，WHO 提出 6 項重要且證實可有效降低菸草使用的「MPOWER」控菸政策。

一、**M** onitor tobacco use and prevention policies. 監測菸草使用和預防政策

二、**P** rotect people from tobacco smoke. 保護人們免受菸草菸霧危害

三、**O** ffer help to quit tobacco use. 提供戒菸幫助

四、**W** arn about the dangers of tobacco. 警示菸草危害

五、**E** nforce bans on tobacco advertising, promotion and sponsorship. 禁止菸草廣告、促銷和贊助

六、**R** aise taxes on tobacco. 提高菸稅

▶ 提示

本題曾考過連連看。資料來源：董事基金會-華文戒菸網。

題幹　是否 3 人以上工作場所禁止吸菸？

一、 3人以上共用 之 室內工作場所 ，全面禁止吸菸。

二、 於 孕婦 或 未滿 3 歲兒童 在場之 室內場所 ，禁止吸菸。

▶提示

本題曾考過連連看。

題幹　尼古丁成癮度幾分需戒菸治療？

尼古丁成癮度分數達 4 分（含）以上，或平均每天吸 10 支菸以上者，需戒菸治療。

▶提示

本題曾考過填空題。

題幹　名詞解釋
一、 可吸入性氣膠（inhalable aerosol）。
二、 胸腔性氣膠（thoracic aerosol）。
三、 可呼吸性氣膠（respirable aerosol）。
四、 下圖 a、b、c 曲線分別代表前述哪一類氣膠？

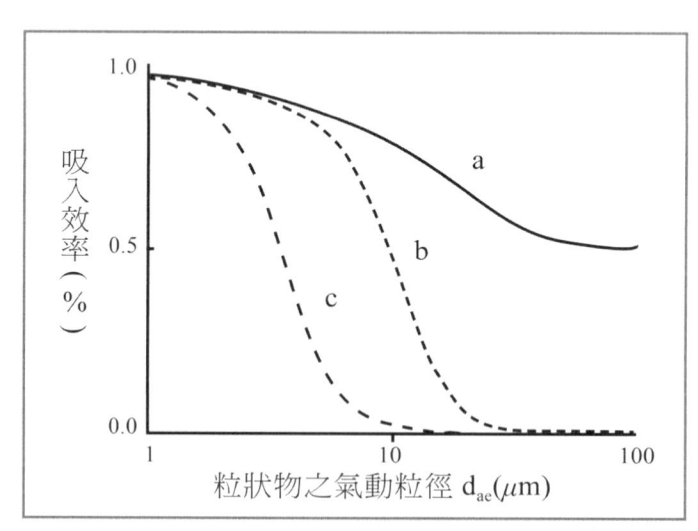

一、 可吸入性氣膠 （inhalable aerosol）：凡是能夠在整體呼吸系統沉積的氣懸膠稱之為可吸入性粉塵，它是指能由 口、鼻 進入呼吸系統的 所有粉塵 。

二、 胸腔性氣膠 （thoracic aerosol）：係指能穿越咽喉區域而進入 人體胸腔 ，即可達 氣管 與 支氣管 及 氣體交換區域 之粒狀污染物。

三、 可呼吸性氣膠 （respirable aerosol）：係指能通過人體氣管而到達氣體交換區域者。其特性為在氣動直徑為 4 μm 大小的粒狀污染物，約有 50% 的粉塵量可達氣體交換區域；氣動直徑為 10 μm 者，僅約有 1% 可到達。

四、 圖中 a、b、c 曲線分別代表如下：

　　a 曲線代表 可吸入性 氣膠。

　　b 曲線代表 胸腔性 氣膠。

　　c 曲線代表 可呼吸性 氣膠。

▶ 提示

本題曾考過 a、b、c 曲線配合題，也可以用來考選擇題、是非題、填空題、連連看。

題幹　請說明健康促進三大方向為何？

一、 健康的 生活型態 。

二、 健康的 人群 。

三、 健康的 場所 。

▶ 提示

本題曾考過選擇題，也可以用來考是非題、配合題。

題幹　請說明何謂健康職場？

根據世界衛生組織（WHO）的定義， 健康職場 即為一個健康的工作場所，經由員工和管理者共同合作並持續改善的過程，以保護和促進所有工作的健康、安全和福祉，並促使工作場所得以永續經營。

良好的健康職場，雇主應主動積極於工作場所中推展 健康促進 活動，使員工的身心靈皆達到最合宜的狀態，使員工有良好的健康資源以及健康行為，包含良好的 飲食 習慣、 運動 習慣，以及良好的 生活作息 等健康行為。

換言之，雇主推動職場的 健康環境 及培養工作者 身心健康 ，才是員工的最佳福利之。

▶ 提示

本題可以用來考是非題、選擇題。

1-243

題幹　請說明何謂三段五級預防？

所謂三段五級預防，源起於 Leavell & Clark（1965）將預防策略分為三段：

一、 初段 預防：第一級為 健康促進 、第二級為 特殊保護 。

二、 次段 預防：第三級為早期發現（ 診斷 ）並且早期治療（ 疾病控制 ）。

三、 三段 預防：第四級限制蔓延（ 殘障 ）、第五級恢復常態（ 復健 ）。

健康促進	特殊保護	早期診斷適當治療	限制殘障	復健
1. 加強衛生教育 2. 提高生活水準 3. 良好的營養補充 4. 正當休閒和適當運動 5. 良好的就業及工作環境 6. 健全個性的發展 7. 改善環境衛生 8. 性教育與婚姻指導 9. 遺傳優生諮詢 10. 婚前健康檢查 11. 訓練壓力管理與良好的心理健康 12. 增加針對銀髮族之身心健康促進活動 13. 加強宣導健康休閒與紓壓的管道和方法	1. 按時接受預防接種 2. 注意個人衛生 3. 利用環境衛生知識 4. 職業傷害的保護 5. 預防意外 6. 提供特殊營養調理 7. 避免接觸致癌物質 8. 慎防接觸過敏原 9. 高危險群的照顧	1. 個人或團體中尋找病例實施篩檢 3. 選擇性檢查。其目的在： (1) 預防和治療疾病的進行 (2) 預防病源傳播 (3) 預防出現合併病 (4) 減少殘障的可能性	1. 完全治療 2. 住院診治 3. 居家照顧及療養 4. 防止病情惡化及限制殘障、死亡	1. 心理、生理及社會適應、發揮最大能力 2. 職能復健 3. 完全就業 4. 長期照顧
第一級預防	第二級預防	第三級預防	第四級預防	第五級預防
初段預防		次段預防	三段預防	
病理前期			病理期	
無症狀期/易感期		臨床病徵期	殘障期/死亡期	

三段與五級預防

▶提示

本題曾考過**配合題**及**選擇題**，也可以用來考是非題。

題幹　請說明健康促進五大行動綱領為何？

一、 建立健康的公共政策 。　　四、 發展個人技巧 。
二、 創造支持性環境 。　　　　五、 調整健康服務方向 。
三、 強化社區行動 。

▶ 提示

本題曾考過選擇題，也可以用來考是非題、配合題。

題幹　職場不法侵害的態樣。

職場不法侵害的態樣可分成 5 種類型：
一、 肢體 不法侵害（如：毆打、抓傷、拳打、腳踢等）。
二、 心理 不法侵害（如：威脅、欺凌、騷擾、辱罵等）。
三、 語言 不法侵害（如：恐嚇、干擾、歧視等）。
四、 性騷擾 （如：不當的性暗示與行為等）。
五、 跟蹤騷擾 。

▶ 提示

本題曾考過填空題。

題幹　下列敘述何者正確？

一、 採光以自然採光為原則，但必要時得使用窗簾或遮光物。
二、 室內作業場所之氣溫在攝氏 10 度以下換氣時，不得使勞工暴露於每秒 0.5 公尺以上之氣流中。
三、 作場所須有充分之光線。但坑內作業之工作場所不在此限。
四、 雇主對於勞工工作場所應使空氣充分流通，必要時以機械通風設備換氣。
五、 雇主對坑內或儲槽內部作業，應設置適當之機械通風設備。但坑內作業場所以自然換氣能充分供應必要之空氣量者，不在此限。

▶ 提示

本題曾考過選擇題。第二點是錯誤的，應為不得使勞工暴露於**每秒 1 公尺**以上之氣流中。

題幹　菸害防制法相關問題。

一、菸品容器最大正面及反面明顯位置處,應以中文標示吸菸有害健康之警示圖文及戒菸相關資訊;其標示不得低於該面積 50 %。

二、未滿 20 歲之人及孕婦,不得吸菸。

三、任何人不得供應菸品、指定菸品必要之組合元件予未滿 20 歲之人。
　　人以上共用之室內工作場所全面禁止吸菸。

四、吸菸區之面積不得大於該場所室外面積 2 分之 1,且不得設於人員往來必經之處。

▶提示

本題曾考過填空題。

題幹　一天至少要刷牙幾次。

一天至少要刷牙 2 次。

▶提示

本題曾考過填空題。

作業環境控制工程

題幹
一、試述說明靜態作業比動態作業易疲勞的原因？
二、作業面過高或過低對勞工有何影響？
三、針對不同工作性質（精密、輕度、粗重工作）其作業面高度如何考量以減少疲勞及增加工作績效？

一、 靜態作業 比動態作業易疲勞的原因：

靜態的肌肉力控制是一種身體部位並無移動現象的運動。在這種控制裡某幾組肌肉相互牽制，以保持身體或肢體的平衡。以手部來說，要把手部維持在某特定位置時，那些控制手部運動的肌肉之間，必須在一種力量平衡的狀態，而不致有任何方向的淨位移。為獲取平衡而在肌肉裡建立的張力或緊張現象，乃須要不斷地施出力氣；因而要保持一種靜態姿勢，事實上要比某些動態姿勢調節更容易 疲勞 。

二、 作業面 過高或過低對勞工的影響：

作業面 太低 時，背部將過度彎曲，時間一久，就會造成 背部 的酸痛；作業面 太高 時，肩膀必須抬高而處於緊張姿勢，以致引起 肩膀 和 頸部 的不適。

三、對不同 工作性質 （精密、輕度、粗重工作）其作業面高度考量：

(一) 精密作業：

眼睛負荷較高，作業面高度設定在 高於手肘 高度 5～15 公分。

(二) 輕度作業：

作業面高度設定低於手肘 10～15 公分。

(三) 粗重作業：

需要較大的施力，作業面高度 低於手肘 高度 15～20 公分。

▶提示

本題可以用來考**選擇題**、**是非題**。

Q 題目

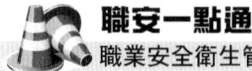

職業安全預防概論

題幹 莫非定律。

所有可能會出錯的事情都會出錯。

▶ 提示

本題曾考過配合題。莫非定律是機率概念，在職場中評估為高風險事件，即應優先改善控制，以避免職災的肇生。

題幹 小花理論。

處於劣勢時能找到最可能堅持的地方改善，時間一久便可能轉成優勢。在一個原來黑色的環境，加入一個白點後，最後影響整個環境都變成了白色。

▶ 提示

本題曾考過配合題。

題幹 破窗理論。

當環境中的某種不良現象發生後，如果沒有馬上進行改善或修復，這種不良現象便可能會逐漸被接受，且逐漸擴大變嚴重。

▶ 提示

本題曾考過配合題。與小花理論為相反概念，破窗理論：一個黑點不注意，最後整個白色的環境都變成了黑的。

題幹 木桶理論。

一個團隊的表現與狀態，是由在事件中能力最低的人決定的。

▶ 提示

本題曾考過配合題。

題幹　冰山理論。

事業單位之事故或職業災害比喻為海上的一座冰山（其上下的體積比為 1：9），露出於海平面上的損失只看到冰山的一角，冰山下的損失比冰山上多了約 4 倍 ，甚至 50 倍以上，故要防止損失，即要全面性對於包括幾乎失誤的事故，予以有效損失控制。

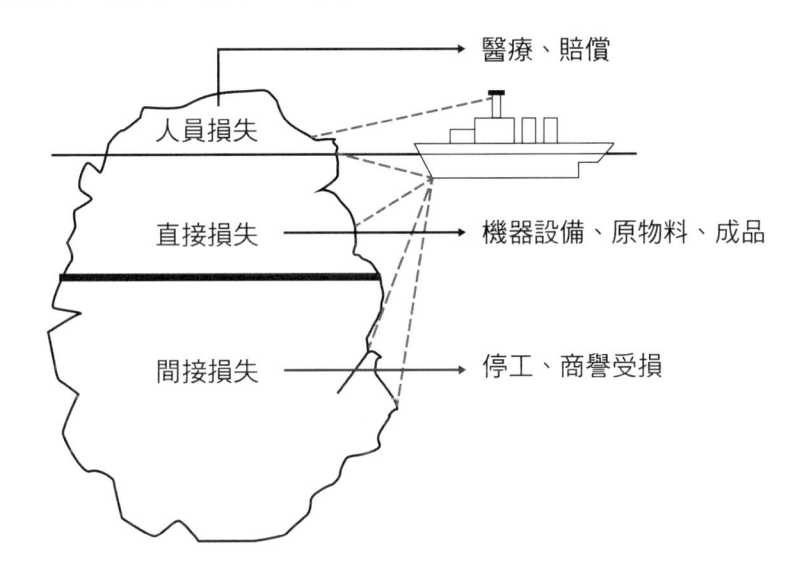

▶提示

本題曾考過配合題。在職場中，冰山理論可運用於虛驚事件的改善，以降低肇生職災的風險。

題幹　乳酪理論。

一個意外事件的發生，只是巧合同時穿過每一道防護措施的漏洞，必須在任一環節加強有效處置，事故就不會發生。

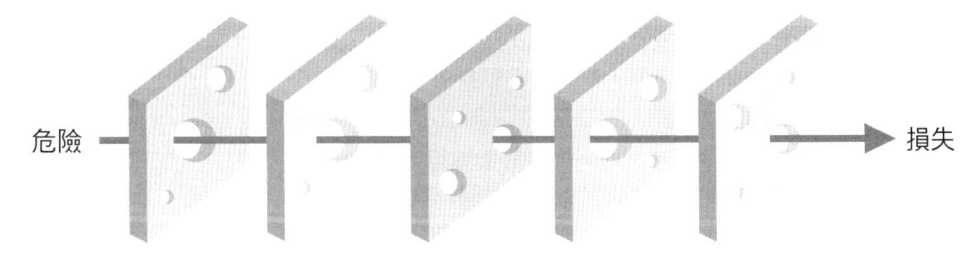

▶提示

本題曾考過配合題。

題幹　浴缸曲線。

浴缸曲線其 x 軸是年資，y 軸是事故發生率，曲線在資淺和資深員工兩端都會上升，其曲線形同浴缸。

說明如下：

資淺人員（新手），因經驗不足或技術不夠純熟，以及未有充足的教育訓練，發生事故的風險較高；而微資深員工歷經教育訓練熟悉度較穩定，發生事故的風險比較低；至於資深的員工（老手）因熟能生巧而忽略謹慎，導致風險遽增易於發生事故。

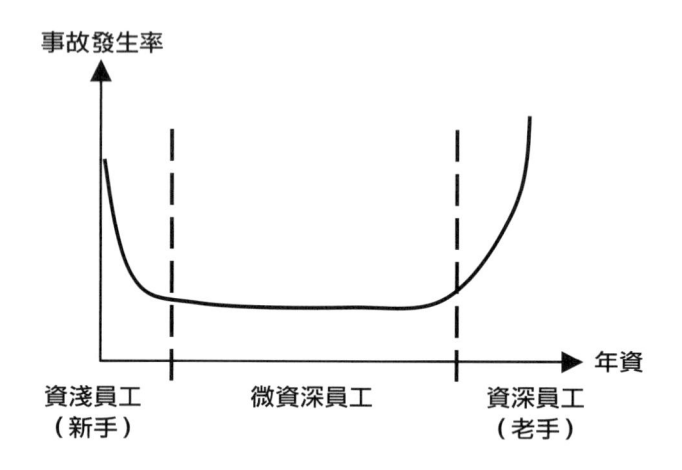

```
事故發生率
 ↑
 |╲                              ╱
 | ╲                            ╱
 |  ╲_____╱
 |                                  → 年資
資淺員工      微資深員工      資深員工
（新手）                      （老手）
```

▶提示

本題曾考過配合題。

題幹　安全行為理論連連看。

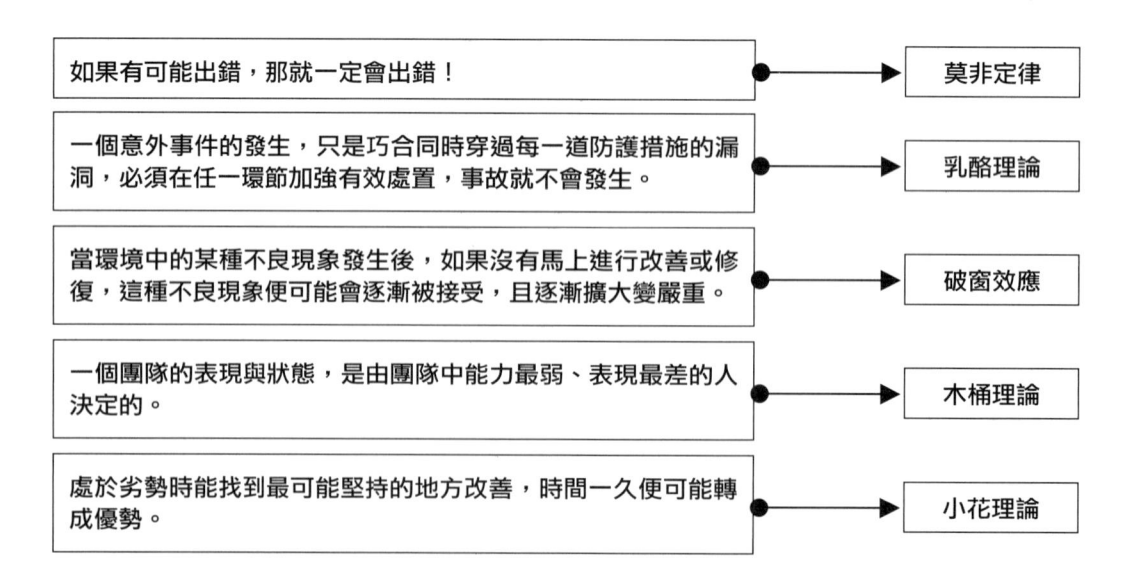

敘述	理論
如果有可能出錯，那就一定會出錯！	莫非定律
一個意外事件的發生，只是巧合同時穿過每一道防護措施的漏洞，必須在任一環節加強有效處置，事故就不會發生。	乳酪理論
當環境中的某種不良現象發生後，如果沒有馬上進行改善或修復，這種不良現象便可能會逐漸被接受，且逐漸擴大變嚴重。	破窗效應
一個團隊的表現與狀態，是由團隊中能力最弱、表現最差的人決定的。	木桶理論
處於劣勢時能找到最可能堅持的地方改善，時間一久便可能轉成優勢。	小花理論

▶提示

本題曾考過連連看。

題幹　1970 年美國損失控制協會發起者博德（Frank.E.Bird）的事故因果連鎖理論模型。

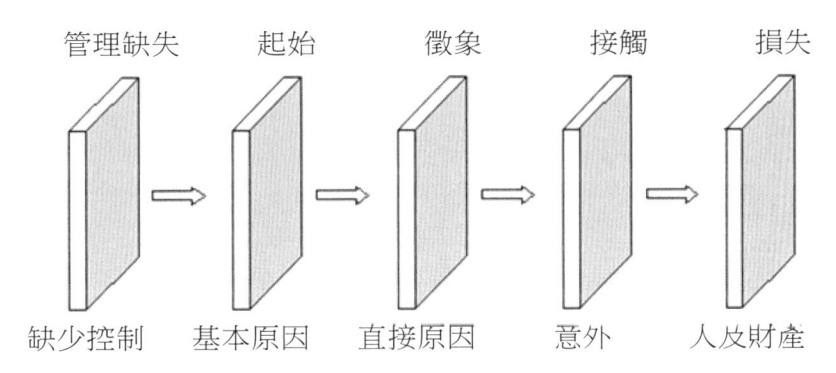

管理缺失　　起始　　徵象　　接觸　　損失

缺少控制　　基本原因　　直接原因　　意外　　人及財產

第一張骨牌：缺少控制　　　　→管理缺失
第二張骨牌：基本原因　　　　→起始
第三張骨牌：直接原因　　　　→徵象
第四張骨牌：意外事故　　　　→接觸能量或有害物質
第五張骨牌：人及財產　　　　→損失

▶提示

本題曾考過配合題。

題幹　如下圖所示，工地之模板工人使用高度約 1.6 公尺之合梯，從事模板組立作業。請列舉 5 項圖示中有違反法規之不安全之狀況或行為。

鋼筋　　開口

1-251

一、雇主對於高度在 2 公尺以上之工作場所 邊緣 及 開口 部分，勞工有遭受墜落危險之虞者，應設有適當強度之 護欄 、 護蓋 等防護措施。【設規§224】

二、雇主對勞工於高差超過 1.5 公尺以上之場所作業時，應設置能使勞工 安全上下 之設備。【設規§228】

三、合梯兩梯腳間有金屬等硬質 繫材扣牢 並應禁止勞工站立於頂板作業。【設規§230】

四、雇主對於工作場所暴露之鋼筋、鋼材、鐵件、鋁件及其他材料等易生職業災害者，應採取 彎曲尖端 、 加蓋 或 加裝護套 等防護設施。【營標§5】

五、雇主對於進入營繕工程工作場所作業人員，應提供適當 安全帽 ，並使其正確戴用。【營標§11-1】

▶提示
本題可以用來考選擇題、是非題、配合題、填空題、連連看。

題幹　如圖所示，某工地有 3 名已確實配戴安全帽及著安全鞋之勞工，配合移動式起重機從事鋼材吊運作業（一樓吊升至二樓板），為作業需要，臨時拆除一側之護欄。請舉出 5 點圖示中明確之不安全之狀況或行為。

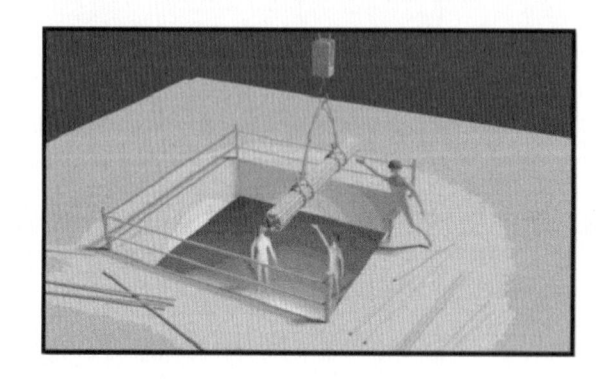

圖示中明確之不安全之狀況或行為如下列：

一、雇主對於起重機具之 吊鉤或吊具 ，未有防止吊舉中所吊物體脫落之裝置。

二、雇主對於起重機具之運轉，未於運轉時採取防止吊掛物通過人員上方及人員進入 吊掛物下方 之設備或措施。

三、距離開口 2 公尺內不得堆放鋼材等物料。

四、當鋼材吊運移動過程中，勞工以手碰觸吊運之鋼材。

五、吊運作業時,未設置 信號指揮 聯絡人員,並規定統一之指揮信號。

六、開口臨時將護欄設備拆除,未採取使勞工使用 安全帶 等防止墜落之措施。

▶提示

本題可以用來考選擇題、是非題、配合題、填空題、連連看。

題幹 **依機械設備器具安全標準規定,說明下圖所示(1)、(2)、(3)堆高機裝置之名稱。**

(1)桅桿、(2)後扶架、(3)貨叉。

▶提示

本題曾考過**配合題**,也可以用來考**選擇題、是非題、填空題、連連看**。

題幹 下列項目 (一) 至 (十)，請列出與右列項目 A 至 J 相關性最大者。

(一)	凍傷	A	X 光
(二)	振動	B	電磁波
(三)	綜合溫度熱指數	C	低溫作業
(四)	異常氣壓	D	白指症
(五)	游離輻射	E	輻射熱
(六)	非游離輻射	F	聽力損失
(七)	噪音	G	空氣溫度
(八)	米燭光	H	照度
(九)	乾球溫度	I	高溫作業
(十)	黑球溫度	J	潛水夫病

(一) C、(二) D、(三) I、(四) J、(五) A、(六) B、(七) F、(八) H、(九) G、(十) E

▶ 提示

本題可以用來考選擇題、是非題、配合題、連連看。

題幹 防止有害物質危害之方法，可從 A.發生源、B.傳播途徑、及 C.暴露者等三處著手，請問下列各方法分屬上述何者？請依序回答。
(一) 設置整體換氣裝置。
(二) 設置局部排氣裝置。
(三) 製程之密閉。
(四) 實施勞工安全衛生教育訓練。
(五) 擴大發生源與接受者之距離。
(六) 以低毒性、低危害性物料取代。
(七) 實施輪班制度，減少暴露時間。
(八) 製程之隔離。
(九) 使用正確有效之個人防護具。
(十) 變更製程方法、作業程序。

(一) B、(二) A、(三) A、(四) C、(五) B、(六) A、(七) C、(八) A、(九) C、(十) A

▶ 提示

本題曾考過複選題及配合題，也可以用來考是非題、連連看。

題幹　勞工衛生之主要工作為危害之認知、評估與控制，請問在危害認知中危害因子一般分為哪幾類？每類各舉例？

一、物理性 危害：高溫濕度 及 低溫 之危害、噪音 危害、振動 危害、採光照明 之影響、游離輻射、非游離輻射、異常氣壓 危害。

二、化學性 危害：特定化學物質、粉塵 危害、有機溶劑 危害、腐蝕性物質、毒性物質。

三、生物性 危害：細菌、黴菌、寄生蟲、人畜共通傳染病、扎針感染。

四、人因工程 危害：座椅、儀表、操作方式、工具等安排不當 導致疲勞、下背痛或其他骨骼傷害，長期負重 所造成之脊椎傷害、高 重複性動作 造成腕道症候群。

五、社會心理性危害：精神與心理疾病。

▶ 提示

本題曾考過選擇題，也可以用來考是非題、配合題、連連看。考職業傷病與職業衛生危害之關係。

題幹　請依下圖判別可能潛在之危害：

墜落、感電、火災爆炸、高溫、物體飛落、中毒（柴(汽)油槽）

▶ 提示

本題可以用來考選擇題、配合題。

題幹　5M1E 分析法造成產品質量波動的原因主要因素為何？

人員、設備、材料、方法、環境、測量。

▶ 提示

此題曾考過配合題。

題幹　勞工作業場所造成職業災害之危害因子的控制方法或對策有哪些？請列舉五種並說明。

一、改善原則：

(一) 發生源之取代：例如以低毒性物質取代高毒性物質。

(二) 製程或設備改變：例如使用密閉系統能有效阻隔有害物之外洩。

(三) 作業管理：例如輪班以減少有害因子之暴露時間。

(四) 防護具：例如耳塞、口罩等有效之個人防護具。

(五) 健康管理：例如體格檢查、健康檢查等之健康管理是保持或增進健康為目的。

二、配合措施：

(一) 職安衛 管理制度：例如設置安全衛生管理人員、訂定職業安全衛生管理計畫等。

(二) 職安衛 教育訓練：例如危害通識教育及一般安全衛生教育等，以使勞工了解與警惕。

另解：

(一) 取代：取代為使用無毒或低毒性物質，來替代高毒性或劇毒物質以消除或減低危害。

(二) 變更（或製程改善）：可利用製程改善或作業之重新設計來消除或減低危害。

(三) 密閉：視實際情況，將污染源予以封閉以消除或減低危害。

(四) 隔離：作業之隔離係指將暴露局限於少數特定的工作人員，但因此方法之效果不如採取密閉有效，故需要配合其他適當的管制措施共同採用，以消除或減低危害。

(五) 抑制：有機溶劑逸散源的抑制，例如加入抑制劑等添加物。

(六) 局部排氣：局部排氣為就高濃度污染物未混合分散於周圍一般空氣中之前，利用吸氣流趁其在高濃度狀況下局部地予以捕集、排除，且於清淨後再排放至大氣。

(七) 整體換氣：利用置換或稀釋之原理，導入大量之新鮮外氣，取代或稀釋作業環境內之污染物，使作業場所整體之污染物濃度降低至容許濃度以下者。

(八) 濕式作業：濕式作業為在粉塵作業區加以適當的灑水，避免粉塵飛揚。

▶ 提示

本題可以用來考選擇題、是非題、配合題、連連看。曾考過 四氯化碳導致勞工頭暈中毒，應採取何種措施 複選題：取代、局部排氣、SDS、容器標示及教育訓練。

題幹　**安全金字塔比例？**

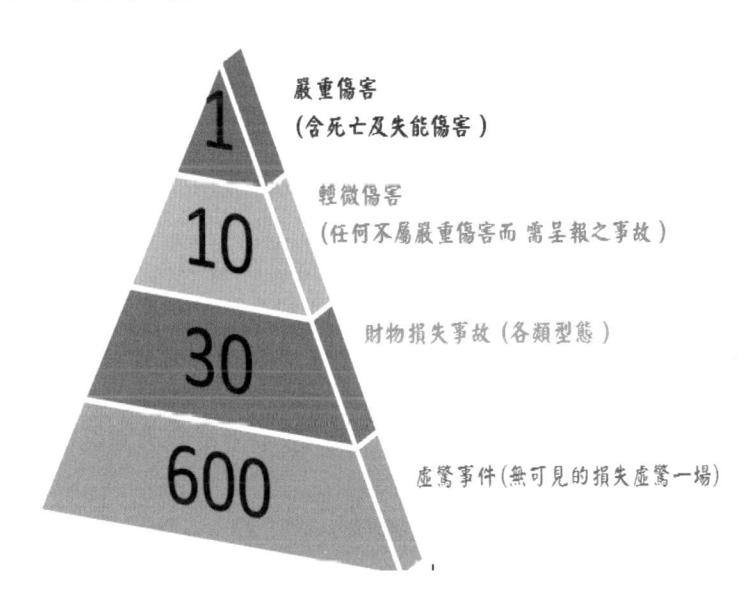

```
1    嚴重傷害（含死亡及失能傷害）
10   輕微傷害（任何不屬嚴重傷害而需呈報之事故）
30   財物損失事故（各類型態）
600  虛驚事件（無可見的損失虛驚一場）
```

▶ 提示

本題可以用來考選擇題、是非題、配合題、填充題。

題幹 1931年韓笠奇（W.H.Heinrich）骨牌理論。

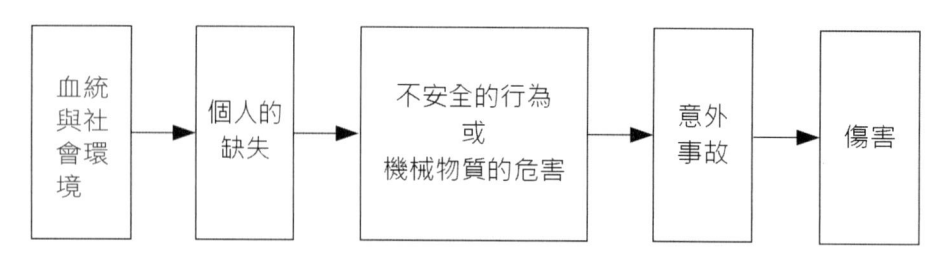

血統與社會環境 → 個人的缺失 → 不安全的行為或機械物質的危害 → 意外事故 → 傷害

Heinrich 的骨牌理論：職業災害發生的原因
資料來源：Heinrich. W. H(1980)

提示

本題曾考過排序題，可以用來考選擇題、是非題、配合題。

Q 題目

機械安全防護

題幹 機械安全防護原則。

一、消除危險：本質安全、自動進退料、專用機。

二、隔離危險：護圍、護蓋。

三、危險預警：光電感應式、近接感應式、壓力感應式。

四、避開危險：拉開式、掃除式。

五、遠離危險：使用夾具、治具或手工具。

六、失效安全：正向設計、壓縮彈簧。

七、避免擴大：緊急遮斷（制動）裝置。

八、避免受傷：防護器具。

九、降低受傷程度：急救、緊急應變措施。

▶ 提示

本題曾考過連連看。

題幹
一、食品工廠批式生產之輸送帶異常，廠務課長派員前往檢查及修理前，評估該員有捲夾之風險，請問在設備面如何控制此風險，以避免發生職業災害？
二、若上述作業必須在輸送帶運轉狀態下修理時，又應如何控制捲夾風險？

一、設備面之控制：

(一) 從事機械之掃除、上油、檢查、修理或調整時，應 停止機械運轉 。

(二) 為 防範誤動 起動裝置，應採 上鎖 或 設置標示 等措施。

(三) 設置防止落下物導致危害勞工之安全設備與措施。

二、 運轉狀態修理之措施：

(一) 如工作必須在運轉狀態下施行者，雇主應於危險之部分設置 護罩 、 護圍 等安全設施。

(二) 使用不致危及勞工身體之 足夠長度 之作業用具。

▶提示

本題可以用來考選擇題、是非題、配合題。

題幹 衝剪機械安全防護不足常造成勞工肢體受傷或失能，下列為衝剪機械常用之安全裝置或設施。

一、 防護式 安全裝置。

二、 雙手操作式 安全裝置。

三、 光電式 （ 感應式 ）安全裝置。

四、 拉開式 安全裝置。

五、 掃除式 安全裝置。

六、 使用 手工具送料、退料 安全裝置。

七、 自動進出料 裝置。

八、 使用 安全模 。

九、 緊急停止 裝置。

▶提示

本題曾考過，可以用來考選擇題、是非題、配合題。

題幹 動力衝剪機械之防護為不使勞工身體之一部分介入滑塊或刃物動作範圍，除可採設置安全護圍防護外，其他可採之安全裝置之種類，及其機能？

一、 連鎖防護式 安全裝置：滑塊等在閉合動作中，能使身體之一部無介入危險界限之虞。

二、 雙手操作式 安全裝置：

(一) 安全一行程式安全裝置：在手指按下起動按鈕、操作控制桿或操作其他控制裝置，脫手後至該手達到危險界限前，能使滑塊等停止動作。

(二) 雙手起動式安全裝置：以雙手作動操作部，於滑塊等閉合動作中，手離開操作部時使手無法達到危險界限。

三、 感應式 安全裝置：滑塊等在閉合動作中，遇身體之一部接近危險界限時，能使滑塊等停止動作。

四、 拉開式 或 掃除安全 裝置：滑塊等在閉合動作中，遇身體之一部介入危險界限時，能隨滑塊等之動作使其脫離危險界限。

▶提示

本題可以用來考選擇題、是非題、配合題、連連看。

題幹 在機械安全的防護方法中，連鎖法的防護具須具備哪三項要點？依使用原理及裝置之形狀各可分為哪些種類？

一、 連鎖法之防護功能，具備 3 項要點：

(一) 在機器 操作 之 前 ，能防護危險的部分。

(二) 除非危險部位 停 下來，否則防護設施永遠 關閉 ，不能打開。

(三) 連鎖裝置一旦 失效 ，機器即 不能 操作。

二、 連鎖法的防護具依使用原理分為 電氣 式、 機械 式、 油壓 或 氣壓 式及 相互組合 式。

三、 連鎖法的防護具依形狀可分為 罩式 、 門式 及 障礙式 等連鎖方式。

▶提示

本題可以用來考選擇題、是非題、配合題。

題幹 依職業安全衛生設施規則規定，下列機械各應分別裝設（置）何種安全防護裝置？
一、離心機械。
二、射出成型機。
三、滾輾橡膠之滾輾機。
四、具有捲入點之滾輾機。
五、棉紡機之高速迴轉部分。

一、 離心機械 ：應裝置 覆蓋 及 連鎖裝置 。

二、 射出成型機 ：應設置 安全門 、 雙手操作式 安全裝置、 感應式 安全裝置或其他安全裝置。

1-261

三、 滾輾橡膠 之滾輾機：應設置於災害發生時，被害者能自己易於操縱之 緊急制動裝置 。

四、 具有捲入點 之滾輾機：應設 護圍 、 導輪 等設備。

五、 棉紡機 之高速迴轉部分：應裝置 護蓋 、 護罩 裝置。

▶提示

本題可以用來考選擇題、是非題、配合題、填空題。

題幹　　安全標示？驗證合格標章？

TD000000　安全標示　　　TC000000-XXX　驗證合格標章

▶提示

本題曾考過連連看、選擇題。（考圖案及字軌）

※秘訣：直立 45 度角正方形→驗證合格標章。

※驗證合格標章是由字軌 TC、指定代碼及發證機構代號組成。

※目前僅有交流電焊機之自動電擊防止裝置符合此規定。

題幹　一、 請問下圖方框部位名稱為何？
　　　二、 該設備之護罩與研磨輪應保持多少距離？

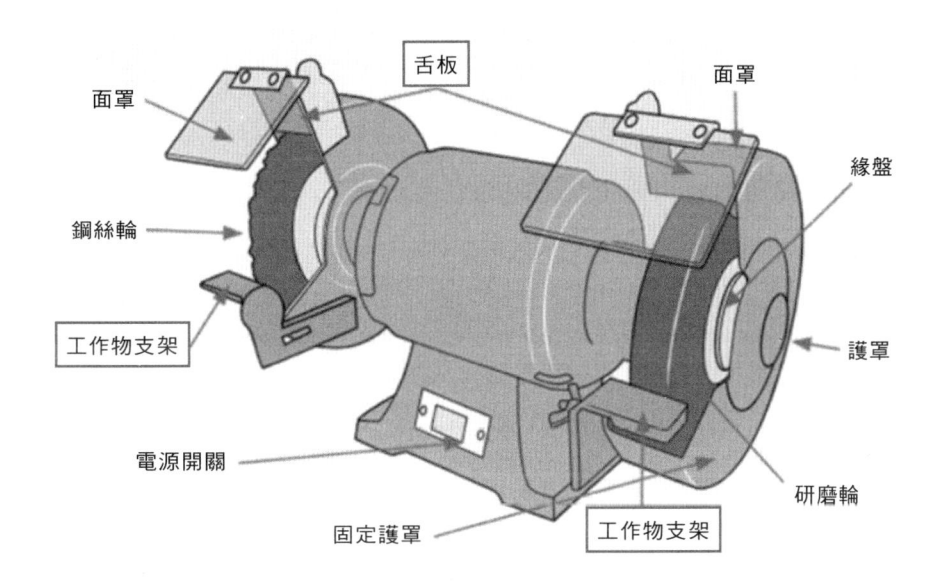

一、 舌板 、 工作物支架 。

二、 舌板應維持研磨輪周邊與護罩間之間隙可調整在 10 mm 以下。

三、 工作物支架與研磨輪間隙應保持在 3 mm 以下。

▶提示

本題適合出填充題、選擇題。

墜落災害防止（含倒塌、崩塌）

題幹 易發生墜落災害的處所。

施工架、高架作業、屋頂邊緣、屋頂支架、石綿瓦 或 採光罩 等輕質屋頂踏穿作業、建築物（或工作面）之開口（升降機、樓梯口、工作井、橋面板…等）、鋼構桁架組拆作業、移動梯、合梯、吊籠、高空工作車、升降設備…等作業。

▶ 提示

本題曾考過選擇題。

題幹 請問勞工從事設有採光罩之屋頂作業時，雇主應提供並確保適當地使用之墜落防護裝置。

對於在採光罩、屋頂及樓板開口周圍作業的勞工，雇主必需提供並確保適當地使用以下墜落防護裝置之一：

一、護蓋 或 踏板。

二、安全網 或 護欄。

三、個人墜落防護系統，包括 背負式安全帶、捲揚式防墜器、母索、聯結器 及適當的 錨錠點。

使用個人墜落防護系統時，雇主必需選定一個適當的錨錠點並告知勞工該位置。當作業現場選擇個人墜落防護系統作為防墜措施時，雇主應訓練勞工適當地使用該系統，訓練項目應包括如何選擇適當的錨錠點。

▶ 提示

本題曾考過，可以用來考選擇題、是非題、配合題。

題幹　為防止高處作業人員發生墜落災害，請問在「人員管理」方面之對策。

一、 挑選適合 高處作業之 勞工 。

二、 限制 身體精神 狀況不佳 勞工從事高處作業。

三、 培養 從事高處作業之 安全態度 。

四、 指派 適當 作業主管人員 ，擔任 指揮監督管理 工作。

五、 對高處作業之勞工施以必要之 安全衛生教育訓練 。

▶提示

本題曾考過，可以用來考選擇題、是非題、配合題。

題幹
一、 如下圖，請問這是何種梯子？
二、 該梯腳與地面之角度應在幾度內？

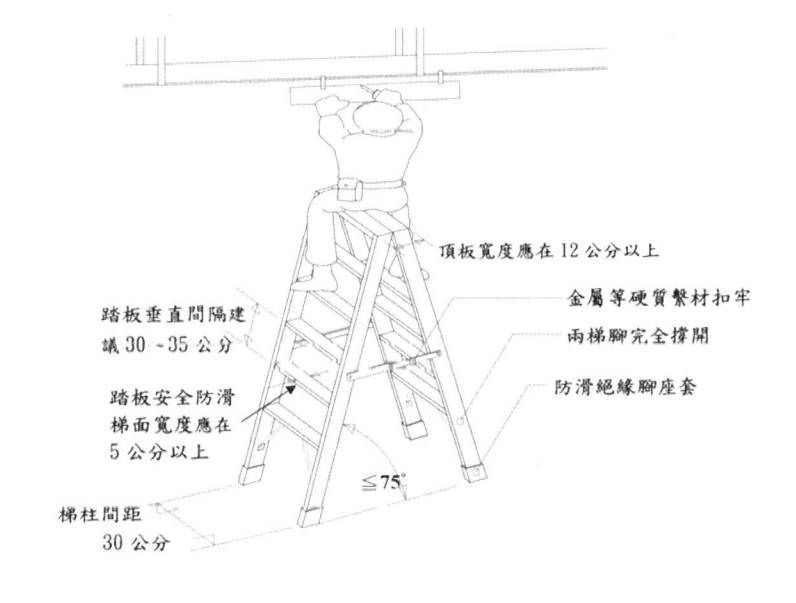

頂板寬度應在 12 公分以上
金屬等硬質繫材扣牢
兩梯腳完全撐開
防滑絕緣腳座套
踏板垂直間隔建議 30～35 公分
踏板安全防滑 梯面寬度應在 5 公分以上
≤75°
梯柱間距 30 公分

一、 合梯 。

二、 75 度 。

▶提示

本題曾考過選擇題。

題幹　一、如下圖，請問這是何種梯子？
　　　　二、該梯子之寬度應在幾公分以上？

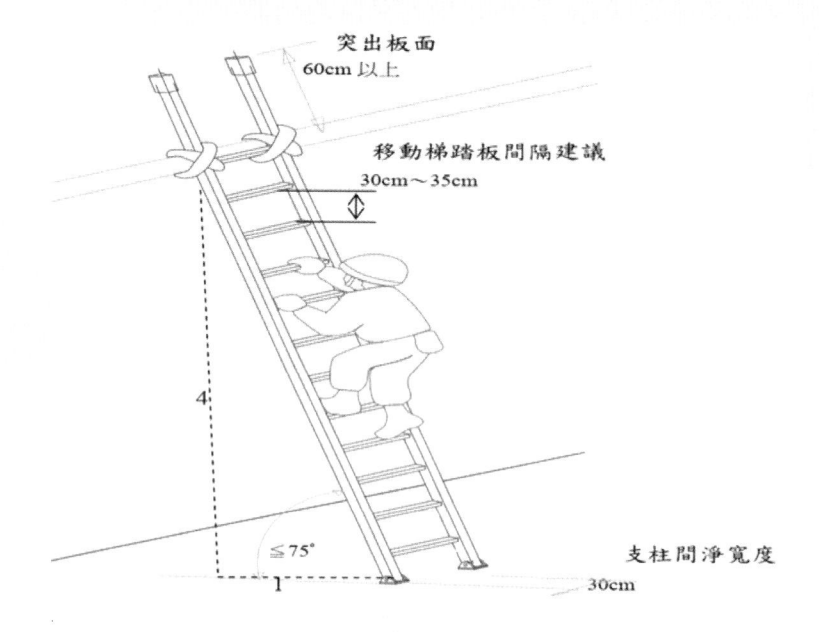

突出板面 60cm 以上

移動梯踏板間隔建議 30cm～35cm

≦75°

支柱間淨寬度 30cm

一、 移動梯 。

二、 30 公分。

▶提示

本題曾考過選擇題。

Q 題目

電氣安全

題幹 電氣接地之種類有哪些？又其接地電阻規定值分別為多少？

接地種類	適用場所	電阻值
特種接地	電業三相四線 多重接地系統供電地區，用戶變壓器的低壓電源系統之接地，或高壓用電設備接地。	10 Ω 以下
第一種接地	電業非接地 系統供電地區，用戶高壓用電設備接地。	25 Ω 以下
第二種接地	電業三相三線 式非接地系統供電地區，用戶變壓器之低壓電源系統接地。	50 Ω 以下
第三種接地	用戶用電設備： 低壓用電 設備之接地。 內線系統之金屬體接地。 變比器（PT、CT）之二次線接地。 支持低壓用電設備之金屬外殼接地。	1. 對地電壓 150 V 以下者：100 Ω 以下。 2. 對地電壓 151 V～300 V 者：50 Ω 以下。 3. 對地電壓 301 V 以上未達 600 V 者：10 Ω 以下。

▶ 提示

本題曾考過填空題。例如：第一種～特種接地所有的電阻值。接地裝置的接地電阻應使用接地電阻測定器量測。

題幹 電路圖如下，經過金屬外殼，人去碰會不會導電，甲、乙、丙三個點接通或斷路，下列選項何者會感電？

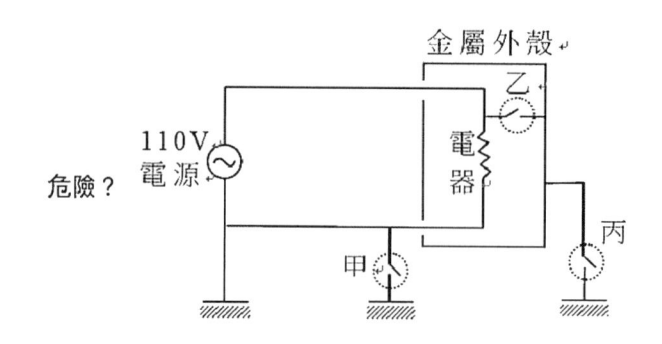

選項	接點甲	接點乙	接點丙
(A)	通路	通路	通路
(B)	斷路	通路	斷路
(C)	斷路	斷路	斷路
(D)	通路	斷路	斷路

選項 B 會感電。

▶ **提示**

本題曾考過是非題、選擇題。B 選項中的接點乙為通路且金屬外殼未接地，故會感電。

題幹 一、請以圖示或文字說明漏電斷路器之防護原理。
二、請以圖示或文字說明自動電擊防止裝置之動作原理。

一、 漏電斷路器 （Ground-Fault Circuit Interrupter）：

一種靈敏的器具，以防止感電為目的。當漏電流至接地的電流足以傷害人員，但卻尚不至起動該系統之過電流保護裝置時，此漏電斷路器即在數分之一秒的時間內作動，使電線或部分電路切斷。亦稱為 感電保護器 。

電器接往電源之兩條線路之電流量在正常時應相同，如下圖中 $I_1=I_2$。

漏電時電流透過故障點傳至人體，並通往大地，該電流為 I_3，亦即 I_1-I_2。

電驛感應 I_1 與 I_2 間有差異，當此差異造成之訊號（或感應電流）之強度足以使電驛發生跳脫動作時，即時讓電源造成斷路而達保護人體之作用。

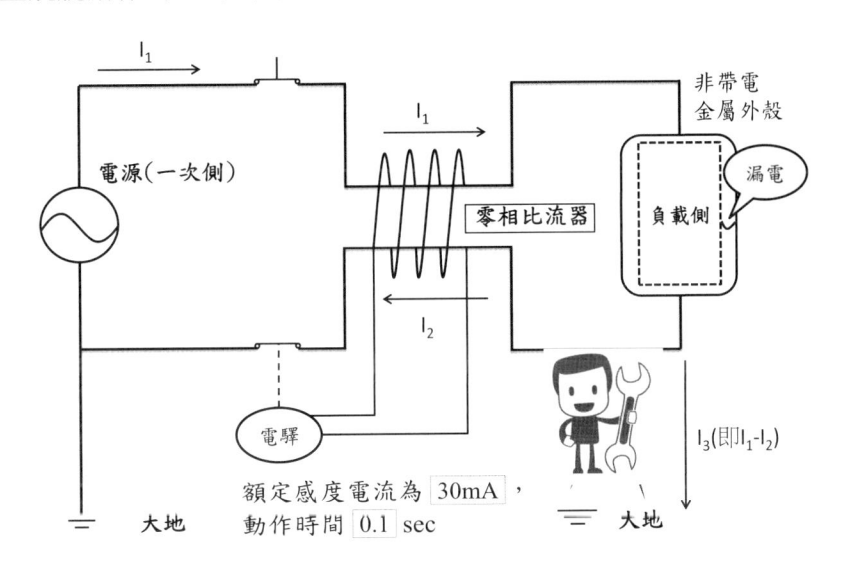

二、 自動電擊防止裝置 ：

原理是利用一輔助變壓器輸出安全低電壓，在沒有進行焊接時取代電焊機變壓器之輸出電壓。偵測是否正進行焊接之工作是由電流或電壓檢測單元，將所獲得之信號送至自動電擊防止裝置之控制電路，再由控制電路決定開關之切換，使電焊機輸出側輸出適量之電壓。

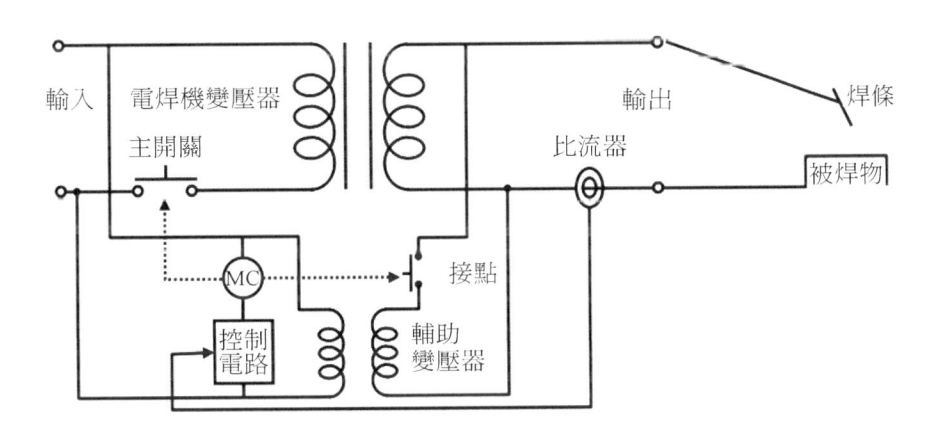

自動電擊防止裝置控制電路，其電壓隨時間之變化曲線，如下圖所示：

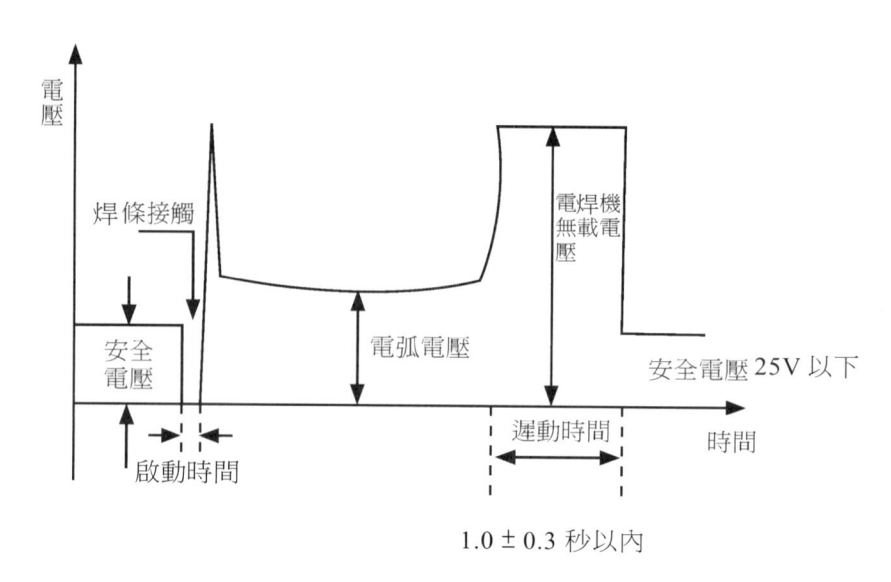

```
電壓
 │           
 │    焊條接觸              電焊機
 │       ↓                 無載電壓
 │      ╱╲    ←—電弧電壓—→  ┌─────┐
 │ ┌──┐╱  ╲_____╱      │   安全電壓25V以下
 │ │安全│                          │
 │ │電壓│                          │
 │ └──┘                    ←遲動時間→
 │  ↑↑                              
 │ 啟動時間                                    時間
                        1.0 ± 0.3 秒以內
```

▶ 提示

本題曾考過自動電擊防止裝置（上圖）各區名稱之連連看及配合題（如電壓、時間等等），也可以用來考選擇題、是非題。

題幹　**依國家標準 CNS 4782，自動電擊防止裝置延遲時間（delay time）（使焊接電源於無負載電壓發生到切換至安全電壓為止之時間）之規定區間為何？**

依據 CNS 4782 交流電弧電焊用自動電擊防止裝置載明裝設電壓指示表，安全電壓不應大於 25V ，延遲時間應在 1.0 ± 0.3 秒 以內。

▶ 提示

本題可以用來考選擇題、是非題、配合題、填空題。

題幹　**漏電斷路器性能要求**

類別	額定靈敏度電流(毫安)		動作時間
高靈敏度型	高速型	5、10、15、30	額定靈敏度電流 0.1 秒以內
	延時型		額定靈敏度電流 0.1 秒以上 2 秒以內
中靈敏度型	高速型	50、100、200、300、500、1,000	額定靈敏度電流 0.1 秒以內
	延時型		額定靈敏度電流 0.1 秒以上 2 秒以內

註：漏電斷路器之最小動作電流，係額定靈敏度電流 50% 以上之電流值。

▶ 提示

本題曾考過填空題。（高速型漏電斷路器在 30 毫安培以下時，動作時間須在 0.1 秒內）

題幹 **請回答靜電危害之相關問題：**
　　　　一、靜電形成之原因（產生的方式）為何？
　　　　二、靜電造成之危害種類？

一、一般物質皆帶有等量的 正負電荷 ，因此在電氣上呈現中性體，但兩種不同物質從接觸狀態分離時，會使一方發生帶正電荷，而另一方帶負電荷，而此分布在物體上並不自由移動的電荷，稱之為 靜電 ，一般靜電產生的方式有 摩擦 帶電、 剝離 帶電、流體噴射 噴出、 液體流動 ，液體 攪拌 帶電、液體內的 沉降 帶電以及 靜電感應 。

二、靜電造成之危害種類如下列：

(一) 靜電電擊 ：靜電放電時，對人體所產生之電擊，使人產生震驚而引起之二次傷害，如墜落。

(二) 火災 及 爆炸 ：靜電放電所產生之火花可能引起易燃氣體、液體或粉塵之起火燃燒爆炸。

(三) 產品品質不良 ：靜電衝擊使電腦錯誤動作，電子零件破損等。

(四) 絕緣設備破壞 ：絕緣輸送管所傳送之液體或電氣絕緣材料所支持之固體在累積電荷後，對地電壓亦會逐漸升高，當電壓到達一定程度後即可能穿透絕緣體進行放電，使絕緣材料發生針孔現象，而引發進一步的災害。

▶ 提示

本題可以用來考選擇題、是非題、配合題。

題幹 **請問電氣危害之主要類型？**

電氣危害之主要類型，簡要說明如下列：

(一) 感電 ：感電分為人體因電擊本身而直接受害，或因電擊的衝擊而產生墜落、跌倒等二次災害及感電所致的熱傷（燒傷）。

(二) 接觸高溫物 ：電氣火花、電弧所致的熱傷等。

(三) 爆炸 ：易燃性氣體或粉塵因電氣火花、電弧、靜電等而著火爆炸，斷路器因啟斷容量不足而爆炸，金屬導線流通大電流（例如短路）時，金屬急激氣化而爆炸（導線爆炸），其他電氣設備本身爆炸。

(四) 火災 ：電氣火花、電弧、電弧熔接的火花、靜電等造成火災、漏電電流等造成火災，爆炸所引起的火災。

(五) 其他：如 雷擊 等。

▶提示

本題可以用來考選擇題、是非題、配合題。

題幹　請問電氣接地之種類及其目的。

一、電氣接地種類概分如下：

(一) 設備接地 ：用電設備非帶電金屬部分之接地。包括金屬管、匯流排槽、電纜之鎧甲、出線匣、開關箱、馬達外殼等。

(二) 內線系統接地 ：屋內線路中被接地線之再行接地。其接地位置通常在接戶開關之電源側與瓦時計之負載側間，可以防止電力公司中性線斷路時電器設備被燒毀，亦能防止雷擊或接地故障時發生異常電壓。

(三) 低壓電源系統接地 ：配電變壓器之二次側低壓線或中性線之接地，目的在穩定線路電壓。

(四) 設備與系統共同接地 ：內線系統接地與設備接地，共用一條地線或同一接地電極。

二、電氣設備接地的主要目的如下：

(一) 防止感電 ：用電設備之帶電部分與外殼間，若因絕緣不良或劣化而使外殼對地間有了電位差，稱為漏電，嚴重漏電時可能使工作人員受到傷害。防止感電的最簡單方法，便是將設備的非帶電金屬外殼實施接地，使外殼的電位接近大地或與大地相等。由於人體的電阻、鞋子電阻及地板電阻的差異，所以能夠承受的電壓隨著人、地而不同，通常人類不致感電死亡的電壓界限約為 24~65 伏特。

(二) 防止電氣設備損壞 ：由於雷擊、開關突波、接地故障及諧振等原因而使線路發生異常電壓，此等異常電壓可能導致電氣設備之絕緣劣化，形成短路而燒毀。但若系統實施接地，則可抑制此類異常電壓。

(三) 提高系統之可靠度 ：若系統實施接地時，可使電壓穩定；另可使接地保護電驛迅速隔離故障電路，讓其他電路能夠繼續正常供電。

(四) 防止靜電感應 ：若電氣設備上累積靜電荷時，可利用接地線引導至大地釋放。

▶ 提示

本題可以用來考選擇題、是非題、配合題。

題幹　根據歷年職業災害資料顯示，電焊作業感電職災主要原因有：勞工碰觸破損之焊接柄夾頭的帶電部分或電焊條而感電；勞工碰觸未有絕緣保護之電源端子、電焊機箱體而感電；電源線路漏電。請問作業前安全措施，以防護電焊作業之感電危害。

一、電焊機具應設接地線並 加裝自動電擊防止裝置 。

二、電焊機一次側（電源線） 裝設漏電斷路器 。

三、電焊焊按柄應具 絕緣性 與 耐熱性 。

四、使用之電纜線應 架高 ，勿隨意放於地面上。

五、下雨時不可進行焊接作業，作業中下雨時應 立即中止 焊接作業。

▶ 提示

本題可以用來考選擇題、是非題、配合題。

題幹　試回答下列問題：
試說明電器設備裝置漏電斷路器之目的為何？及應設置漏電斷路器之場所為何？

一、漏電保護之漏電斷路器以安裝於分路為原則，電器設備裝置漏電斷路器之主要目的是為了 防止感電事故 發生，當電氣設備或線路發生絕緣不良造成漏電情形，漏電斷路器內部之零相比流器檢出洩漏電流，使開關動作而切斷電源。

二、應裝置 漏電斷路器 之用電設備或線路場所如下列：

(一) 建築或工程興建之 臨時用電 設備。

(二) 游泳池、噴水池等場所 水中 及周邊用電器具。

(三) 公共浴室等場所之過濾或 給水 電動機分路。

(四) 灌溉、養魚池及 池塘 等用電設備。

(五) 辦公處所、學校和公共場所之 飲水機 分路。

(六) 住宅、旅館及公共浴室之 電熱水器 及浴室插座分路。

(七) 住宅場所陽台之插座及離廚房水槽外緣 1.8 公尺以內之插座分路。

(八) 住宅、辦公處所、商場之 沉水式 用電器具。

(九) 裝設在金屬桿或 金屬構架 或對地電壓超過 150 伏之路燈、號誌燈、招牌廣告燈。

(十) 人行地下道、陸橋 之用電設備。

(十一) 慶典 牌樓、裝飾彩燈。

(十二) 由屋內引至 屋外 裝設之插座分路及雨線外之用電器具。

(十三) 遊樂場所 之電動遊樂設備分路。

(十四) 非消防用之 電動門 及電動鐵捲門之分路。

(十五) 公共廁所之插座分路。

▶提示

本題曾考過選擇題及配合題，可以用來考選擇題、配合題。

參考資料：用戶用電設備裝置規則第 59 條。

題幹　一、試由靜電發生機制列舉容易產生靜電的製程或作業。
　　　二、試說明防止靜電產生或累積，在採取對策時應注意的一般原則（列舉）。

一、下列製程或作業容易產生 靜電：

(一) 氣體、液體、粉體之 輸送噴出 工程。

(二) 液體之 混合、攪拌、過濾工程。

(三) 固體之 粉碎 工程。

(四) 粉體之 混合、篩濾 工程。

(五) 管路內液體之 流動 工程。

二、靜電產生或累積在採取對策時注意下列原則：

(一) 確實接地（固定設備、移動設備、旋轉體、特殊設備）。

(二) 避免產生 新的靜電危害。

(三) 電荷 有效分離。

(四) 有效 降低 管路內液體 流動速度。

(五) 增加 空氣中之 濕度。

▶ 提示

本題可以用來考選擇題、是非題、配合題。

題幹　**下列何者為漏電斷路器？**

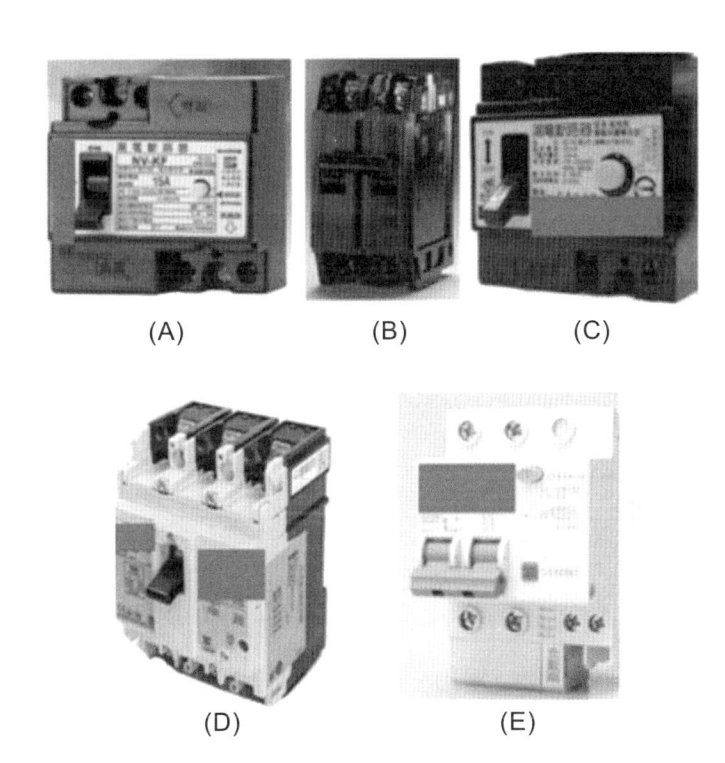

(A)　(B)　(C)

(D)　(E)

A、C、E。

▶ 提示

本題曾考過複選題。簡易判斷有突出測試按鈕者。

題幹　**請問用戶用電最低絕緣電阻及避雷系統之總接地電阻？**

一、用戶用電低壓電路之最低絕緣電阻：

電路電壓		使用絕緣電阻計 絕緣電阻（MΩ）	使用洩漏電流計 洩漏電流毫安（mA）以下
300 伏以下	對地電壓 150 伏以下	0.1	1.0
	對地電壓超過 150 伏	0.2	1.0
超過 300 伏		0.4	1.0

1-275

二、避雷系統之總接地電阻應在 10 Ω以下。

▶提示

本題曾考過填空題。

題幹　電壓，電阻，電容，電感，電流等等的單位。

V=電壓　單位：伏特

R=電阻　單位：歐姆

I=電流　單位：安培

C=電容　單位：法拉

L=電感　單位：亨利

E=能量　單位：焦耳

P=功率　單位：瓦特

Q=電量　單位：庫侖

▶提示

本題曾考過連連看、配合題。

題幹　一般量測電壓及電流之儀器為何？

一、量測 電壓 使用的儀器為： 伏特計 。

二、量測 電流 使用的儀器為： 安培計 。

三、量測 功率 使用的儀器為： 瓦特計 。

四、漏電斷路器依據 零相比流器（$I_1=I_2$） 設備判定斷路，其原理是 高電流變低電流 。

五、比壓器的原理為 高電壓變低電壓 。

▶提示

本題曾考過配合題。

題幹　空壓機（壓縮機）電氣安全需求為何？

一、壓縮機的電氣安裝時，應符合相關電氣安全的規定，安全防護裝置及開關的設計和連接，皆應符合失效安全的需求。

二、壓縮機 電源線路的過電流保護裝置 ，可安裝在壓縮機外部的密閉開關箱內，此時應在安裝說明書內明確的規範使用者必須安裝此過電流保護裝置。

三、 壓縮機應具備電路斷路裝置 ，若製造商無法安裝此裝置時，應於安裝說明書中明確的規範使用者安裝此裝置。

四、接線裝置應穩固並適當的防護，同時應避免與高溫表面接觸，且具備適當的絕緣性。

五、在易燃易爆的環境下使用的壓縮機，應符合防爆的要求。

六、攜帶型和制輪型壓縮機所使用的電池，應穩固的固定並配置更換點，以利於電池的更換。電池的安裝應使得電解液不會噴出，危害操作人員或鄰近的設備，同時電極需具有足夠的絕緣性。除了啟動器和電池充電迴路之外， 電路的安裝應具備過電流保護裝置 。

十、 壓縮機的導體部分都應加以適當的接地 ，以防止靜電累積和放電造成的危害。

▶提示

本題曾考過複選題。

題幹　電氣設備之金屬元件可分為帶電金屬部分及非帶電金屬部分，因此發生感電之原因可分為接觸帶電導體之直接接觸事故及接觸因漏電而帶電之非帶電金屬部分之間接接觸事故，分別如圖 1 及 圖 2 所示。

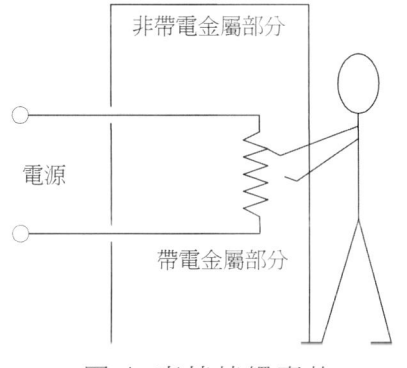

圖 1　直接接觸事故　　　　圖 2　間接接觸事故

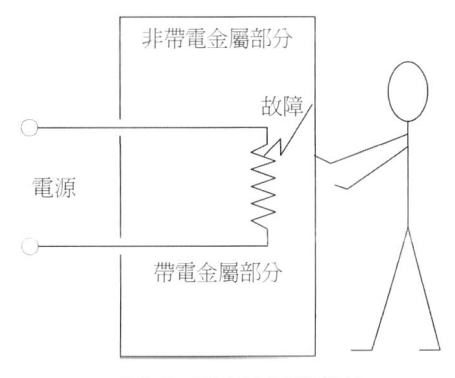

▶ 提示

本題曾考過配合題。

題幹　電壓 240 伏特、接地 150 伏特 因抽水馬達 2 故障而關閉開關，此為開路（斷路）請問：

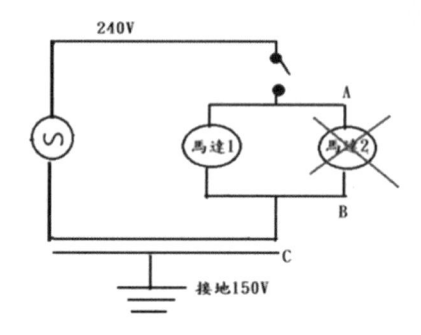

(一) A、B 點測得的電壓為多少？
(二) A、C 點測得的電壓為多少？
(三) B、C 點測得的電壓為多少？

一、 0V

二、 150V

三、 150V

▶ 提示

本題曾考過填空題。

chapter 1　術科題型精選解析

Q 題目

危險性機械、設備管理

題幹　某家金屬加工廠為確保作業安全，欲採購一批已通過型式檢定的動力衝剪機械及研磨輪，請問：
一、何謂型式檢定？
二、請問下圖為什麼標章？

TD00000 代碼

一、 型式檢定：係指為使「職業安全衛生法施行細則」第 12 條所指之機械、設備或器具（ 動力衝剪機械 、 手推刨床 、 木材加工用圓盤鋸 、 動力堆高機 、 研磨機 、 研磨輪 、 防爆電氣設備 、 動力衝剪機械之光電式安全裝置 、 手推刨床之刃部接觸預防裝置 、 木材加工用圓盤鋸之反撥預防裝置及鋸齒接觸預防裝置 及其他經中央主管機關指定者）之產品品質穩定、安全符合標準、安全功能維持等目的，由驗證機構對某一型式之機械、設備或器具等產品，審驗符合 安全標準 之程序。

二、 TS 安全標示。

▶ 提示

本題曾考過安全標示及驗證合格標章代碼連連看及選擇題。也可以用來考是非題、配合題。

題幹　一、機器設備型式認證，製造商宣告其產品符合安全標準，應採取哪些方式佐證，並以網路傳輸相關測試合格文件？
二、中央主管機關或勞動檢查機構，得因哪些事由辦理市場查驗？

一、 機器設備之製造商宣告其產品符合安全標準，得採取下列方式佐證，並以網路傳輸相關測試合格文件，並自行妥為保存備查：

(一) 委託經中央主管機關認可之檢定機構實施 型式檢定合格 。

(二) 委託經國內外認證組織認證之產品 驗證機構審驗合格 。

(三) 製造者 完成自主檢測及產品製程一致性查核 ，確認符合安全標準。

二、 中央主管機關或勞動檢查機構得因下列事由之一者，辦理市場查驗：

(一) 檢舉人、工作者或勞工團體反映。

(二) 產品發生災害事故，致有損害工作者生命、身體、健康或財產之虞。

(三) 依據其他資訊來源認有查驗之必要。

▶提示

本題可以用來考選擇題、是非題、配合題。

題幹　請問交流電焊機之自動電擊防止裝置須通過什麼標章？

交流電焊機用自動電擊防止裝置於 107 年 7 月 1 日起須經型式驗證合格，並張貼 驗證合格標章 。

TC000000-XXX
（代碼+機構代號）

▶提示

本題可以用來考是非題、配合題。
曾考過安全標示及驗證合格標章代碼連連看及選擇題。
驗證合格標章是由字軌 TC、指定代碼及發證機構代號組成。
目前僅有交流電焊機之自動電擊防止裝置符合此規定。

題幹　機械或設備取得驗證合格標章的流程順序試排列之？

一、 取得安全標準文件 。

二、 檢驗證明文件上網登錄 。

三、 取得登錄資料 。

四、製作驗證合格標章。
五、貼在機械或設備。

▶提示
本題曾考過排序題，也可以用來考選擇題、配合題。

題幹　**請問移動式起重機有哪些安全裝置？**

一、過捲預防裝置。　　　　　　　　二、過捲警報裝置。
三、過負荷防止裝置。　　　　　　　四、油壓安全閥 或 逆止閥。
五、吊鉤防止脫落裝置（防滑舌片）。　六、走行警報裝置。
七、電鈴警報器、方向指示燈 與 倒車蜂鳴器。　八、伸臂傾斜角指示裝置。
九、二系統獨立作用之 制動裝置。　　十、捲揚安全裝置。

▶提示
本題可以用來考選擇題、是非題、配合題、連連看。

題幹　**請問危險性機械之移動式起重機的災害種類有哪些？又其對應之災害原因為何？**

移動式起重機災害類型方面，依序主要集中於物體飛落、墜落、起重機翻覆、被夾、被撞及感電等 6 種災害類型；其對應之災害原因說明如下：

一、物體飛落：物體飛落為移動式起重機相關重大職災中發生頻率最高的災害類型，包括吊具或鋼索強度不足、吊掛不當、吊鉤無防止脫落裝置、未採取防止吊掛物通過人員上方及人員進入吊掛物下方之設備或措施、過捲揚預防裝置失效或旋轉不當等，都易造成物體飛落意外事故。

二、人員墜落：發生原因包括勞工在高處作業時未設工作台，而以移動式起重機吊升勞工作業，且未佩帶安全索或安全帶，因勞工重心不穩而墜落居多。

三、起重機翻覆：發生原因包括起重機作業時，因吊升超過額定荷重、旋轉不當或地面不平、地面濕滑鬆軟等原因，造成起重機翻覆事故。

四、被夾：發生原因包括人員誤入起重機上部旋轉體之作業區、堆積物堆疊不當等造成倒塌或在起重機尚未停止運作時，保養維修起重機，而造成人員被夾致災。

1-281

五、被撞：發生原因包括人員擅自進入起重機作業區域、未妥善規劃作業區域及路線、作業區內未禁止無關人員進入或未指定作業監督人員，而導致人員受到起重機撞擊的事故；另吊掛不當或操作不慎亦為造成人員受到懸吊物體撞擊的主因之一。

六、感電：發生原因包括起重機在運作時，因伸臂、鋼索或吊掛物與帶電體之距離保持不當，導致碰觸高壓電路線，造成人員感電災害。

▶提示

本題可以用來考選擇題、是非題、配合題。

題幹　為避免機械災害之發生，機械應有妥善之防護，請問機械防護之十大基本原理？

一、一般性原理：設定之安全裝置非有關人員不得進入，有關作業人員必須有特別防護措施，方可進入。

二、非依存性原理：作業過程中之安全措施操作及控制，不應依存於作業人員的注意力及不懈精神。

三、機械化原理：應用機械化或自動化，能減少災害發生。

四、經濟性原理：安全裝置不可阻礙工作或增加工時。

五、關閉原理：危險區域或危險時間，應予閉鎖，非有關人員不得進入。

六、保證原理：高信賴度，效能維持長久。

七、全體性原理：一次安全裝置後，不得引起相關危害。

八、複合原理：在搬運、組合、拆卸、保養、修護間也應同時考慮安全。

九、減輕原理：不可因採取安全措施使作業者之勞動量超過生理正常負荷。

十、結合原理：將機械起動裝置與安全裝置強制結合，安全裝置發生效用後，機械始可動作。

▶提示

本題可以用來考選擇題、是非題、配合題。

題幹　鋼索一撚間距（給五個圖選一個）

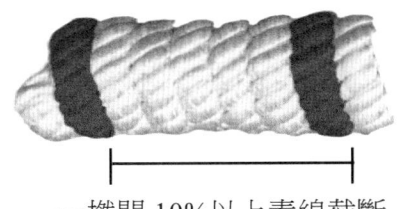

一撚間 10%以上素線截斷

▶提示

本題曾考過選擇題。（鋼索規格有 4 股、5 股、6 股、7 股、8 股、10 股等，一般吊掛用鋼索為 6 股）

題幹　鋼索直徑與斷裂荷重的關係。

$$鋼索斷裂荷重(T) = \frac{(鋼索直徑 mm)^2}{20}$$

鋼索直徑(mm)	6	7	8	9	10	11	12
斷裂荷重(T)	1.80	2.45	3.20	4.05	5.00	6.05	7.20

▶提示

本題曾考過。

題幹　荷重 2 噸，以 2 條吊掛鋼索吊舉時，吊舉角度對於吊掛鋼索及吊重物之影響。

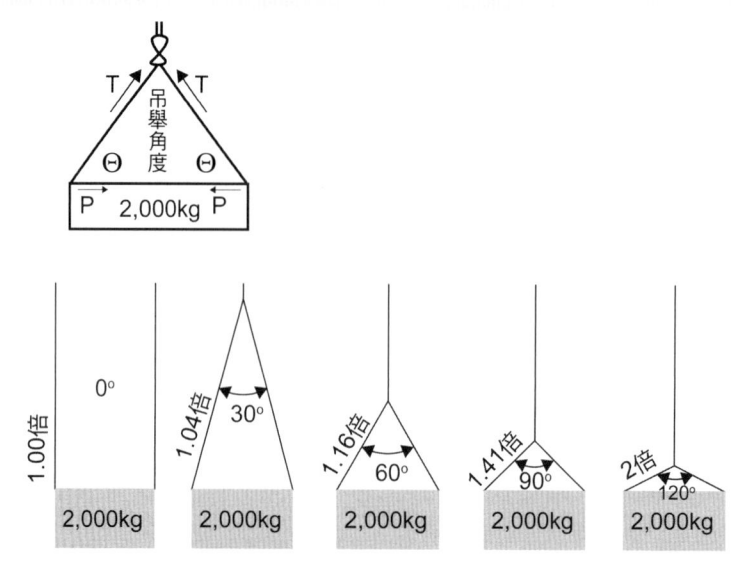

吊舉角度	張力 T ※張力 T 的倍數＝1/sinΘ	吊掛鋼索與吊重物角度Θ
0°	1.00 倍	90°
30°	1.04 倍	75°
60°	1.16 倍	60°
90°	1.41 倍	45°
120°	2.00 倍	30°

鋼索的張力大小，隨著吊舉角度而變，若吊舉角度愈大則鋼索之張力也愈大，當吊舉角度為 120º 時，鋼索之張力將為垂直索張力之 2 倍。（張力 T 的倍數＝1/sin30º＝1/0.5＝2）

▶提示

本題曾考過。

題幹 移動式起重機類型。

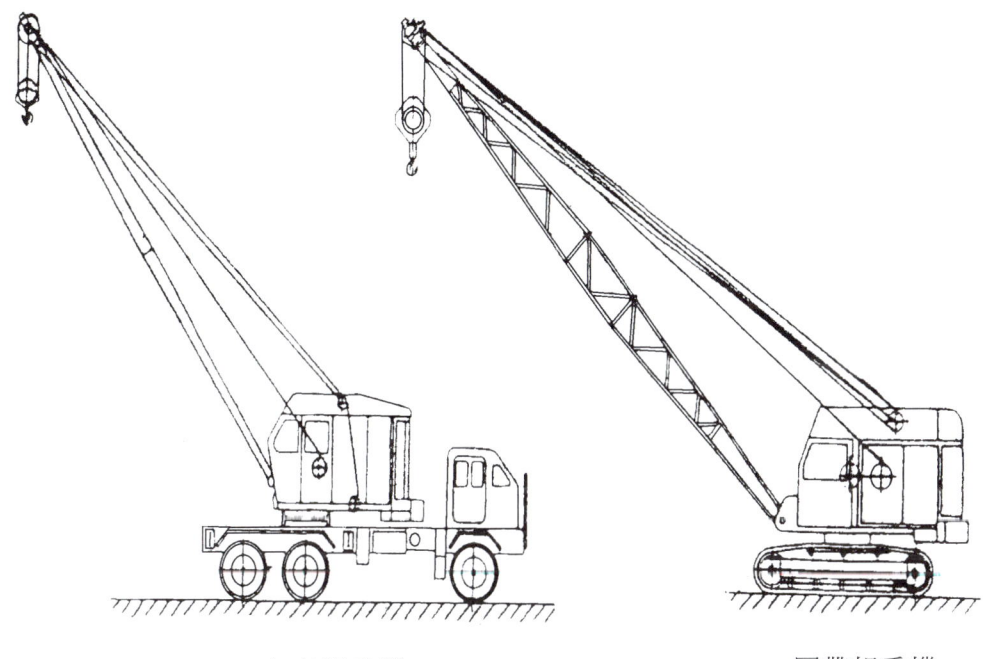

卡車起重機

履帶起重機

直臂式積載型卡車起重機

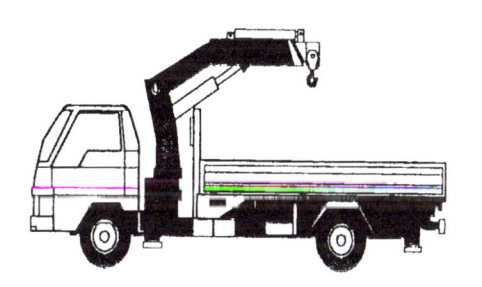

曲臂式積載型卡車起重機

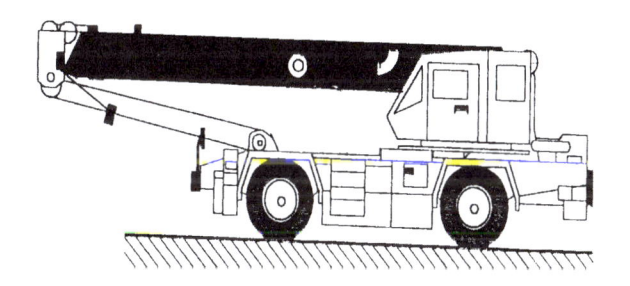

輪型起重機

▶ 提示

本題曾考過「固定式起重機」與「移動式起重機」選擇題,也可以用來考配合題或是非題。
資料來源:危險性機械設備問答集、行政院勞工委員會 編印。

題幹　固定式起重機類型。

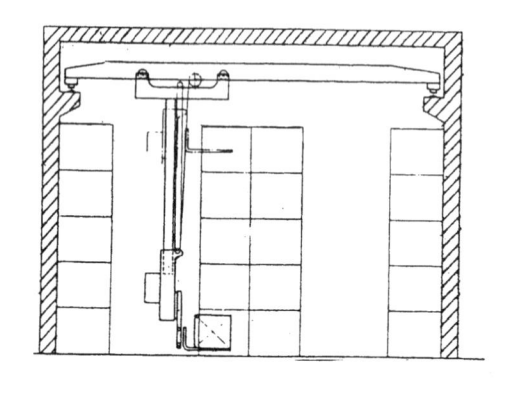

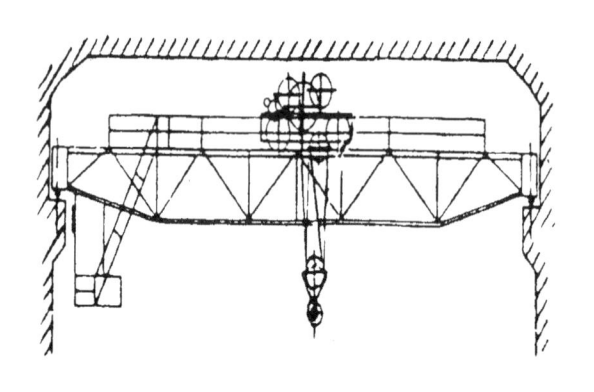

斯達卡式起重機　　　　　　　　吊運車架空式起重機

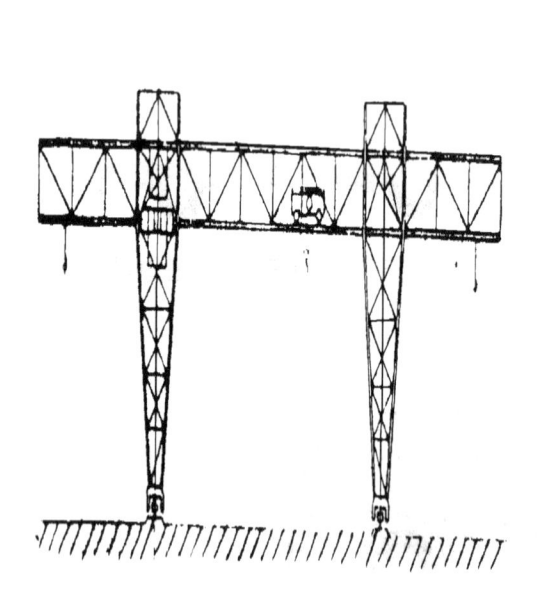

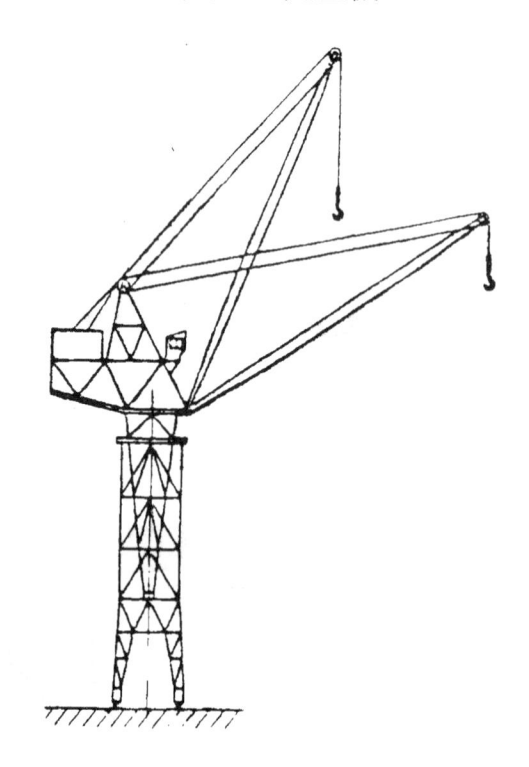

橋型起重機　　　　　　　　塔型起重機

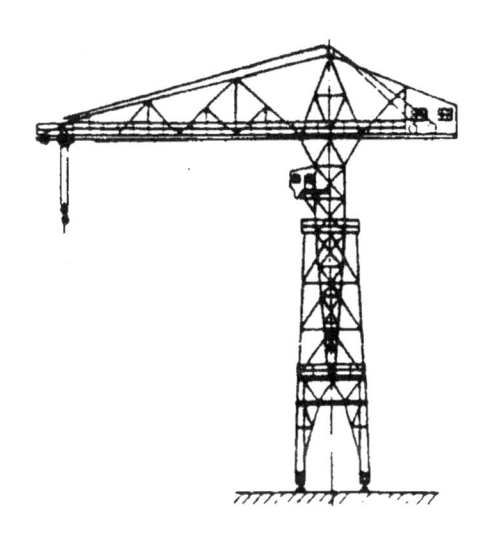

chapter 1　術科題型精選解析

錘頭式起重機 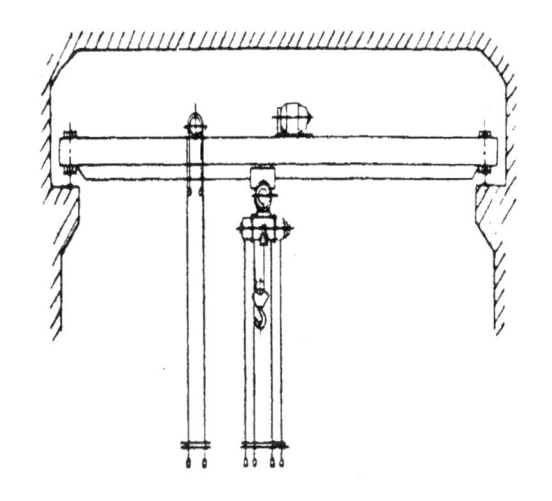　　　　　　　　吊車架空式起重機

▶提示

本題曾考過「固定式起重機」與「移動式起重機」選擇題，也可以用來考配合題或是非題。
資料來源：危險性機械設備問答集、行政院勞工委員會 編印。

題幹　如下圖，在台北港之貨櫃其吊掛作業 3T 以上起重機屬於何種起重機？當完成安裝後應向何處勞動檢查機構申請檢查？

固定式起重機、職安署北區職業安全衛生中心。

台北港雖為新北市勞動檢查處轄區，但是因危險性機械及設備並未由勞動部授權，故此處危險性機械之檢查勤務仍由職安署北區職業安全衛生中心負責。

1-287

一般港口貨櫃吊掛作業使用橋型（式）起重機，屬於固定式起重機的一種。固定式起重機有七大類型，包含：架空、伸臂、橋型、卸載、纜索、貨櫃、單軌（架空）等。

▶ 提示

本題曾考過填充題、選擇題。

題幹 某一生技公司有一座高溫蒸氣殺菌爐，依該設備銘牌規格為內徑 500 毫米；直徑 1,000 毫米；最高使用壓力 1.5 公斤/平方公分規格，試問

一、屬於哪一種設備？【A】蒸氣鍋爐【B】高壓氣體設備【C】高壓氣體【D】小型鍋爐。

二、該設備操作人員需要接受哪種教育訓練結訓後，取得操作人員資格方可操作？

一、【A】蒸氣鍋爐。

二、使用壓力大於 1 大氣壓者屬於 危險性設備 。

▶ 提示

本題曾考過選擇題。

題幹 請說明自動檢查表中 (A)、(B)、(C)、(D)、(E) 之名稱：

××××自動檢查表

(A) 檢查項目	(B) 檢查重點	(C) 檢查方法	(D) 檢查結果	(E) 改善措施
1				
2				

▶ 提示

本題曾考過配合題。

火災爆炸防止

題幹 危險區域劃分爆炸性環境出現之區域，或爆炸性環境預期出現之量會使得在電機設備之構造、安裝及使用上，需要特別預防措施之區域。

危險區域依其爆炸性氣體環境發生之頻率和期間分成：0區、1區 及 2區。

危險區域	敘述
Zone 0（氣體）	爆炸性氣體環境連續性或長期存在之場所。
Zone 1（氣體）	爆炸性氣體環境在正常操作下可能存在之場所。
Zone 2（氣體）	爆炸性氣體環境在正常操作下不太可能發生，如果發生亦只偶爾且只存在短期間之場所。

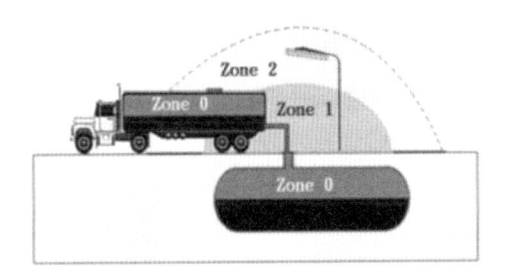

▶提示

本題曾考過填空題。

題幹 危險區域依其爆炸性粉塵環境發生之頻率和期間分成？

一、20區。

二、21區。

三、22區。

危險區域	敘述
Zone 20（粉塵）	在空氣中之可燃性粉塵雲形成之爆炸性環境，連續存在、長時間存在或經常存在之場所。
Zone 21（粉塵）	在空氣中之可燃性粉塵雲形成之爆炸性環境，在正常作業下，有時可能存在之場所。
Zone 22（粉塵）	在空氣中之可燃性粉塵雲形成之爆炸性環境，在正常作業下，不可能存在，縱使存在亦僅存在短期間之場所。

▶提示

本題曾考過填空題。

▶題幹

防爆電氣設備其性能、構造、試驗、標示及危險區域劃分等，應符合國家標準 CNS 3376（或 CNS 15591）系列、國際標準 IEC 60079（或 IEC 61241）系列或與其同等之標準規定；當國家標準系列與國際標準系列有不一致者，以國際標準系列規定為準。

請問 CNS 標準之 CNS 3376-1 其保護型式為何？

環境	保護型式	CNS標準	對應IEC標準
氣體環境	設備 一般要求	CNS 3376-0/C 1038-0	IEC 60079-0
	耐壓防爆外殼 "d"	CNS 3376-1/C 1038-1	IEC 60079-1
	正壓外殼 "p"	CNS 3376-2/C 1038-2	IEC 60079-2
	填粉 "q"	CNS 3376-5/C 1038-5	IEC 60079-5
	油浸 "o"	CNS 3376-6/ C1038-6	IEC 60079-6
	增加安全 "e"	CNS 3376-7/C 1038-7	IEC 60079-7
	本質安全 "i"	CNS 3376-11/C 1038-11	IEC 60079-11
	保護型式 "n"	CNS 3376-15/C 1038-15	IEC 60079-15
	模鑄防爆 "m"	CNS 3376-18/C 1038-18	IEC 60079-18
粉塵環境	一般規定(粉塵)	CNS 15591-0/C 4528-0	IEC 61241-0
	外殼保護 "tD"	CNS 15591-1/C 4528-1	IEC 61241-1
	外殼保護 "t"	–	IEC 60079-31
	保護型式 "pD"	CNS 15591-4/C 4528-4	IEC 61241-4

CNS 3376 標準 CNS 3376-1 其保護型式為 耐壓防爆外殼 "d"。

▶提示

本題曾考過連連看。

題幹 火災爆炸危險區域劃分使用之電氣機械、器具或設備,應具有防爆性能構造,請問電氣設備防爆構造種類?

防爆電氣構造之種類說明如下:

一、 耐壓 防爆構造【代號 d 】-當在容器內發生爆炸時, 能耐其壓力 且 不會產生形變 ,而火焰無法穿透,故不會引起外部可燃性氣體爆炸燃燒。

二、 油浸 防爆構造【代號 o 】-器殼內填入 高燃絕緣油 ,除可有效 散熱 避免熱表面之形成外,亦能 避免 可燃物與能量直接 接觸 而發生危險。

三、 正壓 防爆構造【代號 p 】-全密構造,導入一較高壓氣體(惰性 氣體)或充入新鮮空氣(或 不燃 氣體),以 避免 外氣溢入而形成 可燃 之環境。

四、 增加安全 防爆構造【代號 e 】-僅做 氣密結構 ,無耐壓能力;只能裝置正常下不會發生危險之作業場所。

五、 本質安全 防爆構造【代號 i 】-在正常或異常狀況下,其所產生之 能量 都不會令周圍的危險氣體發生爆炸。如電路、低能量電氣等設計,控制其輸出、入的能量在 不足以引爆 H_2 以下。

六、 填粉 防爆構造【代號 q 】-殼內充填物質(如 細砂),除可 避免 可燃物與能量直接 接觸 以及阻絕熱量之傳導而發生危險以達防爆目的。

七、 模鑄 防爆構造【代號 m 】-將能以火花或熱引燃周圍爆炸性環境的零件封閉於 複合物 內,使得在操作或安裝條件下 不會產生火花 及 過熱 現象,以達防爆目的。

八、 特殊 防爆構造【代號 s 】 除前面所述之種類外,配合 特殊電氣 組合或控制方式,而能防止外部氣體燃燒,並經試驗確認無誤者。

九、 保護 型式防護構造【代號 n 】-指一種保護型式,在正常運轉下,無法引燃周遭爆炸性氣體及降低因故障導致引燃之機率。

十、 粉塵正壓 保護【代號 pD 】-指一種保護型式,內部具有保護氣體壓力超過其外部環境,以防止可燃性粉塵或可燃性纖維、飛絮及空氣之混合氣侵入封閉體者。

十一、 粉塵封閉體 保護【代號 tD 】-指用於爆炸性粉塵環境之一種保護型式,具有防止粉塵進入及限制表面溫度之封閉箱體。

▶提示

本題曾考過配合題、**連連看**,也可以用來考**選擇題**、**是非題**。請問設置 EX d 之防爆電氣能適用哪一種危險場所?【1區】及【2區】。每個代碼代表的意義連連看。

題幹 國際上各系統對於防爆設備溫度等級分類對照表如下：

溫度範圍（°C）	日本	美國（NEC 500）（最高表面溫度）		國際電工委員會（IEC）
超過 450 者	G1	T1	450	-
超過 300，450 以下	G2	T2	300	T1
		T2A	280	
		T2B	260	
		T2C	230	
		T2D	215	
超過 200，300 以下	G3	T3	200	T2
		T3A	180	
		T3B	165	
		T3C	160	
超過 135，200 以下	G4	T4	135	T3
		T4A	120	
超過 100，135 以下	G5	T5	100	T4
超過 85，100 以下	G6	T6	85	T5
85 以下	-	-	-	T6

請問防爆溫度範圍在 300~450 °C，其 IEC 在溫度分類的代號為何？

溫度 300~450 °C，其 IEC 溫度分類的代號為 T1。

▶ 提示

本題曾考過配合題。

題幹 防爆電氣設備檢定合格標示。

❶ 防爆代號
❷ 保護型式
❸ 設備群組
❹ 設備適用溫度等級
❺ 設備保護位準（EPL）

防爆燈
型式：ABC-001
防爆規格：Ex d IIB T4 Gb
　　　　　　❶ ❷ ❸ ❹ ❺
序號：
製造日期：

圖示 ─ 安全標示
識別號碼
型式檢定合格字號

TD000000
(ITRI)2018第07-00000X號

1-292

▶ 提示

本題曾考過配合題。

▌題幹　請問火災之四種滅火原理或方法？

滅火原理

一、 隔離法 ：將燃燒中的物質移開或斷絕其供應，使受熱面積減少，以削弱火勢或阻止延燒以達滅火的目的。

二、 冷卻法 ：將燃燒物冷卻，使其熱能減低，亦能使火自然熄滅。

三、 窒息法 ：使燃燒中的氧氣含量減少，可以達到窒息火災的效果。

四、 抑制法 ：在連鎖反應中的游離基，可用化學乾粉或鹵化碳氫化合物除去。

▶ 提示

本題可以用來考選擇題、是非題、配合題。

▌題幹　火災或爆炸越小越危險的因素有哪些？

一、 燃燒下限 （爆炸下限）值。

二、 閃火點 。

三、 著火點 。

四、 沸點 。

五、 比熱 。

六、 最小著火能量 。

七、 導電性 。

▶ 提示

本題曾考過配合題、是非題，也可以用來考選擇題。（導電性越小越容易產生靜電）

1-293

題幹 火災或爆炸越大越危險的因素有哪些？

一、 燃燒範圍（爆炸範圍）。

二、 蒸氣壓。

三、 燃燒速度。

四、 燃燒熱。

五、 火焰 傳播速度。

六、 危險度。

▶提示

本題曾考過配合題、是非題，也可以用來考選擇題。（蒸氣壓越大越容易揮發）

題幹 丁二烯的熔點、閃火點、沸點、自燃溫度排大小順序。

一、 經查丁二烯安全資料表（SDS）：

　　(一) 熔點：-108.9ºC。

　　(二) 閃火點：-76ºC（液態）。

　　(三) 沸點：-4.5ºC。

　　(四) 自燃溫度：420ºC。

二、 自燃溫度＞沸點＞閃火點＞熔點。

三、 大於常溫的溫度有 1 個（自燃溫度）。

▶提示

本題曾考過排序題。

題幹 乙醚、丙酮、乙醇、煤油，閃火點由低至高的排序。

乙醚 (-45 ºC) ＜ 丙酮 (-20 ºC) ＜ 乙醇 (13 ºC) ＜ 煤油 (＞38 ºC)

▶提示

本題曾考過排序題。

題幹　著火點、發火點、閃火點，溫度由低到高排順序。

閃火點 < 著火點 < 發火點。

▶提示

本題曾考過排序題。

題幹　各類滅火藥劑對火災類別的適用性為何？

下表火災分類、燃燒四面體、滅火方法及常用滅火設備分別橫向表列，並非縱向對應適用：

火災分類	A 類	B 類	C 類	D 類
	普通火災	油類火災	電氣火災	金屬火災
燃燒四面體	燃料	氧氣	熱能	連鎖反應
滅火方法	隔離	窒息	冷卻	抑制
常用滅火設備	水霧	泡沫	二氧化碳	乾粉

依上述四類火災，其滅火藥劑之適用性如下：

類別	A 類 火災	B 類 火災	C 類 火災	D 類 火災
ABC 乾粉	可	可	可	否
化學泡沫	可	可	否	否
二氧化碳	否	可	可	否
鹵化烷	可	可	可	否

[參考：中華民國工業安全衛生協會管理員教材]

▶提示

本題可以用來考選擇題、是非題、填空題、連連看。曾考過火災分類 ABCD，CO_2 滅火器及泡沫適用各哪兩種火災（複選），水為最經濟之滅火方法。也考過 F 類火災為與炊煮器具所用之烹調用介質（如植物或動物油或脂肪）有關。【美國則多一個 K 類（Kitchen，廚房）】。

題幹　滅火的基本方法。

燃燒條件	方法名稱	滅火原理	滅火方法
可燃物	拆除法	搬離或除去可燃物	將可燃物搬離火中或自燃燒的火焰中除去。
助燃物（氧）	窒息法	除去助燃物	排除、隔絕或者稀釋空氣中的氧氣。如二氧化碳滅火器
熱能	冷卻法	減少熱能	使可燃物的溫度降低到燃點以下。水為最經濟實惠的降溫方式
連鎖反應	抑制法	破壞連鎖反應	加入能與游離基結合的物質，破壞或阻礙連鎖反應。

▶提示

本題曾考過配合題。

題幹　火災依燃燒物質之不同可區分為 4 大類。

燃燒條件	方法名稱	滅火方法
A 類火災	普通火災	普通可燃物如木製品、紙纖維、棉、布、合成只樹脂、橡膠、塑膠等發生之火災。通常建築物之火災即屬此類。
B 類火災	油類火災	可燃物液體如石油、或可燃性氣體如乙烷氣、乙炔氣、或可燃性油脂如塗料等發生之火災。
C 類火災	電氣火災	涉及通電中之電氣設備，如電器、變壓器、電線、配電盤等引起之火災。
D 類火災	金屬火災	活性金屬如鎂、鉀、鋰、鋯、鈦等或其他禁水性物質燃燒引起之火災。

▶提示

本題曾考過配合題、選擇題及連連看。

題幹 CNS 1387 提及火災的分類（Classification of fires）（參照 ISO 3941）。

類型	描述
A 類（class A）	與固體材料有關，通常由於其有機特性，通常燃燒後會生成熾熱之餘燼。
B 類（class B）	與液體或可以液化之固體有關。
C 類（class C）	與氣體有關。
D 類（class D）	與金屬有關。
F 類（class F）	與炊煮器具所用之烹調用介質（如植物或動物油或脂肪）有關。

▶提示

本題曾考過選擇題。

題幹 請將下列化學平衡式輸入正確數字。

一、__ Na + __ H_2O → __ NaOH + __ H_2 = 2 Na + 2 H_2O → 2 NaOH + 1 H_2

二、__ SnO_2 + __ H_2 → __ Sn + __ H_2O = 1 SnO_2 + 2 H_2 → 1 Sn + 2 H_2O

三、__ KOH + __ H_3PO_4 → __ K_3PO_4 + __ H_2O = 3 KOH + 1 H_3PO_4 → 1 K_3PO_4 + 3 H_2O

四、__ KNO_3 + __ H_2CO_3 → __ K_2CO_3 + __ HNO_3 = 2 KNO_3 + 1 H_2CO_3 → 1 K_2CO_3 + 2 HNO_3

五、__ Na_3PO_4 + __ HCl → __ NaCl + __ H_3PO_4 = 1 Na_3PO_4 + 3 HCl → 3NaCl + 1 H_3PO_4

六、__ $TiCl_4$ + __ H_2O → __ TiO_2 + __ HCl = 1 $TiCl_4$ + 2 H_2O + 1 TiO_2 + 4 HCl

七、__ C_2H_6O + __ O_2 → __ CO_2 + __ H_2O = 1 C_2H_6O + 3 O_2 → 2CO_2 + 3 H_2O

八、__ NH_3 + __ O_2 → __ NO + __ H_2O = 4 NH_3 + 5 O_2 → 4 NO + 6 H_2O

九、__ CH_4 + __ O_2 → __ H_2O + __ CO_2 = 1 CH_4 + 2 O_2 → 2 H_2O + 1 CO_2

▶提示

本題曾考過填空題。（平衡規則：反應式左、右兩邊原子數總和必相等。）

題幹　粉塵爆炸 5 要素。

一、 可燃性 粉塵。

二、 散布。

三、 點 火源 。

四、 局限空間。

五、 充足 氧氣 。

▶ 提示

本題曾考過**配合題**。預防塵爆的方法採針對各個要素擊破即可。

營造作業安全

題幹 試簡述下列名詞。
一、高空工作車　　二、壓氣施工法
三、漏電斷路器　　四、擋土支撐

一、高空工作車：高空作業車為載運工作人員至高處作業的起重升降工具。

二、壓氣施工法：以壓縮機將空氣注入如隧道等局限空間之作業區域內，以防止地層水因間隙水壓而滲入作業區，並造成土壤軟化或產生異常出水、崩塌等問題，俾利於施工之一種方法。

三、漏電斷路器：（Ground-Fault Circuit Interrupter）一種靈敏的器具，以防止感電為目的。當漏電流至接地的電流足以傷害人員，但卻尚不至起動該系統之過電流保護裝置時，此漏電斷路器即在數分之一秒的時間內作動，使電線或部分電路切斷。亦稱為感電保護器。

四、擋土支撐：為防止開挖過程中周圍地基之崩塌，並確保進行中各工程所需之作業空間及人員機具安全，以各種可能之擋土設施架設於開挖面使成穩定狀態之臨時構造物。

▶ 提示

本題可以用來考選擇題、是非題、配合題。

題幹 露天開挖執行擋土支撐構築如何預防倒塌？

依「營造安全衛生設施標準」第 73 條，擋土支撐構築應依下列規定辦理：

一、依擋土支撐構築處所之地質鑽探資料，研判土壤性質、地下水位、埋設物及地面荷載現況，妥為設計，且繪製詳細構築圖樣及擬訂施工計畫，並據以構築之。

二、構築圖樣及施工計畫應包括樁或擋土壁體及其他襯板、橫檔、支撐及支柱等構材之材質、尺寸配置、安裝時期、順序、降低水位之方法及土壓觀測系統等。

三、擋土支撐之設置，應於未開挖前，依照計畫之設計位置先行打樁，或於擋土壁體達預定之擋土深度後，再行開挖。

四、為防止支撐、橫檔及牽條等之脫落，應確實安裝固定於樁或擋土壁體上。

五、壓力構材之接頭應採對接，並應加設護材。

六、 支撐之接頭部分或支撐與支撐之交叉部分應墊以承鈑，並以螺栓緊接或採用 焊接 等方式固定之。

七、 備有中間柱之擋土支撐者，應將支撐確實妥置於中間直柱上。

八、 支撐非以構造物之柱支持者，該支持物應能承受該支撐之 荷重 。

九、 不得以支撐及橫檔作為施工架或承載重物。但設計時已預作考慮及另行設置支柱或加強時，不在此限。

十、 開挖過程中，應隨時注意開挖區及鄰近地質及 地下水位 之變化，並採必要之安全措施。

十一、 擋土支撐之構築，其橫檔背土回填應緊密、螺栓應栓緊，並應施加預力。

▶ 提示

本題適合出選擇題。

題幹　擋土支撐有哪些潛在危害？

物體 飛落 、土方 倒塌 、人員 墜落 、安全支撐構件 碰撞 、 感電 、安全支撐 倒塌 等。

▶ 提示

本題適合出選擇題。

題幹　鋼構組配作業有哪些潛在危害？

一、 鋼構組配： 墜落 。

二、 鋼構吊掛： 碰撞 或 物體飛落 。

三、 鋼構組立： 碰撞 、 被夾 。

四、 鋼構焊接： 感電 。

▶ 提示

本題曾考過配合題。

題幹　灌漿作業有何潛在危害？

避免模板壓力過大，噴出外牆時會 爆模 、壓送車輸送混凝土的管子下方不能有人，應管制人員進出。

▶ 提示

本題適合出選擇題。

題幹　**電梯井開口吊掛作業有何潛在危害？**

墜落、物體飛落。

▶ 提示

本題曾考過選擇題。

題幹　**施工架作業有何潛在危害？**

物體 飛落、施工架 倒塌、人員 墜落 或 滾落 等。

▶ 提示

本題曾考過選擇題。

題幹　**請試按順序排列營造業每日安全施工循環實施流程。**

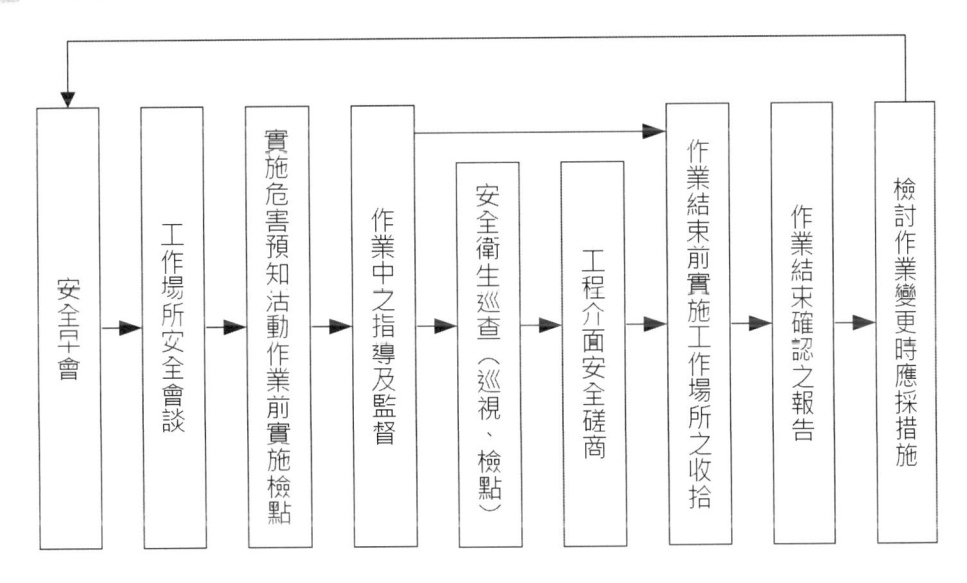

安全晨會 → 工作場所安全會談 → 實施危害預知活動作業前實施檢點 → 作業中之指導及監督 → 安全衛生巡查（巡視、檢點）→ 工程介面安全磋商 → 作業結束前實施工作場所之收拾 → 作業結束確認之報告 → 檢討作業變更時應採措施

▶ 提示

本題曾考過配合題及排序題。

1-301

| 題幹 | 請說明下圖施工架不安全狀況。

不安全狀況
施工架上違規設置梯子當上下設備。

不安全狀況
施工架之立架腳柱變形，影響施工架之強度。

▶ 提示

本題曾考過配合題。

| 題幹 | 建物安裝時之電焊作業有何潛在危害？

感電 、 火災

▶ 提示

本題曾考過選擇題。

| 題幹 | 露天開挖作業有何潛在危害？

倒塌 、 崩塌 、 墜落

▶ 提示

本題曾考過選擇題。

| 題幹 | 安裝邊坡網作業有何潛在危害？

墜落 、 土石崩塌

▶ 提示

本題曾考過選擇題。

物理性危害預防

題幹　全身振動影響人體,造成危害主要決定於 4 個物理因素?

一、 強度 :加速度越大振幅越大。

二、 頻率 :頻率越低危害越大。

三、 方向 :垂直大於水平。

四、 暴露時間 :時間越久影響越大。

▶提示

本題曾考過選擇題。

題幹　響度與音調。

響度相關	音調相關
1.響度:聲音 大小 ,與 振幅 有關	1.音調:聲音 高低 ,與 頻率 有關
2.振幅:振動幅度	2.頻率:每秒振動次數
3. 能量大 ,振幅大→音量大	3. 頻率大→聲音高
4.單位:分貝 dB	4.單位:次/秒,1/秒,赫茲 Hz

▶提示

本題曾考過選擇題及連連看。

題幹　聲音的傳播速度?

固體 > 液體 > 氣體

▶提示

本題曾考過排序題。聲音傳播速度與傳遞介質的密度成正相關。

1-303

題幹 影響聽力損失的因素。

一、 噪音量大小。

二、 暴露時間長短。

三、 噪音頻率高低。

四、 個別差異。

五、 年齡。

▶ 提示

本題曾考過選擇題。

題幹 噪音造成的聽力損失及引起身體器官或系統的失調或異常等危害，請問噪音危害預防之「工程控制」方法？

噪音工程改善原理以減少振動、隔離振動、減少噪音傳遞為主，方法如下：

一、 隔離噪音發生源：傳動馬達、球磨機、空氣鑽等產生強烈噪音之機械，應予以適當隔離，並與一般場所分開為原則。採用自動化製程，並將隔離室之對外開口儘量封閉，以減少噪音之傳出。

二、 密閉噪音發生源：使用密度較大之材料包覆於外部，包覆之內部並配合使用吸音材料以降低噪音傳出。

三、 使用吸音材料降低機械所發生之噪音：利用吸音材料覆蓋於工作場所天花板、牆壁、地板以降低噪音反射。

四、 隔離振動：發生強烈振動及噪音之機械可採個別機械基礎、裝置獨立地板、或利用緩衝阻尼將地板與機械振動隔離，以減少由地面傳遞之振動與噪音。

五、 利用消音方式：對噪音存在之機械採用消音器、滅音器或改變液壓系統幫浦型式以控制噪音。

六、 利用慣性塊方式：利用慣性原理以降低往復動作改變方向之加速度以降低噪音強度之產生。

七、 其他，如 消除 機械鬆動現象、減少 物料之摩擦及衝擊、碰撞、降低 流體流速、降低物體落下高度、以皮帶輸送帶 取代 滾筒輸送帶、減少對振動面之作用力、減少振動面積、使用軟式橡膠或塑膠承受物體衝擊或碰撞等，以降低噪音的產生強度。

▶ 提示

本題可以用來考選擇題、是非題、配合題。

題幹　為避免局部振動危害，在工程控制方面有哪些方法？

一、改良工具機體使 振幅降低 並經常維持其性能。

二、裝設 防振裝置 ，如工具之握把間加裝靠墊、防振橡皮等防振物品。

三、採用 自動機器設備 ，減少人員手動作業或長時間手握工具或握把。

四、調整 作業姿勢 ，儘量減輕對把手的握力。

五、戴用 防振及保溫手套 。

▶提示

本題可以用來考選擇題、是非題、配合題。

題幹　預防熱暴露危害，在輻射熱與對流熱方面各有哪些工程改善方法？

輻射熱：

一、設置熱屏障， 減少 在熱源直接輻射範圍內。

二、熱源或高溫爐壁的 絕熱 、保溫。

三、熱屏障設置，熱源覆以 金屬反射 簾幕（例如鋁箔）。

四、穿著 反射圍裙 ，尤其面對熱源時更加需要。

五、遮蔽或 覆蓋 身體裸露在外的部分。

對流熱：

一、降低作業環境空氣之 溫度 。

二、降低流經皮膚空氣之 流速 。

▶提示

本題可以用來考選擇題、是非題、配合題。

題幹　請由大至小排序：紅外線、可見光（自然光）、紫外線、微波及無線電波之波長及能量。

波長由大到小排列為無線電波 > 微波 > 紅外線 > 可見光 > 紫外線；即其非游離輻射能量，由大到小排列則為 紫外線 > 可見光 > 紅外線 > 微波 > 無線電波 。

> 提示

本題可以用來考選擇題、是非題、配合題、排序題。

題幹　溫濕四要素。

氣溫、濕度、氣動（風速）、輻射熱。

> 提示

本題曾考過選擇題。

題幹　熱危害風險等級對應之熱指數及風險管理原則。

熱危害風險等級		熱指數值 °C	風險管理原則
低 ↓ 高	第一級	26.7 以上，未達 32.2	對於從事重體力作業時應提高警覺。
	第二級	32.2 以上，未達 40.6	實施危害預防措施及提升危害認知。
	第三級	40.6 以上，未達 54.4	應避免使勞工於高溫時段從事戶外作業。
	第四級	54.4 以上	應避免使勞工於高溫時段從事戶外作業。

高溫指地面最高氣溫上升至 36°C 以上之現象，依據觀測或預測之氣溫高低與延續情形，分黃燈、橙燈、紅燈三等級：

黃燈（第二級）：氣溫達 36°C 以上。

● 橙燈（第三級）：氣溫達 36°C 以上，且持續 3 天以上；或氣溫達 38°C 以上。

● 紅燈（第四級）：氣溫達 38°C 以上，且持續 3 天以上。

> 提示

本題曾考過填空題及連連看。

題幹　異常氣壓的減壓艙是為了讓勞工血液不充滿下列何種氣體？一氧化碳、二氧化碳、氧氣、氮氣。

氮氣。

> 提示

本題曾考過選擇題。

題幹 游離輻射 vs 非游離輻射。

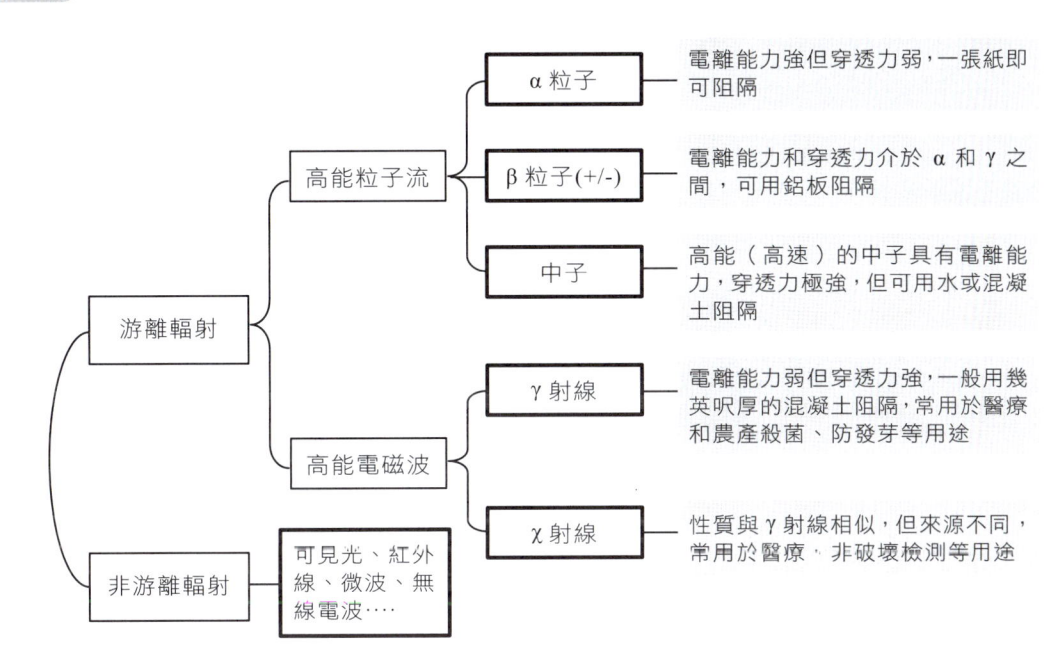

```
                              ┌─ α粒子 ── 電離能力強但穿透力弱,一張紙即
                              │            可阻隔
                   ┌ 高能粒子流 ┼─ β粒子(+/-) ─ 電離能力和穿透力介於α和γ之
                   │          │              間,可用鋁板阻隔
                   │          └─ 中子 ── 高能(高速)的中子具有電離能
游離輻射 ─┤                              力,穿透力極強,但可用水或混凝
                   │                          土阻隔
                   │          ┌─ γ射線 ── 電離能力弱但穿透力強,一般用幾
                   └ 高能電磁波 ┤            英吋厚的混凝土阻隔,常用於醫療
                              │              和農產殺菌、防發芽等用途
                              └─ χ射線 ── 性質與γ射線相似,但來源不同,
                                           常用於醫療、非破壞檢測等用途

非游離輻射 ── 可見光、紅外線、微波、無線電波……
```

▶ 提示

本題曾考過**配合**題。

題幹 **體外** 輻射防護的四大原則?

一、 時間(T):減少曝露時間。

二、 屏蔽(S):用屏蔽物質把輻射擋住。

三、 距離(D):盡量遠離輻射源。

四、 衰變(D):等候射源強度衰減。

▶ 提示

本題曾考過**選擇**題。

題幹 **體內** 輻射防護的四大原則?

一、 阻絕(B):阻絕放射性物質經由飲食、呼吸、皮膚吸收、傷口侵入進入人體內的途徑。

二、 稀釋(D):對受輻射污染的空氣或水以未受污染的空氣或水加以大量稀釋,使其達到可以排至大氣或水域中之排放規定。

三、 分散(D)：對受輻射污染的物質藉由空氣或水域加以分散。

四、 除污(D)：加強污染管制及除污的工作，利用各種除污方法對受輻射污染的人體或物體進行除污，使其所附著的放射性污染減少。

▶ 提示

本題曾考過選擇題。

題幹　輻射波長，由小至大排列。

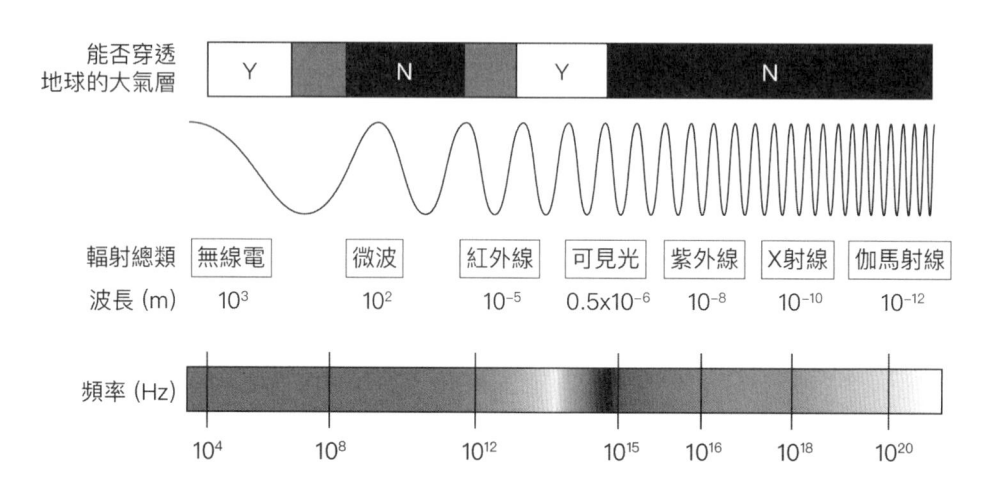

能否穿透地球的大氣層	Y		N		Y		N
輻射總類	無線電	微波	紅外線	可見光	紫外線	X射線	伽馬射線
波長 (m)	10^3	10^2	10^{-5}	0.5×10^{-6}	10^{-8}	10^{-10}	10^{-12}
頻率 (Hz)	10^4	10^8	10^{12}	10^{15}	10^{16}	10^{18}	10^{20}

一、 波長與傷害成 反 比。

二、 頻率跟波長成 反 比。

三、 能量越大波長越 短 。

四、 能量越小波長越 長 。

五、 能量越大頻率越 大 。

六、 能量越小頻率越 小 。

▶ 提示

本題曾考過配合題、排序題。

題目

組織協調與溝通（含職業倫理）

題幹 溝通過程模式。

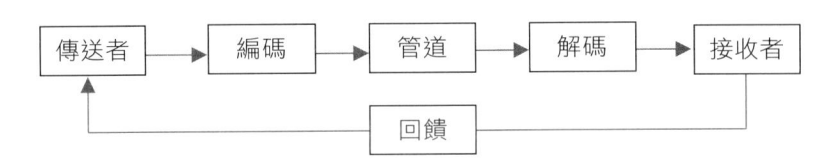

傳送者 → 編碼 → 管道 → 解碼 → 接收者
回饋（從接收者回到傳送者）

▶ 提示

本題曾考過配合題，也適用於複選題或排序題。

題幹 安全溝通的特色。

一、強制性：事業單位及員工皆須遵守安全衛生法令，員工需接受事業單位安排之教育及訓練。

二、權威性：勞動檢查機構之停工處分，工作場所負責人針對有立即危險之虞者，下令停止作業。

三、專業性：安全衛生是整合性的科學，傳送者應具有專業知識及技能。

四、一致性：規章一致、規範一致、安全作業方式一致，安全溝通需上下、前後及內外一致。

五、支持性：獲得全員參與。

▶ 提示

本題曾考過連連看，也適用於配合題、選擇題或是非題。

題幹　有關於組織在溝通時，上下屬之間的溝通方式，何者為佳？

每個人都有 3 種自我狀態溝通方式，包含父母 (P)、成人 (A) 和兒童 (C)。

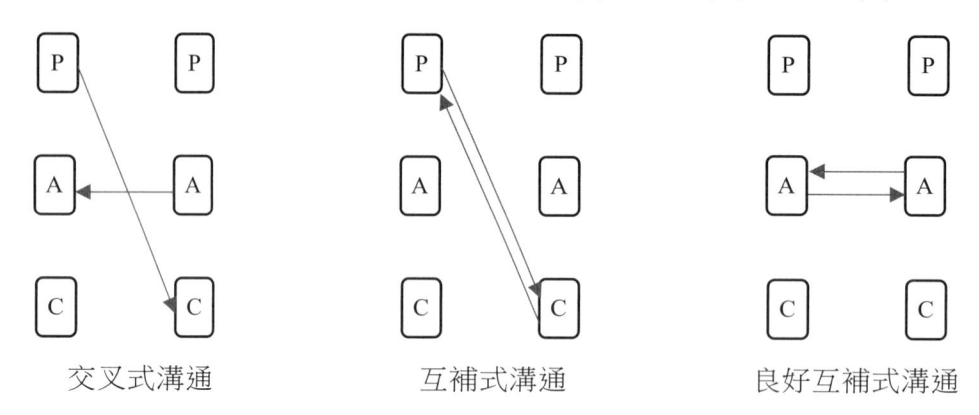

```
  P     P          P     P          P     P
  
  A ←→  A          A     A          A ←→  A
  
  C     C          C     C          C     C
  交叉式溝通        互補式溝通        良好互補式溝通
```

一、 交叉式 溝通：自己用父母對兒童的溝通方式，若對方轉變成人的方式回應，溝通往往終止。

二、 互補式 溝通：自己用父母對兒童的溝通方式，互補式回應有來有往，溝通可持續進行。

三、 良好互補式 溝通：成人對成人的雙向溝通，是最好的溝通方式。

▶ 提示

本題曾考過選擇題。

題幹　企業應致力推動與從事安全衛生管理工作，應落實或努力之面向？

企業致力推動與從事安全衛生管理工作，應落實或努力之面向如下列：

一、 頒布安全衛生 政策 。

二、 推動工作場所 風險管理 工作。

三、 建立安全衛生 組織 。

四、 訂定安全衛生 管理計畫 。

五、 落實 執行 安全衛生 管理 。

六、 辦理安全衛生管理 績效評估 。

七、 強化安全 協調與溝通 。

八、 謀求 設備安全 化。

九、實施 自動檢查 。

十、推動 5S 工作。

▶提示

本題適用於複選題。5S 包含整理、整頓、清潔、清掃及教養。

題幹　哪些為勞工在職場倫理上應遵循的義務？

一、服從義務

二、忠實義務

三、保密義務

▶提示

本題適用於複選題。

題幹　勞工關係存在時員工應有的基本 3 項職業倫理為？

工作義務	服從義務	忠實義務
一、不得兼職的義務。 二、增進、發展的義務。 三、協同作業的義務。	一、遵守法規紀律的義務。 二、基本的服從。 三、不違背工作守則。	一、保密的義務。 二、謹慎惜用的義務。 三、廉潔的義務。 四、個人資料的保護。

▶提示

本題曾考過配合題。

職業災害調查處理與統計

題幹 職業災害原因可分為 A：直接原因、B：間接原因、C：基本原因。請問下列原因分屬上述何者？
(一) 自動檢查未確實。
(二) 鋼構上墜落致死。
(三) 未於高架鋼梁作業處設置防墜設備。
(四) 未採取協議連繫調整巡視等承攬管理。
(五) 未實施勞工安全衛生教育訓練。

(一) C、(二) A、(三) B、(四) C、(五) C

▶提示

本題適用於複選題、連連看或基本原因、間接原因及直接原因排序題。基本原因為管理者的責任、間接原因分為不安全動作與不安全狀態、直接原因是人與危害能量的接觸或暴露。

題幹 職業災害損失分為直接損失與間接損失。

直接損失：職災造成之金錢直接損失（如：醫療費用及保險給付）。

間接損失：指由雇主給付及損失費用（如：管理者進行事故調查所衍生的成本、事故發生時參與搶救和觀察傷者以致停工所造成的時間損失），根據統計，間接損失約為直接損失的 4 倍。

▶提示

本題曾考過間接損失是否高於直接損失的是非題。也適合考配合題、填空題。

題幹　某營造工地勞工人數 12 人有 1 位勞工從 10 公尺高之施工架上墜落地面死亡，經檢查結果發現施工架之工作台未設護欄，且勞工未配掛提供之安全帶，雇主未設置職業安全衛生人員、未實施自動檢查及職業安全衛生教育訓練，試分析事故發生之直接原因、間接原因及基本原因。

一、直接原因：1 位勞工從 10 公尺高之施工架上墜落地面死亡。

二、間接原因：

(一) 不安全行為：勞工未佩掛雇主提供之安全帶。

(二) 不安全設備：施工架之工作台未設護欄。

三、基本原因：

(一) 雇主未設職業安全衛生人員。

(二) 未實施自動檢查。

(三) 未實施職業安全衛生教育訓練。

▶提示

本題適用於是非題、複選題或配合題。其中需注意針對「不安全行為」與「不安全設備」配合題或連連看的考題方式。

題幹　請就下列狀況分別選出基本原因、間接原因及直接原因等職業災害原因。
一、未配戴安全帽。
二、未實施安全衛生教育及訓練。
三、機械安全門未有連鎖裝置。
四、未設置作業主管。
五、上下階梯未緊握扶手。
六、下班後聚餐飲酒。
七、硝酸爆炸。

一、直接原因：硝酸爆炸。

二、間接原因：未配戴安全帽。

機械安全門未有連鎖裝置。

上下階梯未緊握扶手。

下班後聚餐飲酒。

三、基本原因：未設置作業主管。

　　　　　　　未實施安全衛生教育及訓練。

▶提示

本題曾經考過配合題，也適用於是非題、複選題。

題幹 職業災害發生原因有直接原因、間接原因及基本原因，其中間接原因又分為不安全行為與不安全環境，請將下列狀況連到正確的項目？

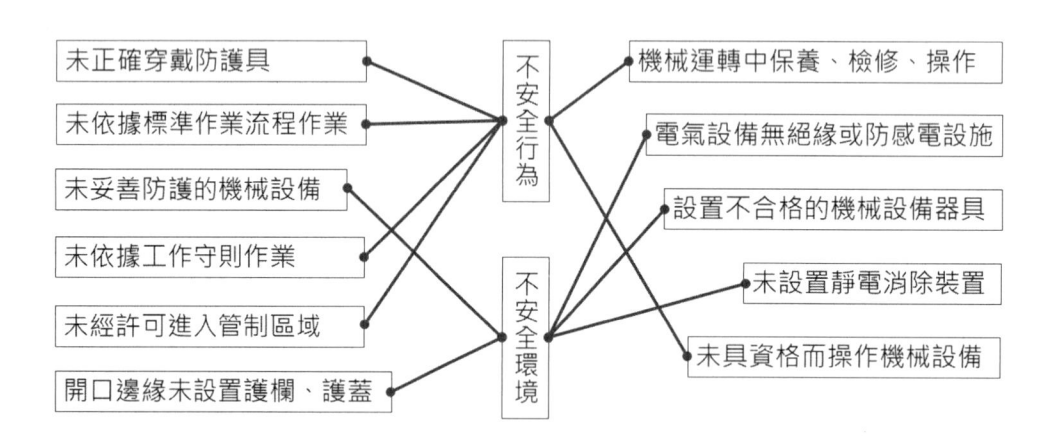

狀況	分類	狀況
未正確穿戴防護具	不安全行為	機械運轉中保養、檢修、操作
未依據標準作業流程作業		電氣設備無絕緣或防感電設施
未妥善防護的機械設備		設置不合格的機械設備器具
未依據工作守則作業	不安全環境	未設置靜電消除裝置
未經許可進入管制區域		未具資格而操作機械設備
開口邊緣未設置護欄、護蓋		

不安全行為： 未正確穿戴防護具、未依據標準作業流程作業、未依據工作守則作業、未經許可進入管制區域、機械運轉中保養、檢修、操作、未具資格而操作機械設備

不安全環境： 未妥善防護的機械設備、開口邊緣未設置護欄、護蓋、電氣設備無絕緣或防感電設施、設置不合格的機械設備器具、未設置靜電消除裝置

▶提示

本題曾考過配合題。

題幹 假如你是某事業單位之職業安全衛生管理人員，工廠發生勞工死亡職業災害，廠長指派你調查災害原因，並就災害原因加以分析提出報告。請以一流程圖表示災害之調查、原因分析及改善之步驟。

職業災害調查、原因分析及改善主要之四步驟：

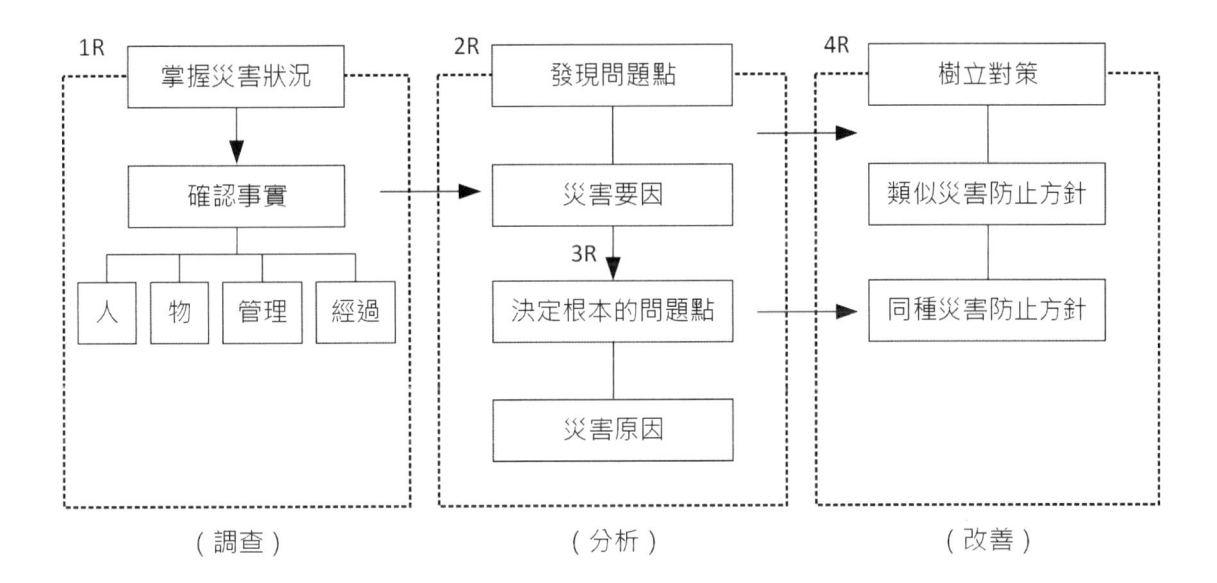

```
1R                          2R                              4R
┌─────────────┐            ┌─────────────┐                ┌─────────────┐
│ 掌握災害狀況 │            │  發現問題點  │                │  樹立對策   │
└──────┬──────┘            └──────┬──────┘                └──────┬──────┘
       ↓                          ↓                              ↓
┌─────────────┐            ┌─────────────┐                ┌─────────────┐
│  確認事實   │ ────────→  │  災害要因   │                │類似災害防止方針│
└──┬───┬───┬──┘            └──────┬──────┘                └──────┬──────┘
   │   │   │   │              3R  ↓                              ↓
  人  物  管理 經過           ┌─────────────┐                ┌─────────────┐
                              │決定根本的問題點│ ──────────→  │同種災害防止方針│
                              └──────┬──────┘                └─────────────┘
                                     ↓
                              ┌─────────────┐
                              │  災害原因   │
                              └─────────────┘

     （調查）                     （分析）                      （改善）
```

一、 1R 掌握災害狀況（確認事實）：掌握災害發生狀況有關之人、物、管理及自作業開始至災害發生之過程。

二、 2R 發現問題點（掌握災害要因）：災害要因指不安全動作、不安全狀態及安全衛生管理缺陷。決定發生災害之關鍵因素；因此，就 1R 掌握之災害過程，依訂定之法規、國家標準、事業社團之規範或方針，事業內安全衛生管理規章、設備基準、安全作業標準、作業場所習慣及作業常識等外部、內部判斷基準，確認災害要因。

三、 3R 決定根本問題點（決定災害原因）：依據 2R 掌握之災害要因交互作業關係或災害之影響程度，經充分檢討後決定直接原因，從構成直接原因之不安全動作、不安全狀態分析間接原因，至於形成間接原因之安全衛生管理缺陷為災害之基本原因。

四、 4R 樹立對策：災害再發防止對策。

▶提示

本題適用於排序題、是非題、複選題或配合題。

題幹　近 3 年職業災害對應身體受傷部位？

勞工職業災害類型	近 3 年比例最高身體受傷部位
墜落、滾落	足
跌倒	足
衝撞	頭
物體飛落	足
物體倒塌、崩塌	足
被撞	足
被切、割、擦傷	指
被夾、被捲	指
踩踏	足
溺水	其他
與高溫、低溫之接觸	手
與有害物之接觸	其他
感電	手
爆炸	手
物體破裂	頭
火災	手
不當動作	足
鐵公路交通事故	全身

▶提示

本題適用於**選擇題**或**配合題**。曾考過方框之職業災害類型對應之受傷部位。

題幹　近 3 年各行業前 2 名之失能傷害頻率及前 3 名失能傷害嚴重率？

行業別	行業別代碼	失能傷害頻率	失能傷害嚴重率	總合傷害指數
農、林、漁、牧業	A	3.15	573	1.24
礦業及土石採取業	B	1.64	636	1.02
製造業	C	1.51	110	0.41
電力及燃氣供應業	D	0.40	119	0.22
用水供應及污染整治業	E	3.67	344	1.12

行業別	行業別代碼	失能傷害頻率	失能傷害嚴重率	總合傷害指數
營建工程業	F	1.78	422	0.87
批發及零售業	G	1.64	67	0.33
運輸及倉儲業	H	2.22	118	0.49
住宿及餐飲業	I	4.11	71	0.54
出版、影音製作、傳播及資通訊服務業	J	0.53	30	0.13
金融及保險業	K	0.51	22	0.11
不動產業	L	2.50	68	0.41
專業、科學及技術服務業	M	0.62	54	0.18
支援服務業	N	1.38	125	0.42
公共行政及國防；強制性社會安全	O	3.25	93	0.55
教育業	P	0.27	23	0.08
醫療保健及社會工作服務業	Q	1.31	28	0.19
藝術、娛樂及休閒服務業	R	4.66	139	0.80
其他服務業	S	1.24	91	0.34

▶提示

本題適用於選擇題或配合題。（表內數據會隨不同年度變動並非定值）

題幹　職業災害發生原因有下列情境，請放置於魚骨圖適當位置？
A. 性格急躁。
B. 設備異常。
C. 未接受教育訓練。
D. 未訂定安全作業標準。
E. 作業場所昏暗。
F. 物料隨意堆放。

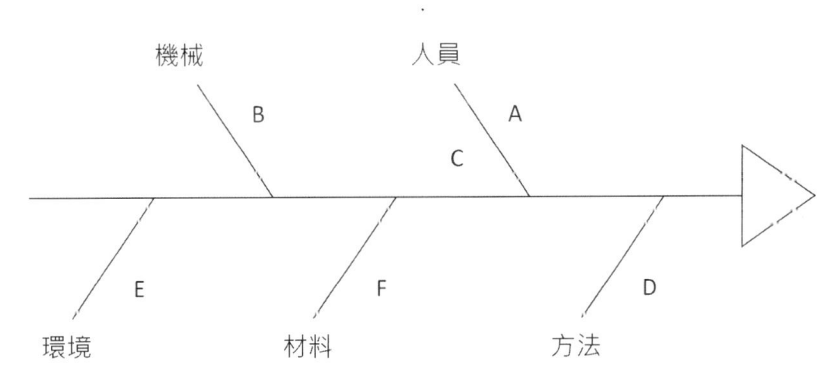

▶ 提示

本題曾考過配合題。也曾考過將人、機、料、法、環填入魚骨圖適當的選項。

題幹　請依據魚骨圖填入適當的選項（人、機、料、法、環）。

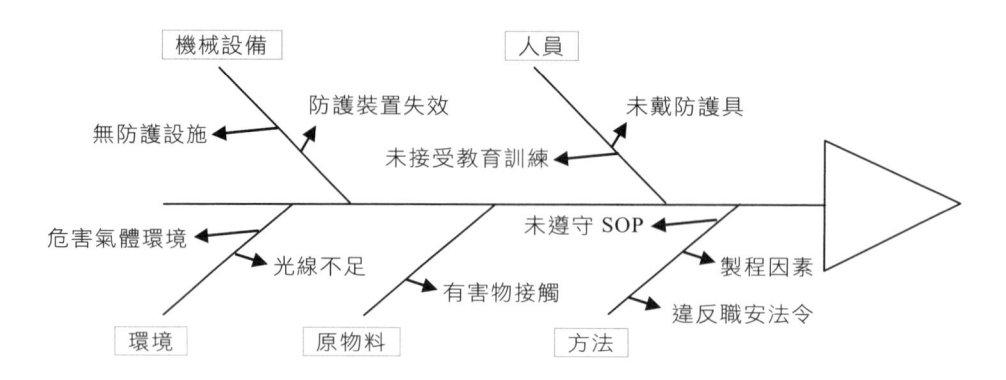

```
        機械設備                    人員
             防護裝置失效         未戴防護具
   無防護設施 ←              ←
                    未接受教育訓練
  ─────────────────────────────────────────▷
   危害氣體環境 ←         未遵守 SOP
              ↓光線不足    ↓        ↓製程因素
                    有害物接觸     違反職安法令
        環境          原物料          方法
```

▶ 提示

本題曾考過配合題。

題幹　營建物及施工設備之媒介物有哪些？

一、施工架。

二、支撐架。

三、樓梯、梯道。

四、開口部分。

五、屋頂、屋架、樑。

六、工作台、踏板。

七、通路。

八、營建物。

▶ 提示

本題曾考過複選題。

題幹　災害類型分析前五名？

	全產業	製造業
109 年	(一) 跌倒 (二) 被切、割、擦傷 (三) 被夾、被捲 (四) 交通事故 (五) 其他	(一) 被夾、被捲 (二) 跌倒 (三) 被切、割、擦傷 (四) 被撞 (五) 不當動作
110 年		

▶提示

本題適合配合題、排序題或複選題。（表內資訊會隨不同年度有所變動）

題幹　媒介物分析前五名？

示意圖	全產業	製造業
109 年	(一) 其他媒介物 (二) 裝卸搬運機械之交通工具 (三) 環境 (四) 營建物及施工設備 (五) 材料	(一) 一般動力機械 (二) 材料 (三) 其他媒介物 (四) 環境 (五) 營建物及施工設備
110 年	(一) 其他媒介物 (二) 裝卸搬運機械之交通工具 (三) 營建物及施工設備 (四) 一般動力機械 (五) 材料	(一) 一般動力機械 (二) 材料 (三) 其他媒介物 (四) 環境 (五) 動力傳導裝置

▶提示

本題適合配合題、排序題或複選題。（表內資訊會隨不同年度有所變動）

題幹　請問下圖中哪一種職業災害類別最多？

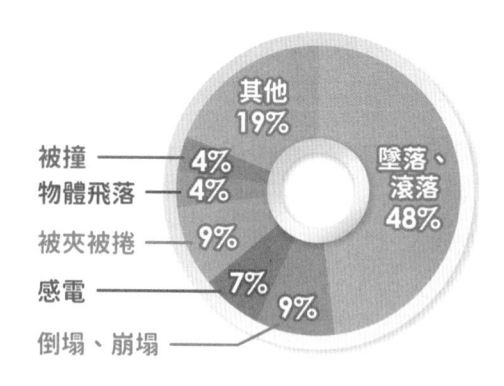

其他 19%
被撞 4%
物體飛落 4%
被夾被捲 9%
感電 7%
倒塌、崩塌 9%
墜落、滾落 48%

▶提示

本題曾考過選擇題。（上圖內資訊數據會隨著不同年度有所變動）

題幹　請判斷下列可能成為職業災害對應的類型。

鎚子掉落砸到腳	陷入漏斗式/碗狀沙坑	人員從屋頂缺口高處掉落
物體飛落	墜落/滾落	墜落/滾落
研磨機砂輪破裂	開挖作業地基不穩	油槽中化學物質洩漏
物體飛落	倒塌/崩塌	與有害物接觸
人為因素撞到堆高機	工作舉重搬運閃到腰	地下室內油漆作業
衝撞	不當動作	與有害物接觸
坑內更換打磨刀具零件	施工作業區未戴安全帽	感電墜落
與有害物接觸	物體飛落	感電

▶提示

本題曾考過配合題。

Q 題目

物料處置

題幹 搬運通道應符合下列要求？

一、 尺寸 ：

必要尺寸 ＝ 基本尺寸 ＋ 餘裕尺寸

基本尺寸：人員、機具或物料估計最大值。

餘裕尺寸：依流量、速度、操控失誤、物料危害狀態及人員作業狀況等預估調節。

二、 空間曲線 ：接近直線、曲率小減少衝撞。減少坡道及地面凹凸，減少翻倒、跌倒的危害。

三、 境界線 ：

(一) 使用顏色標示。

(二) 標線密閉化，通道全線管制，避免擺放物料。

(三) 權威化，避免相互影響，必須有規則。

四、 乘載力 ：材料破壞強度，給予安全係數（參考值 3）。

五、 危險環節 ：十字路口為衝撞點，平行相切處為擠壓點，垂直上下為墜落點，應妥善防護及標示。

六、 視線 ：視線如有遮蔽應移除障礙物，若無法移除應警告標示、安裝道路廣角鏡（凸面鏡）增加視野。

七、 管線類通道 ：閥開關方向標示、管線內容物、流向標示等使人員理解。

▶ 提示

本題適用於是非題、複選題或配合題。

另依據「職業安全衛生設施規則」第 33 條規定，雇主對車輛通行道寬度，應為最大車輛寬度之 2倍再加1公尺 ，如係 單行道 則為最大車輛之寬度 加1公尺 。車輛通行道上，並禁止放置物品。

題幹　物料處置之安全考量？

一、 物料之分類：一般物料、危險物、有害物、放射性物質。

二、 物料之堆積方式。

三、 搬運方式：人力、無動力推車、堆高機、起重升降機具、軌道車輛。

四、 確認物料處置場所之路徑、通風、照明、安全設備、作業工具及器材等。

五、 監視人員及監測設施之整備與標示。

六、 對危害性物料之處置。

七、 共同作業時。

八、 訂定標準作業程序。

九、 排除不確定因素。

▶ 提示

本題曾考過**選擇題**。

風險評估

題幹　何謂風險評估？

所謂「風險評估」為指 辨識 、 分析 及 評量 風險之程序。

▶ 提示

本題適用於複選題、配合題或排序題。

「職業安全衛生法」第 5 條第 2 項所述「風險評估」及其施行細則第 31 條所述「危害之辨識、評估及控制」同「風險評估技術指引」所述的「風險評估」，指辨識、分析及評量風險之程序。

題幹　適當的執行風險評估，可協助廠場建置完整妥適的職業安全衛生管理計畫或職業安全衛生管理系統，有效預防或減少災害發生。試依中央主管機關公告之相關技術指引，說明風險評估之作業流程。

依據「風險評估技術指引」風險評估之參考作業流程如下：

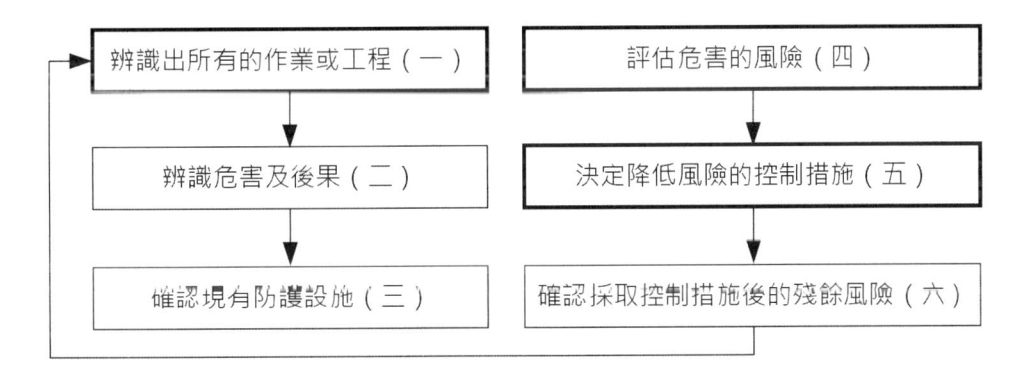

```
辨識出所有的作業或工程（一） → 辨識危害及後果（二） → 確認現有防護設施（三）
         ↑                                                    ↓
確認採取控制措施後的殘餘風險（六） ← 決定降低風險的控制措施（五） ← 評估危害的風險（四）
```

▶ 提示

本題風險評估流程曾考過排序題，亦適用於配合題或選擇題。

題幹　執行職業安全衛生管理系統之危害鑑別與風險評估時，應將哪些項目納入考量？

依據「風險評估技術指引」說明，執行職業安全衛生管理系統之危害鑑別與風險評估時，應將下列項目納入考量：

一、 例行性與非例行性的活動。

二、 所有進入工作場所人員的活動（包括承攬人與訪客）。

三、 人員行為、能力以及其他的人為因素。

四、 工作場所以外的危害鑑別，但有可能影響組織管制之下的工作場所範圍內人員的職業安全衛生。

五、 在組織管制下，因工作相關的活動而造成存在於工作場所周圍的危害。

六、 工作場所中，由組織或其他單位所提供的基礎設施、設備以及物料。

七、 在組織中或其活動、物料方面，所作的改變或提出的改變。

八、 職業安全衛生管理系統的改變，包括暫時性的改變與其對操作、過程以及活動的衝擊。

九、 任何與風險評鑑與實施必要管制措施相關之適用法律責任。

十、 對工作區域、過程、裝置、機械/設備、操作程序及工作組織之設計，包括這些設計對人員能力之適用。

▶提示

本題適用於**配合題、複選題**或**是非題**。

題幹　工程施工者，應於施工規劃階段實施風險評估，對於不可接受之風險，則採取降低風險之控制措施，防止施工時，發生職業災害。請問降低風險之控制措施類型？

依據「風險評估技術指引」說明，在決定現有控制措施，或是變更現有控制措施時，應 依下列順序 考量降低風險：

一、 消除 。

二、 取代 。

三、 工程管制 。

四、 標示、警告、教育訓練與管理管制 。

五、 使用個人防護具或防護器具 。

▶ 提示

本題曾考過排序題，也適用於配合題。另於職業安全衛生管理系統（CNS 45001：2018）8.1.2 消除危害及降低職業安全衛生風險，組織應依下列管制層級：

1. 消除危害。
2. 以較低危害的過程、運作、材料或設備取代。
3. 使用工程管制或工作重組。
4. 利用行政管制，包括訓練。
5. 使用適當足夠的個人防護具。

題幹 一般風險控制的方法有：
(1) 代替　(2) 隔離　(3) 監督　(4) 標示　(5) 資訊提供　(6) 消除危害　(7) 重新設計　(8) 行政管理　(9) 訓練　(10) 個人防護具等：
一、請列出上述最優先及最後考慮之風險控制方法。
二、某一工地進行吊掛作業，雇主指派吊掛指揮人員指揮作業屬上述何種風險控制方法？
三、以遙控的方式處理危險物質或程序屬上述何種風險控制方法？

一、(一) 最優先之風險控制方法，為 (6) 消除危害 。

　　(二) 最後考慮之風險控制方法，為 (10) 個人防護具 。

二、吊掛指揮人員指揮作業屬類型之 (3) 監督 風險控制方法。

三、以遙控的方式處理危險物質或程序屬 (2) 隔離 類型之風險控制方法。

▶ 提示

本題適用於配合題、選擇題或是非題。

題幹 執行風險評估的適當時機為何？

參考「風險評估技術指引補充說明」內容，執行風險評估的適當時機如下列：

一、建立安全衛生管理計畫或職業安全衛生管理系統時。

二、新的化學物質、機械、設備或作業活動等導入時。

三、機械、設備、作業方法或條件等變更時。

▶提示

本題適用於是非題、複選題或配合題。可與工作安全分析表修訂時機一起讀：

1. 發生事故時，分析表應就事故原因予以檢討修改或增刪。
2. 工作程序修訂變更時應即修訂。
3. 工作方法改變時亦應重新分析，以符合實際需要。

題幹 記錄風險評估結果所需的表單，依據勞工人數建議使用的表單格式有哪些？

一、「基本版」之風險評估表，適用於勞工人數 29 人以下之事業單位或已知之高風險作業。

1.作業/流程名稱	2.辨識危害及後果（危害可能造成後果之情境描述）	3.現有防護設施	4.降低風險所採取之控制措施

二、「標準版」之風險評估表，適用於勞工人數 30～299 人之事業單位。

1.作業/流程名稱	2.辨識危害及後果（危害可能造成後果之情境描述）	3.現有防護設施	4.評估風險			5.降低風險所採取之控制措施	6.控制後預估風險		
			嚴重度	可能性	風險等級		嚴重度	可能性	風險等級

三、為「系統版」之風險評估表，適用於勞工人數 300 人以上及依規定須推動職業安全衛生管理系統之事業單位。

1.作業編號及名稱		2.辨識危害及後果						3.現有防護設施			4.評估風險			5.降低風險所採取之控制措施	6.控制後預估風險		
編號	作業名稱	作業條件					危害類型	危害可能造成後果之情境描述	工程控制	管理控制	個人防護具	嚴重度	可能性	風險等級		嚴重度	可能性	風險等級
		作業週期	作業環境	機械設備工具	能源/化學物質	作業資格												

▶ 提示

本題曾考過複選題。考基本版相較於標準版少哪 2 個步驟？答：「評估風險」及「控制後預估風險」。

系統版與標準版的差異主要為何？答：須針對辨識危害及後果與現有防護設施分類說明。

題幹　風險矩陣中嚴重度由下往上增加，可能性由左往右減少，請問風險由大至小？

風險由大至小排序分別為，5 分＞4 分＞3 分＞2 分＞1 分。

		可能性等級			
		P4	P3	P2	P1
嚴重度等級	S4	5	4	4	3
	S3	4	4	3	3
	S2	4	3	3	2
	S1	3	3	2	1

▶ 提示

本題曾考過排序題。

題幹　定性分析適用時機？

一、風險等級不高，不需投入數值分析資源。

二、量化分析資訊不足。

三、初步的篩選，判斷是否進一步定量分析。

▶ 提示

本題適用於是非題、複選題或配合題。

題幹　風險等級的分析方法有？

一、定性分析。

二、半定量分析。

三、定量分析。

▶ 提示

本題適用於是非題、複選題或配合題。

題幹　何謂檢核表分析、失誤樹分析、事件樹分析？

一、 檢核表 分析（Checklist Analysis）：

　　 確認 硬體系統、物質危害、作業方式、操作失誤、設計缺失或潛在的 危害 情況。

二、 失誤樹 分析（Fault Tree Analysis）：

　　不期望發生之事件為起頭（結果），利用 布林代數 有層次的分析可能會促發結果發生的原因，並量化分析結果。

三、 事件樹 分析（Event Tree Analysis）：

　　按事故發展的時間順序探討 因果 關係，由起始事件開始推論每個事件成功或失敗可能的結果，從而進行危險源辨識的方法。

▶ 提示

本題曾考過相對應解釋連連看及中英文名稱連連看。另外還有**失誤模式及影響分析**（Failure Modes and Effects Analysis）、**如果-結果分析/檢核表**（What If/Checklist）、**危害及可操作性分析**（Hazard and Operability Studies）或**如果-結果分析**（What If）。

題幹　半定量分析檢核表的分類及優缺點？

一、檢核表分為 開放式 、 封閉式 及 混合式 檢核表。

二、優點：

　　(一) 廣泛適用。

　　(二) 方法簡單。

　　(三) 使用容易。

　　(四) 成本較低。

　　(五) 可作為訓練使用。

三、缺點：

　　(一) 品質受限於檢核表設計者之經驗及知識。

　　(二) 製程規劃設計階段較難使用。

　　(三) 無法模擬事故、頻率及嚴重程度排序。

(四) 不適合事故調查使用。

▶ 提示

本題適用於是非題、複選題或配合題。

::: 題幹
一、失誤樹分析具有哪些功效？
二、失誤樹分析與事件樹分析有何不同？
:::

一、失誤樹分析具有下列功效：

(一) 它強迫分析者應用推理的方法，努力地思考可能造成故障的原因。

(二) 它提供明確的圖示方法，以使設計者以外的人，亦可很容易地明瞭導致系統故障的各種途徑。

(三) 它指出了系統較脆弱的環節。

(四) 它提供了評估系統改善策略的工具。

二、失誤樹分析與事件樹分析差異如下：

(一) 失誤樹是 由上而下式 的方式， 回溯 （Backward）發展模式，演繹（Deductively）或推論後果（Effect）至其原因（Causes）。

(二) 事件樹是 由下而上式 的方法， 前向 （Forward）發展模式，歸納（Inductively）或引導原因（Cause）至其後果（Effects）。

▶ 提示

本題適用於是非題、選擇題或配合題。

::: 題幹
失誤樹分析步驟？
:::

一、 系統定義 ：

(一) 定義分析範圍及分析邊界。

(二) 定義起始條件。

(三) 定義頂端事件。

二、 建立失誤樹 。

三、 共同原因失誤模式分析 。

四、 定性分析 ：

(一) 布林代數化簡。

(二) 找出最小分割集合。

五、由失誤率資料庫搜尋基本事件失誤率。

六、依製程條件、環境因素等修正基本事件失誤率。

七、建立失誤率資料檔。

八、定量分析：求出頂端事件最小分割集合之失誤率及機率。

九、最小分割集合排序、相對重要性分析。

▶提示

本題適用於複選題、配合題或排序題。

題幹　**失誤樹分析布林代數對應規則？**

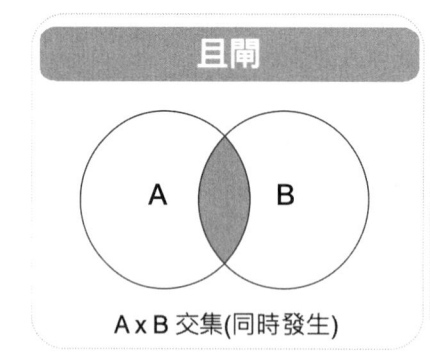

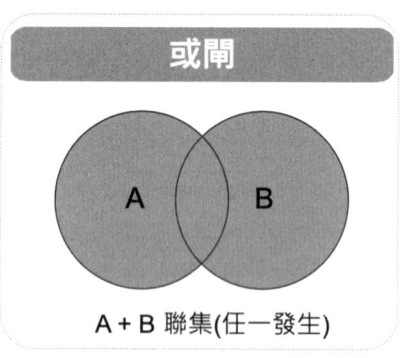

且閘　A×B 交集(同時發生)

或閘　A＋B 聯集(任一發生)

定律	加法	乘法	其他
交換律	A+B=B+A	A×B=B×A	
恆等律	A+A=A	A×A=A	
吸收律（消除律）	A+(A×B)=A	A×(A+B)=A	
結合律	A+(B+C)=(A+B)+C=A+B+C	A×(B×C)=(A×B)×C=A×B×C	
分配律	A+(B×C)=(A+B)×(A+C)	A×(B+C)=A×B+A×C	
狄摩根定律	(A+B)'=A'×B'	(A×B)'=A'+B'	
互補律	A+A'=1	A×A'=0	(A')'=A

▶提示

本題曾考過配合題，也適用於複選題、排序題。

Q 題目

其他（含時事題）

題幹 為防範 COVID-19 嚴重特殊傳染性肺炎等傳染病，請說明洗手七字訣依序為何？

一、 內 ：搓揉手掌。
二、 外 ：搓揉手背。
三、 夾 ：搓揉指縫。
四、 弓 ：搓揉指背及指節。
五、 大 ：搓揉大拇指及虎口。
六、 立 ：搓揉指尖。
七、 腕 ：搓揉手腕並擦乾雙手。

▶ 提示

本題曾考過**排序題**，亦適用於**配合題**或**連連看**。

題幹 請說明洗手五步驟依序為何？

一、 濕 ：在水龍頭下把手淋濕，抹上肥皂。
二、 搓 ：擦上肥皂仔細搓洗手心、手背、指甲、指縫達 20 秒以上。
三、 沖 ：將雙手沖洗乾淨。
四、 捧 ：雙手捧水將水龍頭沖洗乾淨，關閉水龍頭。
五、 擦 ：用擦手紙將雙手擦乾淨。

▶ 提示

本題曾考過**排序題**，亦適用於**配合題**或**連連看**。

題幹　請問事業單位為預防禽流感而對勞工進行健康狀況監控時之注意事項？

事業單位為預防禽流感而對勞工健康狀況監控，可教育勞工注意下列事項：

一、若 曾去過 禽流感疫區或是疑似有禽流感污染的環境，一週後出現 發燒 、呼吸系統或是眼睛感染的結膜炎等必須 立刻就醫 。

二、個人若有 不適 時應立即向健康照護單位反應，告知是否曾經暴露於禽流感中，並 通知 服務機構的安全衛生單位。

三、高風險暴露勞工個人若有不舒服感覺時建議全天 待在家中 ，直到發燒狀況解除或經診斷不是禽流感感染。

四、在家中療養時應該待在呼吸 通風良好 的地方，注意 手部 的衛生來降低傳染病毒給其他人的風險。

▶提示

本題適用於**選擇題**或**是非題**。

題幹　台灣近海之廠區，鋼構管線容易受大氣腐蝕，許多管線長久暴露在此環境下，就會發生外部腐蝕而造成內容物洩漏致災。請就管線腐蝕主要發生位置及其防阻方法列進行配對。

項次	管線腐蝕主要發生位置	防阻方法
1	管線法蘭接面和其螺栓。	應加強有機防蝕塗覆。
2	管線支撐接觸點區域。	現有管線加強清查和檢查，對於無管鞋者應增設管鞋。
3	異種金屬接合處，電位較低者會加速腐蝕。	應進行塗覆或絕緣處理。
4	管線存在包覆，但包覆鋁皮脫落或界面防水不良，水滲入的區域，將導致管線腐蝕。	應隨時檢視鋁皮界面安裝是否正確以及脫落，並加強包覆鋁皮界面防水膏維護以及檢查，定期進行管線塗覆維護，高腐蝕區域應用高有效性有機或無機塗覆。
5	管路暴露於水氣較高區域。	加強檢查和應用有機或無機塗覆。
6	焊道表面較不規則，相對影響塗覆品質。	除特別注意檢查外，亦應加強塗覆品質。

▶提示

本題適用於**選擇題**或**配合題**。

chapter 1 術科題型精選解析

題幹 A 公司要維修煙囪障礙燈需更換，跟 B 公司租借起重機在沒有通訊設備且在 100 公尺高的煙囪更換飛機障礙燈應搭乘（A 圖片起重機使用吊掛式搭乘設備載人，B 圖片起重機使用直結式搭乘設備載人）？AB 公司誰應該負責定期檢查？作業者若沒有使用安全帽及安全帶應由誰來注意？

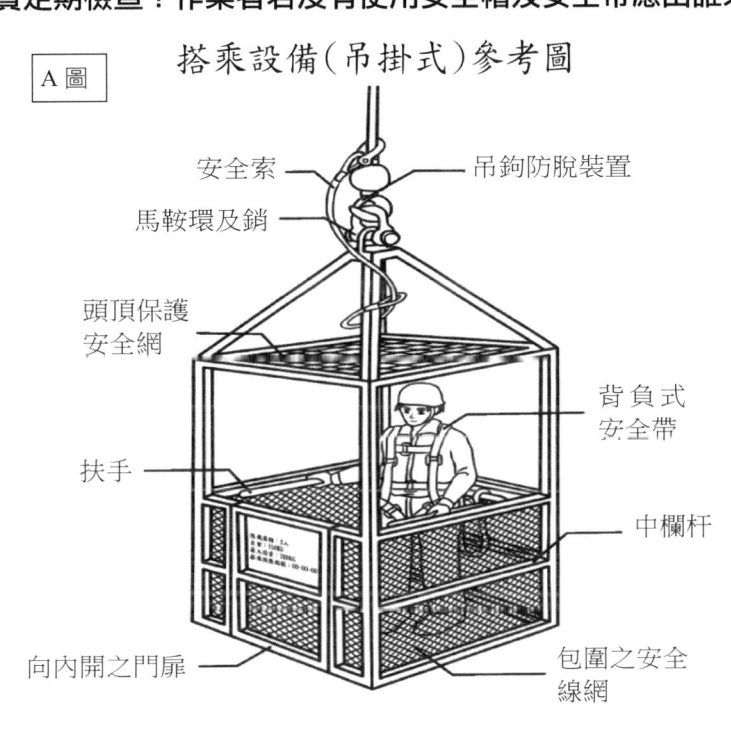

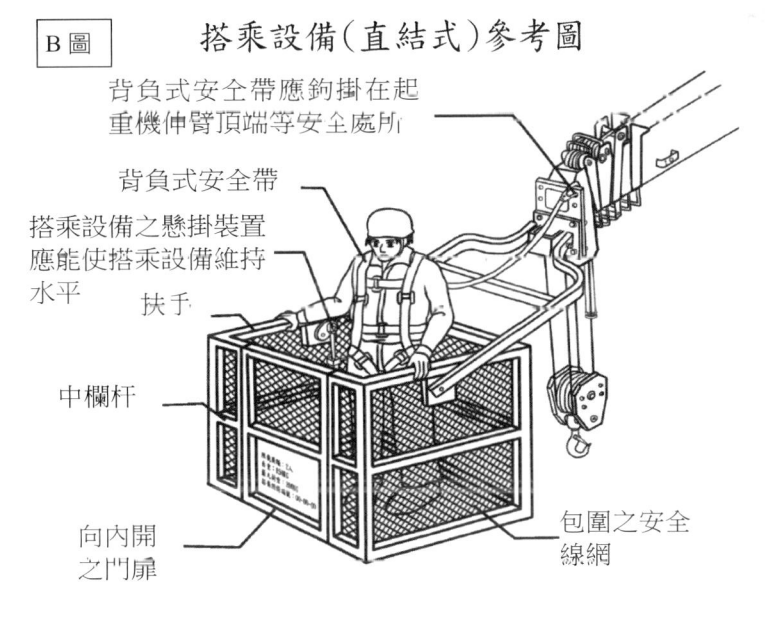

A 圖 搭乘設備（吊掛式）參考圖

- 安全索
- 吊鉤防脫裝置
- 馬鞍環及銷
- 頭頂保護安全網
- 背負式安全帶
- 扶手
- 中欄杆
- 向內開之門扉
- 包圍之安全線網

B 圖 搭乘設備（直結式）參考圖

- 背負式安全帶應鉤掛在起重機伸臂頂端等安全處所
- 背負式安全帶
- 搭乘設備之懸掛裝置應能使搭乘設備維持水平
- 扶手
- 中欄杆
- 向內開之門扉
- 包圍之安全線網

一、選擇 A 圖。

1-333

▶ 提示

本題曾考過選擇題及配合題。

「起重升降機具安全規則」第 35 條第 2 項第 6 款

垂直高度超過 20 公尺之高處作業，禁止使用直結式搭乘設備。但設有無線電通訊聯絡及作業監視或預防碰撞警報裝置者，不在此限。

二、A 公司負責起重機之定期檢查。

▶ 提示

「職業安全衛生管理辦法」第 85 條

事業單位 承租、承借機械、設備或器具供勞工使用者，應對該機械、設備或器具實施自動檢查。

前項自動檢查之定期檢查及重點檢查，於事業單位承租、承借機械、設備或器具時，得以書面約定 由出租、出借人為之。

三、雇主要求起重機操作人員，監督搭乘人員確實使用安全帽及安全帶。

▶ 提示

本題曾考過選擇題。

「起重升降機具安全規則」第 35 條第 3 項

雇主 應要求起重機操作人員，監督搭乘人員確實佩戴 安全帽 及符合國家標準 CNS 14253-1 同等以上規定之 全身背負式安全帶。

題幹　「職業安全衛生法」所謂的勞動場所、工作場所、作業場所。
請自下列敘述中挑出符合上述的場所：
(一) 雇主經常拜訪客戶的路線。
(二) 負責業務之員工經常拜訪客戶的路線。
(三) 食品加工業之工廠。
(四) 精密作業區。
(五) 員工下班後運動之健身房。

項次	敘述	配合題
1	雇主經常拜訪客戶的路線。	
2	負責業務之員工經常拜訪客戶的路線。	勞動場所。
3	食品加工業之工廠。	工作場所。
4	精密作業區。	作業場所。
5	員工下班後運動之健身房。	

1-334

▶ 提示

本題曾考過配合題，也適合出是非題、連連看。

「職業安全衛生法施行細則」第 5 條：

所稱勞動場所，包括下列場所：

1. 於 勞動 契約存續中，由雇主所提示，使勞工 履行契約 提供勞務之場所。
2. 自營作業者實際從事勞動之場所。
3. 其他受工作場所負責人指揮或監督從事勞動之人員，實際從事勞動之場所。

所稱 工作 場所，指勞動場所中，接受雇主或代理雇主指示處理有關勞工事務之人所能 支配 、 管理 之場所。

所稱 作業 場所，指工作場所中，從事 特定工作目的 之場所。

題幹 請問愛滋病患受到不公平待遇時，可於事發幾年內可提出申訴？愛滋病英文怎麼拼？

一、依據「人類免疫缺乏病毒感染者權益保障辦法」第 7 條及第 9 條規定，感染者遭受法定有關就學、就業之不公平待遇或歧視時，得向各該機關（構）、學校或團體負責人提出申訴。上述申訴案件之提出，以事實發生日起 1 年內為限。

二、愛滋病就是後天免疫缺乏症候群的簡稱，英文 Acquired Immunodeficiency Syndrome，AIDS 。

▶ 提示

本題曾考過填空題、排序題，亦適用於配合題或連連看。考 AIDS 排序。體檢項目不得增列愛滋病毒檢驗。醫療院所辦理愛滋病毒檢查時，取得勞工同意後，亦不得告知雇主。

題幹 一、若罹有愛滋病，何種情況下不主動告知人員不會被處罰？
二、國內是否有醫護人員在移植器官手術時被感染愛滋病的案例？

一、1. 有緊急輸血之必要而無法事前檢驗者。

　　2. 受移植之感染者於器官移植手術前以書面同意者。

　　3. 處於緊急情況或身處隱私未受保障之環境者。

二、否。

▶ 提示

本題曾考過是非題及選擇題。

題幹 新聞某中藥行使用含鉛藥材濃度高達 30 ug/dl，請問員工在包藥過程中是否為鉛作業？

否

▶ 提示

本題曾考過是非題。

Q 題目

解釋名詞

題幹 火災爆炸常見相關名詞。

一、閃火點：係指能使可燃性液體蒸發或揮發性固體昇華，與空氣混合所產生的可燃性混合氣體，一接觸熱源就產生小火，但無法持續燃燒的最低溫度。

二、著火點：可燃性混合氣體遇熱源持續燃燒時間達 5 秒以上，此時之最低溫度稱為著火點。著火點溫度較該物質之閃火點高約 5~20 °C。故在評估或表示某一物質之危險程度時，常用閃火點而較少用燃點。

三、著火溫度：可燃性物質不自他處獲得熱能引燃的狀況下，於空氣中可自行維持燃燒之最低溫度。

四、昇華：是指固態物質直接轉化為氣態的過程。

五、起火點：室內燃燒產生火羽，使天花板或其他位置產生煙痕跡或炭痕跡，根據上述痕跡判斷起火處。

六、爆炸界限：可分為爆炸下限及爆炸上限，係可燃性氣體或可燃性粉塵在空氣中的濃度介於此二者之間，遇火源便可燃燒，在密閉空間或特殊條件下可能引起爆炸，因此，爆炸界限亦即燃燒界限。

七、爆炸下限：以可燃性氣體或蒸氣之體積百分比表示之爆炸範圍最低濃度界限，稱為爆炸下限。爆炸下限值越低越危險，

八、爆炸上限：以可燃性氣體或蒸氣之體積百分比表示之爆炸範圍最高濃度界限，稱為爆炸上限。

九、燃燒四要素：可燃物（燃料）、助燃物（氧氣）、熱能（溫度、能量）、連鎖反應。

十、閃燃：係指室內起火後，火勢逐漸擴大過程中，因燃燒所生之可燃性氣體，蓄積於天花板附近，此種氣體與空氣混合，正好進入燃燒範圍且達燃點之際，一舉引火形成巨大之火苗，使室內頓時成為火海之狀態。

十一、爆燃：缺氧狀態下持續燃燒，產生大量燃燒不完全之可燃性氣體，如大量空氣瞬間進入該空間，將產生劇烈燃燒，甚至爆炸，此種現象一般又稱為複燃（Back Draft）現象。

十二、沸騰液體膨脹蒸氣雲爆炸（BLEVE）：易燃液體（如液化石油氣）之儲槽若逢外部火災，會使該容器因火災加熱，致內部產生高蒸氣壓，而無液體的儲槽上方因火燄加熱造成延性破壞，槽體高壓造成儲槽破裂。BLEVE 是一種物理爆

炸，若是內容物為易燃物質，可能伴隨著火球（化學爆炸）、熱輻射、拋射物等危害。

十三、最低著火能量（MIE）：就電氣設備而言，可以點燃最易引燃之氣體、蒸氣與空氣混合物之最小電容性火花放電能量。

常應用於防爆設計，若能使熱能不超過可燃物質 MIE，則可防止燃燒爆炸。

十四、衝擊感度：使爆炸性物質或混合性危險物質起爆衝擊能之值。該值愈小愈危險。

十五、沸點：液體沸騰時會產生蒸發現象，沸點越低之液體越容易氣化，釋出可燃性蒸氣與空氣混合形成可燃性混合氣體，在常溫下易引發火災、爆炸。

▶提示

因本題部分名詞曾考過連連看，所以將其他相關名詞彙整如上。

題幹　氣狀有害物常見相關名詞。

一、氣體：常溫常壓（25°C，1 大氣壓）下為氣態者。

二、蒸氣：常溫常壓（25°C，1 大氣壓）下為液態或固態，經蒸發或昇華為氣態者。

▶提示

本題適用於連連看、選擇題或是非題。

題幹　粒狀有害物常見相關名詞。

一、粉塵：懸浮空氣中之固態微粒，一般粒徑在 $100\mu m$ 以下。粒徑 $10\mu m$ 以上者進入肺部的機會不大，粒徑 $10\mu m$ 以下者進入呼吸器官，粒徑 $0.1\mu m$ 左右者進入肺部沉著。

二、燻煙：錳等其他金屬元素或其氧化物之氣態或蒸氣凝結物。粒徑約 $0.1{\sim}1\mu m$。

三、煙塵：含碳物質燃燒不完全所產生之氣膠混合物。粒徑約 $0.01{\sim}1\mu m$ 左右。

四、霧滴：懸浮空氣中之液態小滴或潮濕之固態。粒徑約 $5{\sim}100\mu m$ 左右。

五、霧：懸浮空氣中之液態小滴，濃度高到使視線朦朧。

六、纖維：由細絲組成的物質，如棉花、石綿等。

七、生物氣膠：懸浮空氣中之生物微粒，如病毒、細菌等。

▶提示

因本題部分名詞曾考過連連看，所以將其他相關名詞彙整如上。

題幹　請配對職災類型與其解釋？

勞工職業災害類型	解釋
1. 墜落、滾落	指人從樹木、建築物、施工架、機械、搭乘物、階梯、斜面等落下情形。（不含交通事故）（感電墜落應分類為感電。）
2. 跌倒	指人在同一平面倒下，拌跤或滑倒之情形。（含車輛機械等跌倒，不含交通事故。）
3. 衝撞	指除去墜落、滾落、跌倒外，以人為主體碰觸到靜止物或動態物吊物、機械之部分等打到人及飛落之情形。（含與車輛機械衝撞，不含交通事故）。
4. 物體飛落	指以飛行物、落下物為主體碰觸到人之情形。（含研削物破裂、切斷片、切削粉飛來，及自持物落下之情形；又容器破裂應分類為物體破裂）。
5. 物體倒塌、崩塌	指堆積物（包括內含）、施工架、建築物等崩落碰觸到人之情形。
6. 被撞	指除物體飛落、物體倒崩、崩塌外，以物為主體碰觸到人之情形。
7. 被切、割、擦傷	指被擦傷的情況及以被擦的狀態而被切割等之情況而言。
8. 被夾、被捲	指人在被夾、被捲狀態壓扭等情形。
9. 踩踏	指踏穿鐵釘、金屬片等情形。
10. 溺水	指水中墜落致死之情形。
11. 與高溫、低溫之接觸	指與高溫、低溫之接觸，包含暴露於高溫或低溫之環境下之情況。
12. 與有害物之接觸	指被暴露於輻射線、有害光線之障害、一氧化碳中毒、缺氧症及暴露於高氣壓、低氣壓等有害環境下之情況。
13. 感電	指接觸帶電體或因通電而人體受衝擊之情況而言。
14. 爆炸	指壓力之急激發生或開放之結果，帶有爆音而引起膨脹之情況而言。破裂除外。包含水蒸氣爆炸。在容器、裝置內部爆炸之情況。容器、裝置等本身破裂時亦歸屬於本類。
15. 物體破裂	指容器或裝置因物體之壓力破裂之情形。
16. 火災	指以危險物本身為媒介物產生之火災；又危險物以外之情形，則以火源媒介物產生之火災。
17. 不當動作	指不當行為引起之災害如搬物閃到腰或類似狀態之情形。
18. 鐵（公）路交通事故	指由火車、汽（機）車等交通工具所發生之事故。
19. 其他交通事故	指包括船舶、航空器交通事故。

▶ 提示

本題曾考過配合題，亦適用於選擇題或是非題。
資料來源：勞動部 - 依職業安全衛生法指定填報之事業單位職業災害統計
https://statdb.mol.gov.tw/html/com/st0803.html

題幹　變更、緊急應變、採購及承攬名詞解釋。

一、 變更：係指當技術、作業、工程和原有作業規範或設計規範有所改變或偏離，且此類改變或偏離未曾執行或發生過，或雖曾發生但無紀錄或書面資料可供依循者。但新建工程與擴建專案不在此列。

二、 緊急應變：因應事業單位發生之事故，由第一線員工或特定組織所立即採取之行動方案或措施。

三、 採購：指工程之定作、財物之買受、定製、承租及勞務之委任或僱傭等。

四、 承攬：謂當事人約定，一方為他方完成一定之工作，他方俟工作完成，給付報酬之契約。

▶ 提示

本題名詞解釋參考變更、緊急應變、採購及承攬管理技術指引，曾考過連連看，亦適用於選擇題或是非題。

題幹　危害性化學品標示及通識相關名詞英文。

一、 GHS：化學品全球調和制度。

二、 SDS：安全資料表。

三、 LD_{50}：半數致死劑量。

四、 LC_{50}：半數致死濃度。

五、 log kow：辛醇／水分配係數。

▶ 提示

本題曾考過連連看。

題幹　勞工作業場所容許暴露標準相關名詞英文。

一、PEL-TWA：8 小時日時量平均容許濃度。

二、PEL-STEL：短時間時量平均容許濃度。

三、PEL-Ceiling：最高容許濃度。

▶提示

本題曾考過連連看。

題幹　LD₅₀、LC₅₀、PEL、PEL-TWA、PEL-STEL、PEL-C、CAS NO.、SDS、GHS、log kow

一、半致死劑量 LD₅₀：

　　指給予實驗動物組群一定劑量（mg/kg）的化學物質，觀察 14 天，結果能造成半數（50 %）動物死亡的劑量。

二、半致死濃度 LC₅₀：

　　指在固定濃度下，暴露一定時間（通常 1～4 小時）後，觀察 14 天，能使試驗動物組群半數(50 %)死亡的濃度。

三、容許濃度 PEL：

　　中央主管機關所訂定勞工作業場所容許暴露標準。

四、8 小時日時量平均容許濃度 PEL-TWA：

　　為勞工每天工作 8 小時，一般勞工重複暴露此濃度下，不致有不良反應者。

五、短時間時量平均容許濃度 PEL-STEL：

　　為一般勞工連續暴露在此濃度下任何 15 分鐘，不致有下列情況：

　　1. 不可忍受之刺激。

　　2. 慢性或不可逆之組織病變。

　　3. 麻醉昏暈作用，意外事故增加之傾向或工作效率之降低。

六、最高容許濃度 PEL-C：

　　為不得使一般勞工有任何時間超過此濃度之暴露，以防勞工不可忍受之刺激或生理病變。

七、化學文摘社號碼 CAS NO.：

由美國化學文摘社對每個化學物質註冊登記編號，為化學物質為一的數字識別編碼，標準號碼格式為 XXXX-XX-X，使用者應該以此號碼作為查詢主要的依據。

八、安全資料表 SDS：

又稱化學物質的身分證，簡要說明化學品之特性，為職場與環境安全衛生重要危害通識之參考資料。

九、聯合國化學品全球分類及標示調和制度 GHS：

聯合國為降低化學品對勞工與使用者健康危害及環境污染，並減少跨國貿易障礙，所主導推行的化學品分類與標示之全球調和系統。

十、辛醇／水分配係數 log kow：

為某一化學品在正辛醇相與水相濃度之比。

▶提示

本題曾考過連連看。

題幹　比較 CSR、GRI 403、ESG、SDGs 的差異性？

CSR：企業社會責任（Corporate Social Responsibility，簡稱 CSR），或是企業永續報告（Corporate Sustainability Report）。

GRI 403：全球永續報告倡議組織 (GRI) 制定的職業健康與安全報告標準。

ESG：代表環境保護（Environment）、社會責任（Social）和公司治理（Governance），著重於探討環境、社會、企業三者的關聯性。

SDGs：永續發展目標（Sustainable Development Goals，簡稱：SDGs）是聯合國的一系列目標，這些目標將從 2016 年一直持續到 2030 年。這一系列目標共有 17 項永續發展目標：1.終結貧窮、2.終止飢餓、3.良好健康與社會福利、4.優質教育、5.性別平等、6.清潔飲水與衛生設施、7.負擔得起的清淨能源、8.體面工作與經濟成長、9.產業、創新與基礎建設、10.減少國內及國家間不平等、11.永續城鎮與社區、12.永續消費與生產模式、13.氣候行動、14.保育海洋與海洋資源、15.陸域生態、16.和平、正義與健全的司法、17.促進目標實現之全球夥伴關係。

▶提示

本題曾考過永續發展目標是什麼？GRI 403 是什麼？

SUSTAINABLE DEVELOPMENT GOALS

1 消除貧窮	2 終止飢餓	3 良好健康與社會福利	4 優質教育	5 性別平等	6 清潔飲水與衛生設施
7 負擔得起的清淨能源	8 體面工作與經濟成長	9 產業、創新與基礎設施	10 減少國內及國家間不平等	11 永續城鎮與社區	12 永續的消費與生產模式
13 氣候行動	14 保育海洋與海洋資源	15 陸域生態	16 和平、正義與健全的司法	17 促進目標實現之全球夥伴關係	THE GLOBAL GOALS For Sustainable Development

資料來源：GREENPEACE 綠色和平網頁與維基百科

chapter 2

計算題精華彙整

前言

從職業安全衛生管理員技術士檢定術科電腦測試應檢人操作手冊中，得知計算題是於答案欄位填入正確數據，應以測試畫面提供之數字鍵盤輸入作答，所以考生務必要很清楚其解答方能作答，本章將各類題型的計算題解答以及測驗系統計算機操作範例，採以案例和圖示方式呈現，讓讀者能清楚明白計算題作答和計算機的操作步驟。

計算題範例：

題幹

某事業單位進行職場健康促進活動,其中某勞工身高 165 公分，體重 57 公斤。此勞工之身體質量指數（BMI）為何？請四捨五入至小數點第 1 位。(10%)

作答區
20.9

點擊輸入框後彈出小鍵盤，以滑鼠點擊輸入答案。

彈出計算機畫面

解 體質量指數(BMI)＝體重(公斤)÷身高(公尺)的平方

勞工身體質量指數(BMI)＝$\dfrac{57}{(1.65)^2}$ (∵100 公分＝1 公尺，∴165 公分＝1.65 公尺)

＝20.9 (以四捨五入至小數點第 1 位)

計算機操作範例：

計算式：$\dfrac{57}{1.65^2} = 20.9$

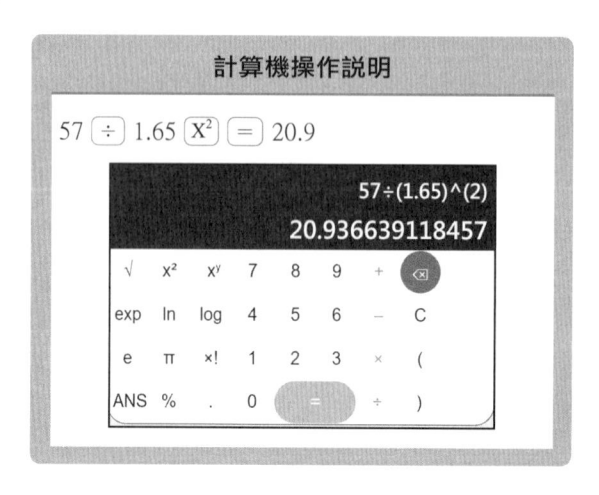

計算機操作說明

57 ÷ 1.65 X^2 = 20.9

57÷(1.65)^(2)
20.936639118457

計算題題型大約佔 10 分～20 分，請考生朋友要掌握此分數，計算題除了要背公式外，還要熟悉各式類型題目不斷的反覆練習再加上熟用計算機按法，必能得心應手，進而取得分數。

練習網址如下：

術科操作練習網址：https://wdamsk.csf.org.tw/WDA_SimTest/Home/Login

模擬計算機網址：https://bcetsys-c.isha.org.tw/forProject/calculator_2021

背公式 ＋ 勤演算 ＝ 必得分

【測驗系統之計算機使用說明】

案例		計算機操作說明
【二次方】 $8^2=64$	1. 點擊數字 8 2. 點擊【二次方】x^2 3. 點擊等於 $=$ 進行運算	
【N 次方】 $8^3=512$	1. 點擊數字 8 2. 點擊【N 次方】x^y 3. 點擊數字 3 帶入括號內 4. 點擊右括號 $)$ 5. 點擊等於 $=$ 進行運算	
【自然對數】 $\ln 2 = 0.69$	1. 點擊【自然對數】$\ln$ 2. 點擊數字 2 帶入括號內 3. 點擊右括號 $)$ 4. 點擊等於 $=$ 進行運算 ※自然對數為以數學常數 e 為底數的對數函數。	

案例		計算機操作說明
【自然指數】 $e^{-1} = 0.368$	1. 點擊【自然指數】e 2. 點擊【N 次方】x^y 3. 點擊數字 - 1 帶入括號內 4. 點擊右括號) 5. 點擊等於 = 進行運算	e^(−1) 0.367879441171
【對數】 $\log 2 = 0.3$	1. 點擊【對數】log 2. 點擊數字 2 帶入括號內 3. 點擊右括號) 4. 點擊等於 = 進行運算 ※ 對數為以 10 為底數的對數函數。	log(2) 0.301029995664

職業災害統計

- 失能傷害頻率（FR）＝ $\dfrac{失能傷害人(次)數 \times 10^6}{總經歷工時}$ （※取至小數點第 2 位數，第 3 位數不計）

- 失能傷害嚴重率（SR）＝ $\dfrac{總損失日數 \times 10^6}{總經歷工時}$ （※取至整數，小數點以下不計）

- 失能傷害平均損失日數＝ $\dfrac{總損失日數}{總計失能傷害人(次)數} = \dfrac{SR}{FR}$

- 年度之總合傷害指數（FSI）＝ $\sqrt{\dfrac{FR \times SR}{1,000}}$ （FR：失能傷害頻率；SR：失能傷害嚴重率）

（※取至小數點第 2 位數，第 3 位數不計）

- 死亡年千人率＝ $\dfrac{年間死亡勞工人數 \times 1,000}{平均勞工人數}$

　　　　　＝2.1×死亡傷害頻率

　　　　　＝2.1×FR（※以年平均工作時間 2,100 小時計算）

- 失能傷害頻率 $FR_{3個月}$ ＝ $\dfrac{3 個月失能傷害人(次)數 \times 10^6}{3 個月總經歷工時}$

（※取至小數點第 2 位數，第 3 位數不計）

- 傷害損失日數：傷害損失日數係指對於死亡、永久全失能、永久部分失能或暫時全失能而特定之損失日數。※傷害損失日數之計算方法如下：

(1) 死亡：應按損失 6,000 日登記。

(2) 永久全失能：每次應按損失 6,000 日登記。

　　永久全失能係指除死亡外之任何足使罹災者造成永久全失能，或在一次事故中損失下列各項之一，或失去其機能者：

　　①雙目

　　②一隻眼睛及一隻手，或手臂或腿或足。

　　③不同肢中之任何下列兩種：手、臂、足或腿。

(3) 永久部分失能：不論當場傷害或經外科手術後之結果，每次均應按照傷害損失日數登記。

(4) 暫時全失能：罹災者未死亡、永久全失能或永久部分失能，但不能繼續工作，必須休息離開工作場所，損失工作日達 1 日以上者。

題幹

某事業單位僱用勞工 500 人，6 月份總經歷工時為 80,000 小時，6 月 8 日下午 5 時發生一起感電職業災害，造成甲勞工送醫急救無效死亡，乙勞工受傷住院，6 月 29 日恢復上班；丙勞工受輕傷包紮後回家休養，翌日 8 時恢復上班工作，試計算該事業 6 月份之失能傷害頻率及失能傷害嚴重率？

解 失能傷害總人次數＝2（人/次）（※損失日數未滿一日之事件人次不列入）

傷害損失日數：

死亡：損失日數 6,000 日。

暫時全失能：損失日數 20 日。

失能傷害損失總日數＝6,000+20＝6,020（日）

（※發生事故當日及恢復工作當日不列入損失日數）

總經歷工時＝80,000（小時）

失能傷害頻率（FR）$= \dfrac{失能傷害人(次)數 \times 10^6}{總經歷工時}$

$= \dfrac{2 \times 10^6}{80,000}$

＝25.00（※取至小數點第 2 位數，第 3 位數不計）
（若小數點後第 1、2 位均為 0，仍要填寫完整為 25.00）

失能傷害嚴重率（SR）$= \dfrac{總損失日數 \times 10^6}{總經歷工時}$

失能傷害嚴重率（SR）$= \dfrac{6,020 \times 10^6}{80,000}$

＝75,250（※取至個位數，小數點以下不計）

∴失能傷害頻率（FR）為 25.00；失能傷害嚴重率（SR）為 75,250。

計算機操作範例：

計算式：$\dfrac{2 \times 10^6}{80,000} = 25$

計算機操作說明

$2 \times 10 \;\boxed{X^Y}\; 6 \div 80{,}000 \;\boxed{=}\; 25$

題幹

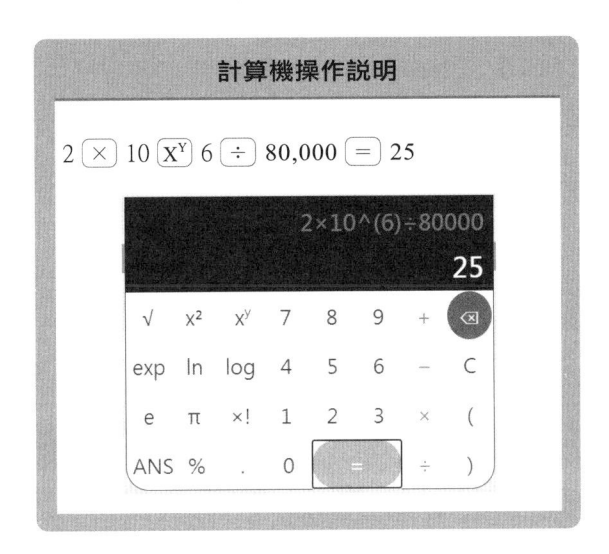

(一) 請寫出失能傷害頻率（FR）及失能傷害嚴重率（SR）之計算公式。

(二) 某事業單位 97 年度之 FR 為 40，SR 為 10,000，請依中央勞工主管機關之規定，計算該年度之總合傷害指數？

解

(一) 失能傷害頻率（FR）$= \dfrac{\text{失能傷害人(次)數} \times 10^6}{\text{總經歷工時}}$

失能傷害嚴重率（SR）$= \dfrac{\text{總損失日數} \times 10^6}{\text{總經歷工時}}$

(二) 年度之總合傷害指數（FSI）$= \sqrt{\dfrac{FR \times SR}{1{,}000}}$

$= \sqrt{\dfrac{40 \times 10{,}000}{1{,}000}}$

$= 20.00$（※取至小數點第 2 位數，第 3 位數不計）

（若小數點後第 1、2 位均為 0，仍要填寫完整為 20.00）

∴ 年度之總合傷害指數（FSI）為 20.00。

計算機操作範例：

計算式：$\sqrt{\dfrac{40 \times 10{,}000}{1{,}000}} = 20$

計算機操作說明

$\sqrt{\ }$ (40 × 10,000 ÷ 1,000) = 20

√(40×10000÷1000) = 20

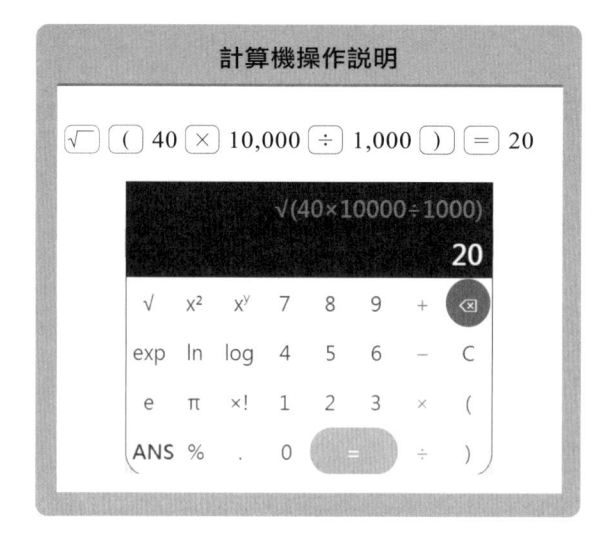

題幹

某營造公司僱用勞工 100 人，一月份總經歷工時為 20,000 小時，其 1 月份全月災變之紀錄記載於 1 月 6 日上午 8 時發生事故，致甲勞工左手臂截肢（損失日數 3,000 日）；乙勞工受傷於事發當日住院，並於 1 月 13 日恢復工作；丙勞工受傷回家休養，翌日 8 時恢復上班工作，試計算該公司該月失能傷害頻率及失能傷害嚴重率？

解 失能傷害總人次數＝2（人/次）（※損失日數未滿 1 日之事件人次不列入）

失能傷害損失總日數＝3,000+6＝3,006（日）

（※發生事故當日及恢復工作當日不列入損失日數）

總經歷工時＝20,000（小時）

失能傷害頻率（FR）$= \dfrac{\text{失能傷害人(次)數} \times 10^6}{\text{總經歷工時}}$

$= \dfrac{2 \times 10^6}{20,000}$

＝100.00（※取至小數點第 2 位數，第 3 位數不計）

（若小數點後第 1、2 位均為 0，仍要填寫完整為 100.00）

失能傷害嚴重率（SR）$= \dfrac{\text{總損失日數} \times 10^6}{\text{總經歷工時}}$

失能傷害嚴重率（SR）$= \dfrac{3,006 \times 10^6}{20,000}$

＝150,300（※取至整數，小數點以下不計）

∴失能傷害頻率（FR）為 100.00；失能傷害嚴重率（SR）為 150,300。

題幹

某化學品製造業共有勞工 8,000 人,採日夜 3 班制作業,每年工作 300 天?每人每天工作 8 小時,當年發生勞工 1 人死亡,3 人殘廢,8 人受傷。請回答下列問題:

(一) 失能傷害頻率為多少?
(二) 死亡千人率為多少?

解 (一) 失能傷害總人次數 = 1+3+8 = 12(人/次)

員工經歷總工時 = 8,000(人)×300(天)×8(小時) = 19,200,000(小時)

$$失能傷害頻率(FR) = \frac{失能傷害人(次)數 \times 10^6}{總經歷工時}$$

$$= \frac{12 \times 10^6}{19,200,000}$$

= 0.62(※取至小數點第 2 位數,第 3 位數不計)

∴ 失能傷害頻率(FR)為 0.62。

(二) $$死亡年千人率 = \frac{年間死亡勞工人數 \times 1,000}{平均勞工人數}$$

$$= \frac{1 \times 1,000}{8,000}$$

= 0.125

∴ 死亡年千人率為 0.125。

題幹

某事業單位之單月總經歷工時為 20,000 小時,失能傷害人次數為 2,總損失日數為 15。請計算失能傷害頻率及失能傷害嚴重率。

解 失能傷害總人次數 = 2(人/次)

失能傷害總損失日數 = 15 日

總經歷工時 = 20,000 小時

失能傷害頻率（FR）$= \dfrac{\text{失能傷害人(次)數} \times 10^6}{\text{總經歷工時}}$

$= \dfrac{2 \times 10^6}{20,000}$

$= 100.00$（※取至小數點第 2 位數，第 3 位數不計）
（若小數後 2 位均為 0，仍要填寫完整為 100.00）

失能傷害嚴重率（SR）$= \dfrac{\text{總損失日數} \times 10^6}{\text{總經歷工時}}$

$= \dfrac{15 \times 10^6}{20,000}$

$= 750$（※取至整數，小數點以下不計）

∴失能傷害頻率（FR）為 100.00；失能傷害嚴重率（SR）為 750。

題幹

某公司員工 100 人於 4 月份工作 20 天，每天工作 8 小時，該公司 4 月份發生 3 件災害，情況如下所述：

1. 小陳 4 月 3 日包裝成品時，割傷右手指，立即送醫治療後於 4 月 4 日回公司上班。
2. 小林 4 月 8 日擦窗戶墜落撞傷前額，立即送醫治療。當日請假後於 4 月 19 日回公司上班。
3. 小張 4 月 4 日上班途中騎機車與汽車擦撞受傷，立即送醫治療。當日請假後於 4 月 30 日回公司上班。

試計算此公司 4 月份之失能傷害頻率及失能傷害嚴重率。

解 失能傷害總人（次）數＝1（人/次）

【※小陳：損失日數未滿 1 日之事件人次不列入；小張：通勤災害人次不列入】

> 勞工於上下班交通之通勤災害非屬職業安全衛生法所稱職業災害，無須計入**失能傷害頻率**與**失能傷害嚴重率**。

失能傷害總損失日數＝10（日）【小林＝19-8-1＝10 日】

總經歷工時＝100（人）× 20（天）× 8（小時/天）＝16,000（小時）

$$失能傷害頻率（FR）=\frac{失能傷害人(次)數×10^6}{總經歷工時}$$

$$=\frac{1×10^6}{16,000}$$

=62.50（※取至小數點第 2 位數，第 3 位數不計）
（若小數點後第 2 位為 0，仍要填寫完整為 62.50）

$$失能傷害嚴重率（SR）=\frac{總損失日數×10^6}{總經歷工時}$$

$$=\frac{10×10^6}{16,000}$$

=625（※取至整數，小數點以下不計）

∴失能傷害頻率（FR）為 62.50；失能傷害嚴重率（SR）為 625。

題幹

某公司 4 月份失能傷害頻率為 5，工時 200,000 小時；5 月份失能傷害頻率為 12，工時 250,000 小時；6 月份失能傷害頻率為 5.71，工時 350,000 小時，請回答下列問題。
(一) 4 月份失能傷害次數為多少？
(二) 5 月份失能傷害次數為多少？
(三) 6 月份失能傷害次數為多少？
(四) 3 個月的平均失能傷害頻率為多少？

解

$$失能傷害頻率（FR）=\frac{失能傷害人(次)數×10^6}{總經歷工時}$$

$$→失能傷害人（次）數=\frac{失能傷害頻率FR×總經歷工時}{10^6}$$

(一) 4 月份失能傷害頻率為 5，工時 200,000 小時

$$失能傷害人（次）數=\frac{失能傷害頻率FR×總經歷工時}{10^6}$$

$$=\frac{5×200,000}{10^6}$$

$$=\frac{1,000,000}{10^6}$$

$$=1$$

∴4 月份失能傷害次數為 1 次。

(二) 5 月份失能傷害頻率為 12，工時 250,000 小時

$$失能傷害人（次）數 = \frac{失能傷害頻率 FR \times 總經歷工時}{10^6}$$

$$= \frac{12 \times 250,000}{10^6}$$

$$= \frac{3,000,000}{10^6}$$

$$= 3$$

∴ 5 月份失能傷害次數為 3 次。

(三) 6 月份失能傷害頻率為 5.71，工時 350,000 小時

$$失能傷害人（次）數 = \frac{失能傷害頻率 FR \times 總經歷工時}{10^6}$$

$$= \frac{5.71 \times 350,000}{10^6}$$

$$= \frac{1,998,500}{10^6}$$

$$\fallingdotseq 2$$

∴ 6 月份失能傷害次數約為 2 次。

(四) $$失能傷害頻率 FR_{3個月} = \frac{3個月失能傷害人(次)數 \times 10^6}{3個月總經歷工時}$$

$$= \frac{(1+3+2) \times 10^6}{(200,000+250,000+350,000)}$$

$$= \frac{6 \times 10^6}{800,000}$$

= 7.50（※取至小數點第 2 位數，第 3 位數不計）
（若小數點後第 2 位為 0，仍要填寫完整為 7.50）

∴ 3 個月的平均失能傷害頻率為 7.50。

題幹

勞工 455 人，該月平均工作 20 天，一天平均 8 小時，共有三位勞工發生災害：

A 勞工雙目失明送醫。

B 勞工工作跌倒送醫，當月第一個禮拜五受傷，隔週二回來上班。

C 勞工送貨途中車禍送醫，當月第三個禮拜三受傷，隔週二回來上班。

請問：

(一) 當月總經歷工時？

(二) 失能傷害人次數？

(三) 失能傷害損失總日數？

(四) 失能傷害頻率？

(五) 失能傷害嚴重率？

解

(一) 當月總經歷工時＝455（人）×20（天）×8（小時）＝72,800（小時）

∴當月總經歷工時為 72,800 小時。

(二) 失能傷害人次數：A 勞工、B 勞工、C 勞工＝3 人/次

∴失能傷害人次數為 3 人/次。

(三) 發生事故當日及恢復工作當日不列入損失日數

A 勞工雙目失明：損失日數 6,000 日

B 勞工暫時全失能：損失日數 3 日

C 勞工暫時全失能：損失日數 5 日

因「執行職務」所發生之交通事故屬職業安全衛生法所稱職業災害，必須計入失能傷害頻率與失能傷害嚴重率。

失能傷害損失總日數＝6,000+3+5=6,008（日）

∴失能傷害損失總日數為 6,008 日。

(四) 失能傷害頻率（FR）＝ $\dfrac{失能傷害人(次)數 \times 10^6}{總經歷工時}$

$= \dfrac{3 \times 10^6}{72,800}$

$= 41.20$

（※取至小數點第 2 位數，第 3 位數不計）

∴失能傷害頻率（FR）為 41.20。

(五) 失能傷害嚴重率（SR）$=\dfrac{總損失日數 \times 10^6}{總經歷工時}$

$=\dfrac{6,008 \times 10^6}{72,800}$

$=82,527$

（※取至整數，小數點以下不計）

∴失能傷害嚴重率（SR）為 82,527。

計算機操作範例：

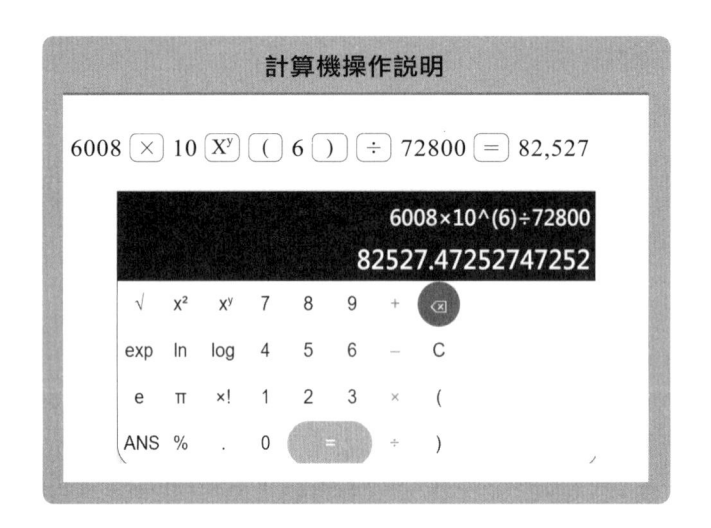

計算式：$\dfrac{6,008 \times 10^6}{72,800}=82,527$

計算機操作說明

$6008\ \boxed{\times}\ 10\ \boxed{X^y}\ \boxed{(}\ 6\ \boxed{)}\ \boxed{\div}\ 72800\ \boxed{=}\ 82,527$

```
6008×10^(6)÷72800
82527.47252747252
```

√	x²	xʸ	7	8	9	+	⌫
exp	ln	log	4	5	6	−	C
e	π	x!	1	2	3	×	(
ANS	%	.	0	=	÷	)	

題幹

某公司總工時 700,000 共有三位勞工發生災害：A 勞工死亡，B 勞工 3 月 24 日受傷，至 5 月 6 日回來上班。C 勞工 3 月 24 日受傷隔日回來上班，請問：

(一) 失能傷害損失總日數？
(二) 失能傷害頻率？
(三) 失能傷害嚴重率？

解 (一) 發生事故當日及恢復工作當日不列入損失日數。

A 勞工：死亡損失日數 6,000 日

B 勞工：暫時全失能 7+30+5＝42 日

3 月份損失日數＝31－24＝7 日；

4 月份損失日數＝30 日；

5 月份損失日數＝6－1＝5 日。

C 勞工：損失日數未滿 1 日，故不列入損失日數。

∴ 失能傷害損失總日數＝6,000+42=6,042(日)

(二) 失能傷害人次數：A 勞工、B 勞工＝2 人/次

【※C 勞工：損失日數未滿 1 日之事件人次不列入】

$$失能傷害頻率(FR) = \frac{失能傷害人(次)數 \times 10^6}{總經歷工時}$$

$$= \frac{2 \times 10^6}{700,000}$$

$$= 2.85$$

（※取至小數點第 2 位數，第 3 位數不計）

(三) $$失能傷害嚴重率(SR) = \frac{總損失日數 \times 10^6}{總經歷工時}$$

$$= \frac{6,042 \times 10^6}{700,000}$$

$$= 8,631$$

（※取至整數，小數點以下不計）

計算機操作範例：

計算式：$\dfrac{6{,}042 \times 10^6}{700{,}000} = 8{,}631$

計算機操作說明

6042 ×　10 X^y (6) ÷ 700000 = 8,631

```
6042×10^(6)÷700000
8631.42857142857
```

√	x²	xʸ	7	8	9	+	⌫
exp	ln	log	4	5	6	−	C
e	π	×!	1	2	3	×	(
ANS	%	.	0	=	÷	)	

機械、設備安全防護

🔍 研磨機之研磨輪轉速（V）＝ $\pi \times D \times N$

V：周速度（公尺/分）

D：直徑（公尺）

N：最大安全轉速（rpm）

🔍 雙手起動式安全裝置，其作動滑塊等之操作部至危險界限間之距離（D）＝ $1.6 \times Tm$

D：按鈕至危險界限間之安全距離，以毫米表示。

Tm：手指離開操作部至滑塊抵達下死點時之最大時間，以毫秒表示。

Tm＝$(\frac{1}{2}+\frac{1}{離合器嚙合數之數目})$×曲柄軸旋轉一周所需時間

🔍 依「高壓氣體勞工安全規則」第 18 條規定該容器之儲存能力為：

液化氣體儲存設備：W＝$0.9 \times w \times V2$

W（公斤）：儲存設備之儲存能力值。

w（公斤/公升）：儲槽於常用溫度時液化氣體之比重值。

V2（公升）：儲存設備之內容積值。

🔍 定容查理定律是指定量定容的理想氣體，壓力與絕對溫度成正比，即 $\frac{P_1}{P_2}=\frac{T_1}{T_2}$

P：壓力

T：絕對溫度（K）＝273.15+°C

🔍 理想氣體方程式：PV＝nRT

P：壓力（單位：atm）

V：體積（單位：L）

n：莫爾數（單位：mol）

T：絕對溫度（單位：K）

R 為理想氣體常數＝0.082（單位：atm-L/mol-K）

題幹

為判別研磨機之使用是否超過規定最高使用周速度,得依下式為之:如該研磨機之研磨最高使用速率(周速率)為 3,000 公尺/分,其直徑為 250 公厘,研磨輪之每分鐘轉速為 3,600 轉。此研磨輪周速度是否合乎安全要求,試計算之?(請以四捨五入取至整數)

解 研磨機之研磨輪周速度(V)= $\pi \times D \times N$

V:周速度(公尺/分)

D:直徑(公尺)

N:最大安全轉速(rpm)

$D = \dfrac{250公厘}{1,000}$ (※1 公尺=1,000 公厘)

= 0.25 公尺

V = $\pi \times D \times N$

= $\pi \times 0.25 \times 3,600$

= 2,827(公尺/分)

∵ 此研磨輪周速度 V = 2,827 公尺/分 < 3,000 公尺/分(研磨機最高使用周速率),所以符合安全要求。

題幹

研磨輪最高使用速率(周速率)為 2,200 公尺/分,其直徑 205 毫米,請問此研磨輪之每分鐘轉速為多少轉?(請以四捨五入取至整數)

解 研磨機之研磨輪周速率(V)= $\pi \times D \times N$

V:周速度(公尺/分)

D:直徑(公尺)

N:最大安全轉速(rpm)

∵ V = 2,200 公尺/分

$D = \dfrac{205毫米}{1,000} = 0.205$ 公尺 (※1 公尺=1,000 毫米)

∴ V = $\pi \times D \times N$

→ 2,200 = $\pi \times 0.205 \times N$

$$\rightarrow N = \frac{2,200}{\pi \times 0.205}$$

$$= 3,416（轉）$$

故此研磨輪之每分鐘轉速為 3,416 轉。

> **題幹**
>
> 某一全轉式動力衝剪機械之離合器嚙合處數目有 2 個，且其曲柄軸旋轉一周所需時間為 0.5sec，若設置雙手起動式安全裝置，則其按鈕與危險界限間距離至少為多少公分？（請以四捨五入取至整數）

解 曲柄軸旋轉一周所需時間為 0.5 秒＝500 毫秒

Tm：手指離開操作部至滑塊抵達下死點時之最大時間，以毫秒表示。

$$Tm = (\frac{1}{2} + \frac{1}{\text{離合器嚙合數之數目}}) \times 曲柄軸旋轉一周所需時間$$

$$= (\frac{1}{2} + \frac{1}{2}) \times 500$$

$$= 500（毫秒）$$

D：按鈕至危險界限間之安全距離，以毫米表示。

$$D = 1.6Tm$$

$$= 1.6 \times 500$$

$$= 800（毫米）$$

$$= 80（公分）$$

∴其按鈕與危險界限間距離至少為 80 公分。（※注意題目所求之單位）

> **題幹**
>
> 吊車之伸臂長為 $9.3\sqrt{2}$ m，於作業現場高度 $9.3\sqrt{2}$ m 處有 345kv 特高壓，現在吊車伸臂無法左右水平移動跟伸縮，請問為防止感電，吊車之伸臂能抬高多少角度？（角度請以採特別角換算）

解 依「職業安全衛生設施規則」第 260 條規定，使勞工使用活線作業用器具，並對勞工身體或其使用中之金屬工具、材料等導電體，應保持下表所定接近界限距離：

充電電路之使用電壓（千伏特）	接近界限距離 (公分)	(公尺)
22 以下	20	0.2
超過 22，33 以下	30	0.3
超過 33，66 以下	50	0.5
超過 66，77 以下	60	0.6
超過 77，110 以下	90	0.9
超過 110，154 以下	120	1.2
超過 154，187 以下	140	1.4
超過 187，220 以下	160	1.6
超過 220，345 以下	200	2
超過 345	300	3

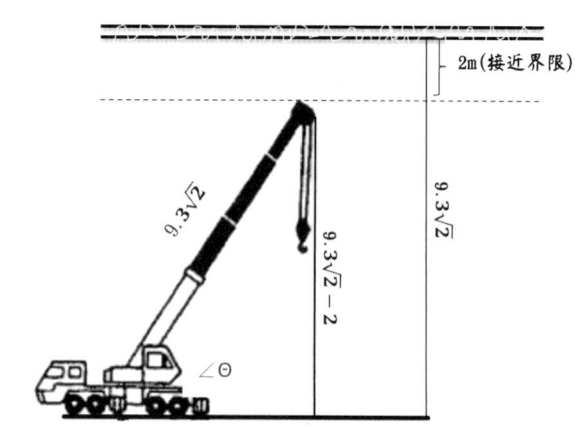

$$\sin(\theta) = \frac{對邊}{斜邊}$$

$$= \frac{9.3\sqrt{2}\text{m}-2\text{m}(接近界限)}{9.3\sqrt{2}\text{m}}$$

＝ 0.85(接近值為 0.87)

∴ θ 採特別角換算 $\sin 60° = 0.87$

∴ 吊車可抬高角度是為 60 度

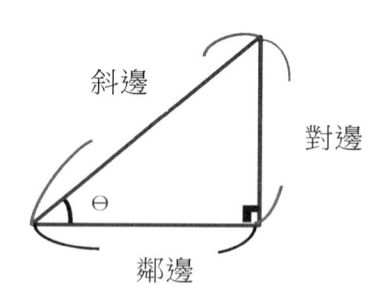

$$\sin(\theta) = \frac{對邊}{斜邊} \quad \cos(\theta) = \frac{鄰邊}{斜邊}$$

$$\tan(\theta) = \frac{對邊}{鄰邊} \quad \cot(\theta) = \frac{鄰邊}{對邊}$$

特別角換算表：

θ	sin(θ)	cos(θ)
30°	0.5	0.87
45°	0.7	0.7
60°	0.87	0.5

計算機操作說明

(9.3 × √ (2) − 2) ÷ (9.3 × √ (2)) = 0.85

(9.3×√(2)−2)÷(9.3×√(2))
0.847934025551

題幹

車架固定有一內容積 10 立方公尺容器之槽車，灌裝有比重 0.67 之液氨 2,500 公斤，

(一) 該容器依「高壓氣體勞工安全規則」規定之儲存能力為若干？

(二) 該容器在管理分類上，應至少再灌裝多少公斤才屬灌氣容器？

（以上請四捨五入取至整數）

解 (一) 依「高壓氣體勞工安全規則」第 18 條規定該容器之儲存能力為：

液化氣體儲存設備：$W = 0.9 \times w \times V2$

W（公斤）：儲存設備之儲存能力值。

w（公斤/公升）：儲槽於常用溫度時液化氣體之比重值。

V2（公升）：儲存設備之內容積值。

1 立方公尺＝1,000 公升

$W = 0.9 \times w \times V2$

　$= 0.9 \times 0.67 \times 10,000$

　$= 6,030 kg$

∴該容器依「高壓氣體勞工安全規則」規定之儲存能力為 6,030kg。

(二) 依「高壓氣體勞工安全規則」第 8 條規定：灌氣容器，係指灌裝有高壓氣體之容器，而該氣體之質量在灌裝時質量之 2 分之 1 以上者。

故以上述計算結果該容器之儲存能力為 6,030kg，其 2 分之 1 即為 3,015kg。

目前已裝 2,500kg，所以應至少再灌裝 3,015-2,500＝515 公斤以上才屬灌氣容器。

題幹

依高壓氣體之定義，試判斷下列敘述中是否為高壓氣體勞工安全規則所稱之高壓氣體。
(一) 在 15°C 時表壓力 1.8 kg/cm² 之乙炔氣體。
(二) 在 20°C 時表壓力 9.9 kg/cm² 之氫氣。

解

(一) 在 15°C 時表壓力 1.8 kg/cm² 之乙炔氣體不屬於高壓氣體。

因必須溫度在攝氏 15 度時之壓力可達每平方公分 2 公斤以上之壓縮乙炔氣才屬於高壓氣體，故此乙炔氣體不屬於高壓氣體。

(二) 定容查理定律是指定量定容的理想氣體，壓力與絕對溫度成正比，即 $\dfrac{P_1}{P_2}=\dfrac{T_1}{T_2}$

∵ 1 大氣壓（atm）＝1.033（kg/cm²）；所以絕對壓力 P＝表壓力+1.033。

∴ $\dfrac{P_1}{P_2}=\dfrac{T_1}{T_2}$ 【P：壓力 kg/cm²，T：絕對溫度（K）＝273.15+°C】

→ $\dfrac{9.9+1.033}{P_2+1.033}=\dfrac{273.15+20}{273.15+35}$

→ $P_2=\dfrac{10.933 \times 308.15}{293.15}-1.033$

＝10.46 kg/cm²

因為在溫度 35°C 之壓力達每平方公分 10 公斤以上之壓縮氣體屬於高壓氣體，此題經運算結果為 10.46 kg/cm²，所以此氫氣屬於高壓氣體。

題幹

請試算下列設備之 1 日冷凍能力：

(一) 有一離心式壓縮機之製造設備，壓縮機之原動機額定輸出為 4,000 瓦，其 1 日冷凍能力為何？

(二) 有一吸收式冷凍設備，1 小時加熱於發生器之入熱量為 4,000 仟卡，其 1 日冷凍能力為何？

（以上請四捨五入計算至小數點第 1 位）

解

(一) 依「高壓氣體勞工安全規則」第 20 條第 1 項第 1 款冷凍能力規定，指使用離心式壓縮機之製造設備，以該壓縮機之原動機額定輸出 1.2 瓩為 1 日冷凍能力 1 公噸。

∵ 4,000 瓦＝4 瓩

∴ 離心式壓縮機之製造設備之 1 日冷凍能力＝$\dfrac{4 瓩}{1.2 瓩/公噸}$＝3.3 公噸

故此離心式壓縮機之製造設備之 1 日冷凍能力為 3.3 公噸

(二) 依「高壓氣體勞工安全規則」第 20 條第 1 項第 2 款冷凍能力規定，指使用吸收式冷凍設備，以 1 小時加熱於發生器之入熱量 6,640 仟卡為 1 日冷凍能力 1 公噸。

∴ 吸收式冷凍設備之 1 日冷凍能力＝$\dfrac{4,000 仟卡}{6,640 仟卡/公噸}$＝0.6 公噸

故此吸收式冷凍設備之 1 日冷凍能力為 0.6 公噸。

> 題幹
>
> 絕對零度是攝氏零下 273.15 度，試問：
> (一) 水的分子量為何？
> (二) 在一大氣壓下，水沸騰時的絕對溫度是多少？
> (三) 在常壓下，水吸熱成為 473ºC 的水蒸氣，其體積膨脹約為多少倍？

解 (一) 水的化學式 H_2O（∵H＝1；O＝16）

分子量 H_2O＝(1×2)+(16×1)＝18

∴水的分子量為 18 g/mol。

(二) 水沸騰時的絕對攝氏溫度：

T(K)＝273.15+ºC＝273.15+100＝373.15(K)

∴水沸騰時的絕對攝氏溫度為 373.15。

(三) 設 1 莫耳的水為 18g，而 $\frac{g}{密度}$＝mL，因水的密度是 1，所以 $\frac{18g}{1}$＝18mL

∵理想氣體方程式：PV＝nRT

　P：壓力　V：體積　n：莫爾數　T：絕對溫度

　R 為理想氣體常數＝0.082 atm-L/mol-K

> ※補充說明：
>
> 標準狀態(STP)(0ºC、1atm)下，一莫耳的理想氣體的體積 22.4L。
>
> $R = \frac{PV}{nT} = \frac{1atm \times 22.4L}{1mol \times 273.15K} = 0.082$ atm-L/mol-K

$V = \frac{nRT}{P}$

$= \frac{1 \times 0.082 \times (473+273.15)}{1}$

$= 1 \times 0.082 \times 746.15$

$= 61.184$（L）

$= 61,184$（mL）

∴$\frac{V_1}{V_2} = \frac{61,184}{18} = 3,399 ≒ 3,400$（倍）

故常壓下，水吸熱成為 473ºC 的水蒸氣，其體積膨脹約 3,400 倍。

物理性危害因子－噪音

🔍 測定勞工 8 小時日時量平均音壓級時，應將 80 分貝以上之噪音以增加 5 分貝降低容許暴露時間一半之方式納入計算。

🔍 容許暴露時間 $T = \dfrac{8}{2^{\frac{L-90}{5}}}$

T：容許暴露時間（hr）

L：噪音壓級（dBA）

勞工暴露之噪音音壓級及其工作日容許暴露時間如下列對照表：

工作日容許暴露時間(小時)	32	16	8	6	4	3	2	1	1/2	1/4
A權噪音音壓級（dBA）	80	85	90	92	95	97	100	105	110	115

🔍 噪音劑量與音壓級換算計算

t 小時時量平均音壓級 $L_{TWA} = 16.61 \log \dfrac{100 \times D}{12.5 \times t} + 90\,dBA$

D：暴露劑量

t：總工作暴露時間 hr

勞工噪音暴露之 8 小時日時量平均音壓級 $L_{TWA8} = 16.61 \log D + 90\,dBA$

🔍 穩定性噪音容許暴露時間之 5 分貝原理，又稱 5 分貝減半率，每增加 5 分貝，容許暴露等級（PEL）時間減半，5 分貝原理：$PEL_{(hr)} = \dfrac{8}{2^{\frac{L-90}{5}}}$。

🔍 勞工工作日暴露於二種以上之連續性或間歇性音壓級之噪音時，其暴露劑量之計算方法為：$D = \dfrac{t_1}{T_1} + \dfrac{t_2}{T_2} + \ldots + \dfrac{t_n}{T_n}$（其和大於 1 時，即屬超出容許暴露劑量）。

t：工作者於工作日暴露某音壓級之時間（hr）

T：暴露該音壓級相對應的容許暴露時間（hr）

(D) ≦ 1 符合法規； (D) > 1 不符合法規

🔍 Lp（噪音和）＝10 log(10^{L1/10}+10^{L2/10}+⋯+10^{Ln/10})

🔍 多個相同音壓級的噪音之合併音壓級 L＝ 10 log A + B

　　A：噪音源之數目；B：噪音源之音壓級

🔍 噪音相加速算法 $L_1 \geq L_2$，則噪音相加值＝ L_1+修正值。

L_1-L_2	0,1	2~4	5~9	10~
修正值	3	2	1	0

題幹

噪音 100 分貝時容許暴露時間為何？

解 $T = \dfrac{8}{2^{\frac{L-90}{5}}}$ ；T：容許暴露時間（hr）；L：噪音壓級（dBA）

$T = \dfrac{8}{2^{\frac{100-90}{5}}} = 2$

∴噪音 100 分貝時容許暴露時間 2hr

計算機操作範例：

計算式：$\dfrac{8}{2^{\frac{100-90}{5}}} = 2$

計算機操作說明

8 ÷ 2 X^Y ((100 − 90) ÷ 5) ＝ 2

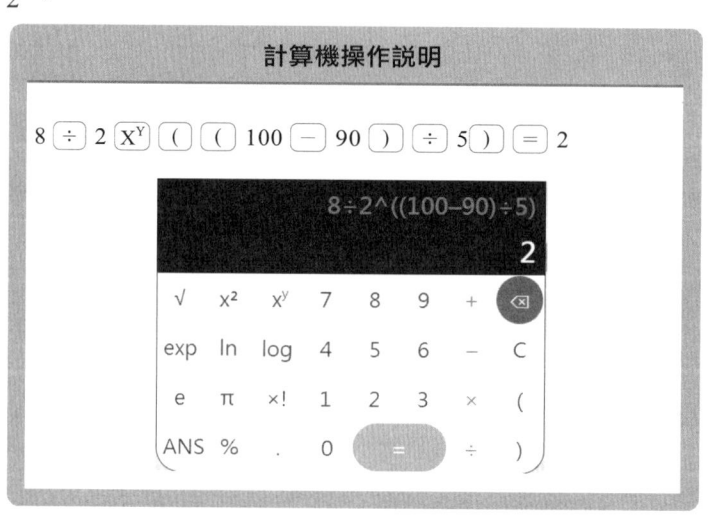

8÷2^((100−90)÷5)

2

> **題幹**
>
> 一勞工工作時間 8 小時，平均音壓級為 88 dBA，求噪音暴露劑量為多少％？
> 提示：$D = 100 \times 2^{\frac{L-90}{5}}$（請以四捨五入取至小數點第 2 位）

解 $D = 100 \times 2^{\frac{L-90}{5}}$；D：噪音暴露劑量（％）；L：噪音壓級（dBA）

$D = 100 \times 2^{\frac{88-90}{5}} = 100 \times 0.7579 = 75.79$（％）

∴噪音暴露劑量為 75.79％

計算機操作範例：

計算式：$100 \times 2^{\frac{88-90}{5}} = 75.79$

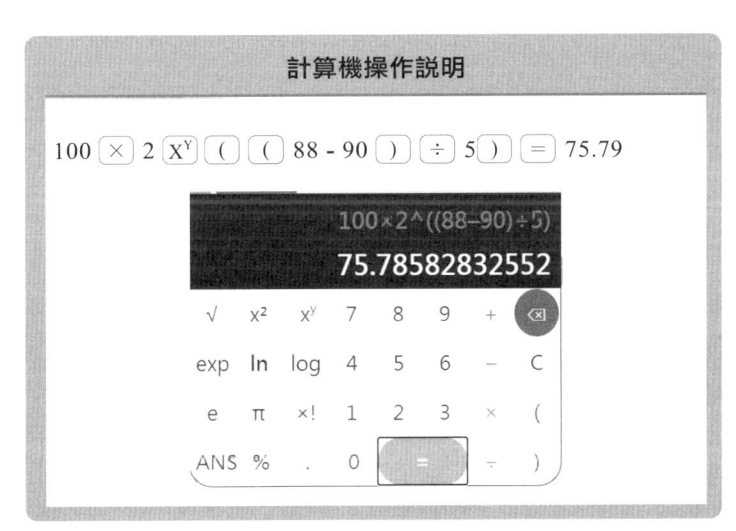

計算機操作說明

$100 \;\boxed{\times}\; 2 \;\boxed{X^Y}\; \boxed{(} \; \boxed{(} \; 88 - 90 \; \boxed{)} \; \boxed{\div} \; 5 \; \boxed{)} \; \boxed{=} \; 75.79$

```
100×2^((88−90)÷5)
       75.78582832552
```

> **題幹**
>
> 勞工每日工作時間 8 小時，其噪音之暴露在上午 8 小時至 12 小時為穩定性噪音，音壓級為 90dBA；下午 1 時至下午 5 時為變動性噪音，此時段暴露累積劑量為 40％，試計算該勞工全程日之噪音暴露劑量，並說明該勞工噪音暴露是否符合於法令規定？

解 $T = \dfrac{8}{2^{\frac{L-90}{5}}}$；T：容許暴露時間（hr）；L：噪音壓級（dBA）

$T_1 = \dfrac{8}{2^{\frac{90-90}{5}}} = 8$

$D_2 = 40\% = 0.4$

2-27

08:00~12:00（4 小時），90dBA 容許暴露時間為 8 小時

13:00~17:00（4 小時），暴露累積劑量 D＝40%＝0.4

$D = \dfrac{t_1}{T_1} + \dfrac{t_2}{T_2} + \ldots + \dfrac{t_n}{T_n}$（其和大於 1 時，即屬超出容許暴露劑量）。

t：工作者於工作日暴露某音壓級之時間（hr）

T：暴露該音壓級相對應的容許暴露時間（hr）

(D) ≦ 1 符合法規；(D) > 1 不符合法規

該勞工之噪音暴露劑量：

$D = \dfrac{t_1}{T_1} + \dfrac{t_2}{T_2}$

$= \dfrac{4}{8} + 0.4$

$= 0.9$

∴ 因 D 小於 1，其和未超出容許暴露劑量，故符合法令規定。

題幹

某一勞工暴露於噪音之測定結果如下：
08：00~12：00 穩定性噪音，$L_A = 90\text{dBA}$
13：00~15：00 變動性噪音，噪音劑量＝50%
15：00~17：00 穩定性噪音，$L_A = 85\text{dBA}$
(一) 試評估其暴露是否符合法令規定？
(二) 暴露 8 小時日時量平均音壓級為多少分貝？（請以四捨五入取至小數點第 2 位）

解 (一) $T = \dfrac{8}{2^{\frac{L-90}{5}}}$；T：容許暴露時間（hr）；L：噪音壓級（dBA）

$T_1 = \dfrac{8}{2^{\frac{90-90}{5}}} = 8$

$D_2 = 50\% = 0.5$

$T_3 = \dfrac{8}{2^{\frac{85-90}{5}}} = 16$

08:00~12:00（4 小時），$L_A = 90\text{dBA}$ 容許暴露時間為 8 小時

13:00~15:00（2 小時），噪音劑量 $D_2 = 50\% = 0.5$

15:00~17:00（2 小時），$L_A = 85\text{dBA}$ 容許暴露時間為 16 小時

$$D = \frac{t_1}{T_1} + \frac{t_2}{T_2} + \ldots + \frac{t_n}{T_n}$$（其和大於 1 時，即屬超出容許暴露劑量）。

t：工作者於工作日暴露某音壓級之時間（hr）

T：暴露該音壓級相對應的容許暴露時間（hr）

(D) ≦ 1 符合法規；(D) > 1 不符合法規

該勞工之噪音暴露劑量：

$$D = \frac{t_1}{T_1} + \frac{t_2}{T_2} + \frac{t_3}{T_3}$$

$$= \frac{4}{8} + 0.5 + \frac{2}{16}$$

$$= 1.125$$

∴因 D 大於 1，其和已超出容許暴露劑量，故不符合法令規定。

(二) 噪音暴露 8 小時日時量平均音壓級：

$$L_{TWA} = 16.61 \log \frac{100 \times D}{12.5 \times t} + 90$$

$$= 16.61 \log \frac{100 \times 1.125}{12.5 \times 8} + 90$$

$$= 90.85 \text{（dBA）}$$

∴該勞工噪音暴露 8 小時日時量平均音壓級為 90.85dBA。

計算機操作範例：

計算式：$16.61 \log \frac{100 \times 1.125}{12.5 \times 8} + 90 = 90.85$

> **題幹**
>
> 某工作場所有機械 1 台，經於 4 公尺遠處測定噪音為 85 分貝，如另 1 台相同之機械噪音於 4 公尺處測定亦為 85 分貝，假設各機械皆視為點音源，試回答下列問題：
> (一) 如二機械置於同一處，於 4 公尺遠處測定之音壓級應為多少？
> (二) 又若共 4 台同樣機械置於該處，測定結果應為若干？
> （提示：噪音值 $L_1 - L_2 = 0$ 分貝時，修正值 L＝3 分貝）

解 此題應用公式：先將分貝值由小到大排列而噪音相加值＝大值+(修正值)

(一) 2 台機械置於同一處，於 4 公尺遠處測定之音壓級均為 85 分貝，故 $L_1 = 85$；$L_2 = 85$；$L_1 - L_2 = 85 - 85 = 0$，

又∵提示：噪音值 $L_1 - L_2 = 0$ 分貝時，修正值 L＝3 分貝

∴ $85 + 3 = 88$（分貝）

經計算後得知該場所之音壓級約為 88（分貝）

(二) 4 台同樣機械置於同一處，分成兩組每組噪音均 88 分貝，故 $L_1 = 88$；$L_2 = 88$

$L_1 - L_2 = 88 - 88 = 0$，

又∵提示：噪音值 $L_1 - L_2 = 0$ 分貝時，修正值 L＝3 分貝

∴ $88 + 3 = 91$（分貝）

經計算後得知該場所之音壓級約為 91（分貝）

【另解】

(一) 2 台機械置於同一處，於 4 公尺遠處測定之音壓級計算如下：

Lp（噪音和）$= 10 \log(10^{L_1/10} + 10^{L_2/10} + \cdots + 10^{L_n/10})$

$= 10 \log(10^{85/10} + 10^{85/10})$

$= 10 \log(10^{8.5} + 10^{8.5})$

$= 88$（分貝）

經計算後得知該場所之音壓級約為 88（分貝）。

計算機操作範例：

計算式：$10 \log(10^{8.5} + 10^{8.5}) = 88$

```
計算機操作說明
10 × log ( 10 Xʸ ( 8.5 ) ) + 10 Xʸ ( 8.5 ) ) = 88

10×log(10^(8.5)+10^(8.5))
                88.01029995664
```

(二) 4 台同樣機械置於該處,其測定之音壓級計算如下:

　　L = 10 log A + B

　　A = 噪音源之數目

　　B = 噪音源之音壓級

　　L = 10 log 4 + 85 = 91(分貝)

　　經計算後得知該場所之音壓級約為 91(分貝)。

計算機操作範例:

計算式:10 log 4 + 85 = 91

```
計算機操作說明
10 × log ( 4 ) + 85 = 91

                10×log(4)+85
                91.02059991328
```

題幹

某工廠內安裝之機器，一部機器之噪音量為 83 分貝，若安裝 2 部相同之機器並同時開動，所測得噪音音壓級為何？若安裝 4 部相同之機器，並同時開動其值又為何？（請以四捨五入取至整數）

解 2 部機器同時開動時噪音音壓級：

$$Lp（噪音和）= 10 \log(10^{L1/10}+10^{L2/10}+\cdots+10^{Ln/10})$$

$$= 10 \log(10^{83/10} + 10^{83/10})$$

$$= 10 \log(10^{8.3} + 10^{8.3})$$

$$= 86（分貝）$$

∴ 安裝 2 部相同之機器並同時開動，所測得噪音音壓級為 86（分貝）。

4 部機器同時開動時噪音音壓級

$$Lp（噪音和）= 10 \log(10^{L1/10}+10^{L2/10}+\cdots+10^{Ln/10})$$

$$= 10 \log(10^{83/10} + 10^{83/10} + 10^{83/10} + 10^{83/10})$$

$$= 10 \log(10^{8.3} + 10^{8.3} + 10^{8.3} + 10^{8.3})$$

$$= 89（分貝）$$

∴ 安裝 4 部相同之機器，並同時開動其值為 89（分貝）。

計算機操作範例：

計算式：$10 \log(10^{8.3} + 10^{8.3} + 10^{8.3} + 10^{8.3}) = 89$

計算機操作說明

10 × log (10 X^y (8.3) + 10 X^y (8.3)
+ 10 X^y (8.3) + 10 X^y (8.3) = 89

10×log(10^(8.3)+10^(8.3)+10^(8.3)+10^(8.3))
89.02059991328

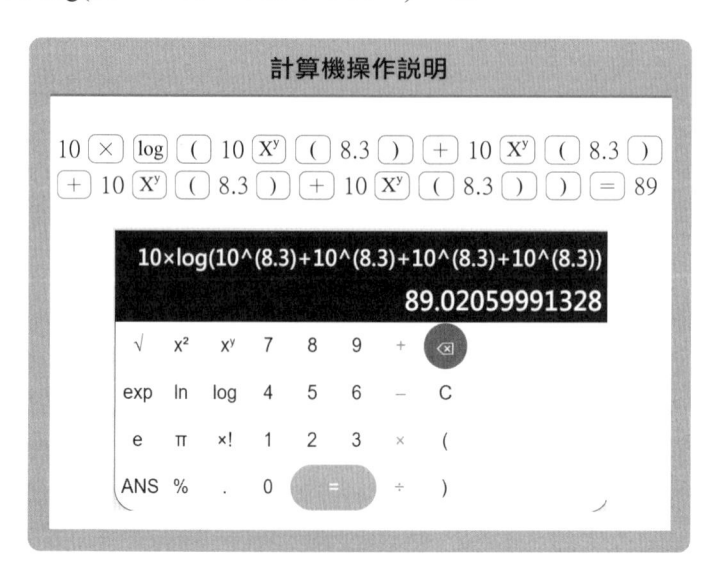

物理性危害因子 - 溫濕環境

🔍 綜合溫度熱指數計算方法如下：

戶外有日曬情形者：

綜合溫度熱指數 WBGT＝0.7×(自然濕球溫度)+0.2×(黑球溫度)+0.1×(乾球溫度)

戶內或戶外無日曬情形者：

綜合溫度熱指數 WBGT＝0.7×(自然濕球溫度)+0.3×(黑球溫度)

🔍 依「高溫作業勞工作息時間標準」所稱高溫作業，高溫作業勞工如為連續暴露達 1 小時以上者，以每小時計算其暴露時量平均綜合溫度熱指數，間歇暴露者，以 2 小時計算其暴露時量平均綜合溫度熱指數，並依下表規定，分配作業及休息時間：

每小時作息時間比例		連續作業	75%作業 25%休息	50%作業 50%休息	25%作業 75%休息
時量平均綜合溫度熱指數值 °C	輕工作	30.6	31.4	32.2	33.0
	中度工作	28.0	29.4	31.1	32.6
	重工作	25.9	27.9	30.0	32.1

🔍 綜合溫度熱指數

$$WBGT_{TWA} = \frac{(WBGT_1 \times t_1)+(WBGT_2 \times t_2)\ldots+(WBGT_n \times t_n)}{t_1+t_2+\cdots+t_n}$$

🔍 平均之綜合溫度熱指數

$$WBGT_{avg} = \frac{(WBGT_{頭} \times 1)+(WBGT_{腹} \times 2)+(WBGT_{腳} \times 1)}{1+2+1}$$

🔍 設 $E(mW/cm^2)$ 為電磁波通量密度；$R(m)$ 為距離雷達天線處。

電磁波通量密度與距離的平方成反比，即 $E_1 : E_2 = R_2^2 : R_1^2$

題幹

玻璃熔融工廠、其室內黑球溫度 38°C、濕球溫度 24°C、乾球溫度 26°C、其作業型態為中度工作，綜合溫度熱指數為 28°C，試問此作業場所 WBGT，及是否為高溫作業？

解 此屬綜合溫度熱指數戶內或戶外無日曬的情形，其計算如下：

綜合溫度熱指數 WBGT＝0.7×(自然濕球溫度)+0.3×(黑球溫度)

$$= 0.7 \times 24°C + 0.3 \times 38°C = 28.2°C$$

依「高溫作業勞工作息時間標準」所稱高溫作業，高溫作業勞工如為連續暴露達 1 小時以上者，以每小時計算其暴露時量平均綜合溫度熱指數，間歇暴露者，以 2 小時計算其暴露時量平均綜合溫度熱指數，並依下表規定，分配作業及休息時間：

每小時作息時間比例		連續作業	75%作業 25%休息	50%作業 50%休息	25%作業 75%休息
時量平均綜合溫度熱指數值 °C	輕工作	30.6	31.4	32.2	33.0
	中度工作	28.0	29.4	31.1	32.6
	重工作	25.9	27.9	30.0	32.1

由於此題之作業型態為中度工作，綜合溫度熱指數為 28°C 而經由計算此作業場所之 WBGT 值為 28.2°C；因屬玻璃熔融作業且 WBGT 值 28.2°C 大於 28°C，所以此作業屬於高溫作業，應採取 75%作業 25%休息之分配。

題幹

某一戶外有日曬工作環境中，測得乾球溫度 31°C，自然濕球溫度 27°C，黑球溫度 34°C，請問該環境之綜合溫度熱指數為若干？

解 此為戶外有日曬環境綜合溫度熱指數 WBGT 公式如下：

WBGT＝0.7×自然濕球溫度＋0.2×黑球溫度＋0.1×乾球溫度

$$= 0.7 \times 27°C + 0.2 \times 34°C + 0.1 \times 31°C$$

$$= 28.8°C$$

∴該環境之綜合溫度熱指數為 28.8°C。

題幹

某一工作環境中測得乾球溫度 31°C，濕球溫度 28°C，黑球溫度 35°C，為室內無日曬環境，請問該環境之綜合溫度熱指數為多少 °C？

解 此為室內無日曬環境綜合溫度熱指數：

WBGT＝0.7×(自然濕球溫度)+0.3×(黑球溫度)

WBGT＝0.7×28°C＋0.3×35°C

　　　＝30.1°C

∴該環境之綜合溫度熱指數為 30.1°C。

題幹

某一戶外燒窯作業，在有日曬工作環境中，測得乾球溫度 31°C、自然濕球溫度 28°C、黑球溫度為 34°C，請回答下列問題：

(一) 該環境之綜合溫度熱指數為幾 °C？（請四捨五入計算至小數點第 1 位）
(二) 依您計算結果並依下表所定，如勞工作業為中度工作，則該勞工每小時休息比例應為多少%？

每小時作息時間比例		連續作業	75%作業 25%休息	50%作業 50%休息	25%作業 75%休息
時量平均綜合溫度熱指數值 °C	輕工作	30.6	31.4	32.2	33.0
	中度工作	28.0	29.4	31.1	32.6
	重工作	25.9	27.9	30.0	32.1

解 (一) 綜合溫度熱指數：

WBGT＝0.7×自然濕球溫度＋0.2×黑球溫度＋0.1×乾球溫度

WBGT＝0.7×28°C＋0.2×34°C＋0.1×31°C

　　　＝29.5°C

∴該環境之綜合溫度熱指數為 29.5°C。

(二) 因該勞工作業為中度工作，則該勞工每小時休息比例應為 50%作業、50%休息。

> **題幹**
>
> 某工作場所之 WBGT 如下：
> WBGT₁：27°C，t₁ = 10 分鐘
> WBGT₂：29°C，t₂ = 20 分鐘
> WBGT₃：31°C，t₃ = 30 分鐘
> 請問綜合溫度熱指數 WBGT 為多少？（請四捨五入計算至小數點第 2 位）

解 綜合溫度熱指數：

$$WBGT_{TWA} = \frac{(WBGT_1 \times t_1) + (WBGT_2 \times t_2) + \cdots + (WBGT_n \times t_n)}{t_1 + t_2 + \cdots + t_n}$$

$$= \frac{(27 \times 10) + (29 \times 20) + (31 \times 30)}{10 + 20 + 30}$$

$$= 29.67(°C)$$

∴綜合溫度熱指數 WBGT 為 29.67°C

> **題幹**
>
> 勞工於某熱分佈不均勻的室內環境下工作，其測得各部位之綜合溫度熱指數結果如下表，試求該勞工暴露之綜合溫度熱指數的加權平均值為多少？（請四捨五入計算至小數點第 1 位）

部位	自然濕球溫度 °C	黑球溫度 °C	乾球溫度 °C
頭	30.0	35.0	33.0
腹	27.0	29.0	28.0
腳踝	31.0	36.0	34.0

解 先分別求出各部位之 WBGT 值再以 1：2：1 之比例加權計算出其平均之 WBGT。

WBGT 頭 ＝ 0.7×自然濕球溫度+0.3×黑球溫度

＝ 0.7×30°C ＋ 0.3×35°C

＝ 31.5°C

WBGT 腹 ＝ 0.7×自然濕球溫度+0.3×黑球溫度

＝ 0.7×27°C ＋ 0.3×29°C

＝ 27.6°C

$$\text{WBGT}_{\text{腳}} = 0.7 \times \text{自然濕球溫度} + 0.3 \times \text{黑球溫度}$$

$$= 0.7 \times 31^\circ\text{C} + 0.3 \times 36^\circ\text{C}$$

$$= 32.5^\circ\text{C}$$

$$\text{WBGT}_{\text{avg}} = \frac{(\text{WBGT}_{\text{頭}} \times 1) + (\text{WBGT}_{\text{腹}} \times 2) + (\text{WBGT}_{\text{腳}} \times 1)}{1+2+1}$$

$$= \frac{(31.5 \times 1) + (27.6 \times 2) + (32.5 \times 1)}{4}$$

$$= 29.8(^\circ\text{C})$$

∴該勞工暴露之綜合溫度熱指數的加權平均值為 29.8°C

題幹

一室外有日曬之工作場所中,經測得該場所之自然濕球溫度 29°C,乾球溫度高於自然濕球溫度 0.2°C,而黑球溫度高於乾球溫度 2°C,請問:

(一) 乾球溫度和黑球溫度各為多少 °C?(請以四捨五入計算至小數點第 1 位)

(二) 該場所之綜合溫度熱指數為多少 °C?(請以四捨五入計算至小數點第 2 位)

解 (一) 乾球溫度高於自然濕球溫度 0.2°C,則乾球溫度=29°C+0.2°C=29.2°C

黑球溫度高於乾球溫度 2°C,則黑球溫度=29.2°C+2°C=31.2°C

∴乾球溫度為 29.2°C;黑球溫度為 31.2°C

(二) 此為室外有日曬環境綜合溫度熱指數 WBGT 公式如下:

WBGT=0.7×自然濕球溫度+0.2×黑球溫度+0.1×乾球溫度

$= 0.7 \times 29^\circ\text{C} + 0.2 \times 31.2^\circ\text{C} + 0.1 \times 29.2^\circ\text{C}$

$= 29.46^\circ\text{C}$

∴該場所之綜合溫度熱指數為 29.46°C

計算機操作範例：

計算式：0.7×29＋0.2×31.2＋0.1×29.2＝29.46

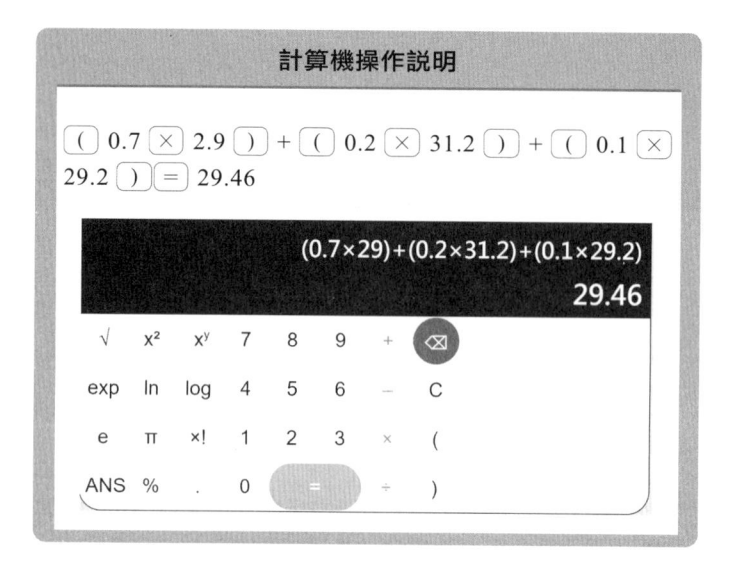

計算機操作說明

(0.7 × 2.9) + (0.2 × 31.2) + (0.1 × 29.2) = 29.46

(0.7×29)+(0.2×31.2)+(0.1×29.2)
29.46

題幹

距離一雷達天線 1 公尺所測得之電磁波通量密度（flux density）為 90 mW/cm²。在距離雷達天線為 3 公尺時之電磁波通量密度應為多少 mW/cm²？

解 設 $E(mW/cm^2)$ 為電磁波通量密度；$R(m)$ 為距離雷達天線處。

∵電磁波通量密度與距離的平方成反比，即 $E_1：E_2 = R_2^2：R_1^2$

∴ $90：E_2 = (3)^2：(1)^2$

$E_2 = 90 \ (mW/cm^2) \times \dfrac{1}{9}$

　　$= 10 \ (mW/cm^2)$

經計算後得知距離雷達天線為 3 公尺時之電磁波通量密度應為 10 mW/cm²

化學性危害因子－通風換氣

🔍 整體換氣裝置之換氣能力及其計算方法：

第一種有機溶劑或其混存物之換氣能力，每分鐘之換氣量＝0.3×W(g/hr)

第二種有機溶劑或其混存物之換氣能力，每分鐘之換氣量＝0.04×W(g/hr)

第三種有機溶劑或其混存物之換氣能力，每分鐘之換氣量＝0.01×W(g/hr)

W：作業時間內 1 小時之有機溶劑或其混存物之消費量，單位為公克。

🔍 有機溶劑或其混存物之容許消費量，依下表之規定計算：

有機溶劑或其混存物之種類	有機溶劑或其混存物之容許消費量
第一種有機溶劑或其混存物	容許消費量＝$\frac{1}{15}$×作業場所之氣積
第二種有機溶劑或其混存物	容許消費量＝$\frac{2}{5}$×作業場所之氣積
第三種有機溶劑或其混存物	容許消費量＝$\frac{3}{2}$×作業場所之氣積

(1) 表中所列作業場所之氣積不含超越地面 4 公尺以上高度之空間。
(2) 容許消費量以公克為單位，氣積以立方公尺為單位計算。
(3) 氣積超過 150 立方公尺者，概以 150 立方公尺計算。

🔍 整體換氣必要換氣量 Q，與污染有害物消費量 W(g/hr)成正比，與控制濃度 C(ppm)成反比，換氣量 $Q(m^3/min) = \frac{24.45 \times 10^3 \times W}{60 \times C(ppm) \times M}$

W：有害物消費量（g/hr）；C：有害物控制濃度（ppm）；M：有害物之分子量

🔍 理論防爆換氣量 $Q(m^3/min) = \frac{24.45 \times 10^3 \times W}{60 \times LEL \times 10^4 \times M}$

M：有害物之分子量；W：有害物消費量（g/hr）；LEL：爆炸下限（％）

🔍 每小時每人戶外空氣之換氣量 $Q\ (m^3/hr) = \frac{G \times 10^6}{(p-q)}$

Q：每小時每人戶外空氣之換氣量 m^3/hr

G：二氧化碳產生量（m³/hr）

p：二氧化碳容許濃度（ppm）

q：戶外二氧化碳濃度（ppm）

🔍 換氣後殘餘有害物濃度 $C = C_0 \times e^{\frac{-Q}{V}t}$

C(ppm)：換氣後殘餘有害物濃度

C₀(ppm)：換氣前之有害物濃度

Q(m³/hr)：換氣量

V(m³)：作業環境氣積

t (hr)：運轉時間

🔍 換氣次數 N（次/hr）$= \dfrac{Q(m^3/hr)}{V(m^3/人次)}$

N：換氣率（單位：次/hr）

Q：通風量（單位：m³/hr）

V：每勞工所佔空間（單位：m³/人次）

🔍 氣罩應有足夠排氣量 Q(m³/s)，以吸引污染有害物進入氣罩內，排氣量之計算依氣罩型式選用適當之計算公式，其包圍及崗亭式排氣量計算公式：

Q (m³/s) = AV

A：氣罩開口面積（m²）

V：氣罩開口面平均風速（m/s）

其外裝型氣罩側方吸引圓形或長方形（氣罩開口無凸緣）排氣量計算公式：

Q(m³/s) = V(10X² + A)

V：吸引風速（m/s）

X：控制點至氣罩開口之距離（m）

A：氣罩開口面積（m²）

🔍 各類排氣罩的排氣量計算公式：

氣罩說明	氣罩型式	排氣量之估計公式
(一) 崗亭式（或包圍式）		Q＝VA Q＝VWH
(二) 懸吊式		Q＝1.4PVH
(三) 單一狹縫型無凸緣 （外形尺寸≦0.2）		Q＝3.7 LVX
(四) 外裝型無凸緣		$Q=V(10X^2+A)$
(五) 外裝型無凸緣 　　設置於桌面或地板上		$Q=V(5X^2+A)$
(六) 單一狹縫型有凸緣 （外形尺寸≦0.2）		Q＝2.6 LVX
(七) 外裝型有凸緣		$Q=0.75V(10X^2+A)$
(八) 外裝型有凸緣 　　設置於桌面或地板上		$Q=0.75V(5X^2+A)$

2-41

氣罩說明	氣罩型式	排氣量之估計公式
(九)點熱源接收式氣罩（低吊式）		$Q_z = 4.84\, Z^{1.5}\, q^{1/3}$
(十)點熱源接收式氣罩（高吊式）		$Q_0 = 24.18(qHA_0^2)^{1/3}$

🔍 導管空氣風速 $V(m/sec) = 4.04\sqrt{P_V}$

V：速度（m/s），P_V：動壓（mmH$_2$O）

🔍 導管內壓力測定：全壓＝靜壓+動壓〔$P_T = P_S + P_V$〕

全壓＝靜止時（動壓＝0）的靜壓

🔍 排氣機：$\left(\dfrac{Q_1}{Q_2}\right) = \left(\dfrac{N_1}{N_2}\right)$

Q 為風量與 N 轉速，成正比。

🔍 $\dfrac{P_1}{P_2} = \left(\dfrac{Q_1}{Q_2}\right)^2 = \left(\dfrac{N_1}{N_2}\right)^2$

P 為壓力與 Q 風量和 N 轉速的 2 次方成正比。

🔍 $\dfrac{L_1}{L_2} = \left(\dfrac{Q_1}{Q_2}\right)^3 = \left(\dfrac{N_1}{N_2}\right)^3$

L 為動力與 Q 風量和 N 轉速的 3 次方成正比。

※下標 1 與 2 分別為兩種不同風量、轉速和動力

題幹

某有機溶劑作業場所，勞工每天作業 3 小時，甲苯之消費量共為 9.6 公斤，若設置整體換氣裝置，依法令規定，其換氣能力應為多少？（請以四捨五入取至整數）

解 整體換氣裝置之換氣能力及其計算方法：

第一種有機溶劑或其混存物之換氣能力，每分鐘之換氣量＝0.3×W(g/hr)

第二種有機溶劑或其混存物之換氣能力，每分鐘之換氣量＝0.04×W(g/hr)

第三種有機溶劑或其混存物之換氣能力，每分鐘之換氣量＝0.01×W(g/hr)

W：作業時間內 1 小時之有機溶劑或其混存物之消費量，單位為公克。

因甲苯屬第二種有機溶劑，所以其整體換氣裝置之換氣能力及其計算方法：

第二種有機溶劑或其混存物之換氣能力，每分鐘之換氣量 Q＝0.04×W(g/hr)

$$W = \frac{9.6(kg) \times 1,000(g/kg)}{3(hr)} = 3,200(g/hr)$$

$Q_{法規} = 0.04W = 0.04 \times 3,200 = 128(m^3/min)$

依法令規定，此作業場所需要之換氣能力，應為 128 m³/min 換氣量。

計算機操作範例：

計算式：$\frac{9.6 \times 1,000}{3} = 3,200$

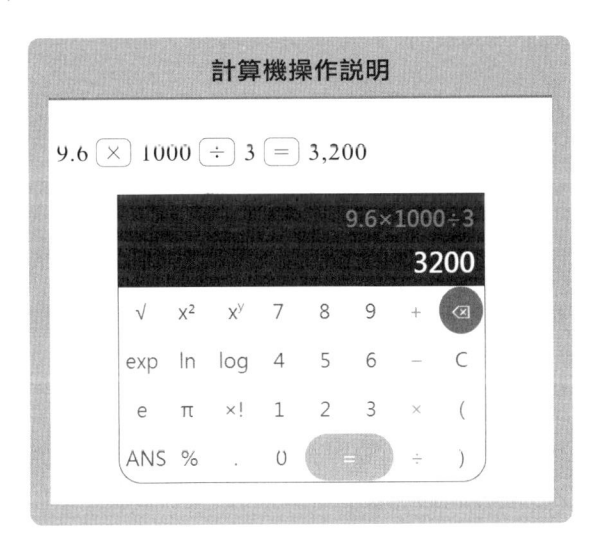

計算機操作說明

9.6 [×] 1000 [÷] 3 [=] 3,200

```
                    9.6×1000÷3
                          3200
√   x²   xʸ   7   8   9   +   ⌫
exp  ln  log  4   5   6   −   C
 e   π   ×!   1   2   3   ×   (
ANS  %    .   0       =   ÷   )
```

題幹

某有機溶劑作業場所每小時四氯化碳消費量為 5 公斤，依有機溶劑中毒預防規則規定，試問：

(一) 四氯化碳是屬何種有機溶劑？
(二) 其需要之換氣能力，應為每分鐘多少立方公尺換氣量？（請以四捨五入取至整數）

解
(一) 依「有機溶劑中毒預防規則」規定：四氯化碳是屬第一種有機溶劑。

(二) 依「有機溶劑中毒預防規則」規定，每分鐘換氣量(m^3/min)＝作業時間內 1 小時之有機溶劑或其混存物之消費量(g/hr)×0.3。

$$\because W = \frac{5(kg) \times 1,000(g/kg)}{1(hr)} = 5,000(g/hr)$$

$$\therefore Q = 0.3W = 0.3 \times 5,000 = 1,500(m^3/min)$$

故此作業場所需要之換氣能力，應為 1,500 m^3/min 換氣量。

題幹

(一) 某工廠廠房長 10 公尺、寬 6 公尺、高 4 公尺，使用甲苯（第二種有機溶劑）從事產品之清洗與擦拭，若未裝設整體換氣裝置，則其容許消費量為每小時多少公克？（請以四捨五入取至整數）

(二) 某一室內作業場所，若每小時甲苯之消費量為 0.5 公斤，欲使用整體換氣裝置以避免該作業環境中甲苯之濃度超過容許濃度，試問其換氣量需多少 m^3/min？（甲苯之分子量為 92；8 小時日時量平均容許濃度為 100 ppm；假設每克分子體積為 24.45L）。（請以四捨五入取至小數點第 2 位）

解
(一) 按「有機溶劑中毒預防規則」規定，有機溶劑或其混存物之容許消費量，依下表之規定計算：

有機溶劑或其混存物之種類	有機溶劑或其混存物之容許消費量
第一種有機溶劑或其混存物	容許消費量＝$\frac{1}{15}$×作業場所之氣積
第二種有機溶劑或其混存物	容許消費量＝$\frac{2}{5}$×作業場所之氣積
第三種有機溶劑或其混存物	容許消費量＝$\frac{3}{2}$×作業場所之氣積

(1)表中所列作業場所之氣積不含超越地面 4 公尺以上高度之空間。
(2)容許消費量以公克為單位，氣積以立方公尺為單位計算。
(3)氣積超過 150 立方公尺者，概以 150 立方公尺計算。

甲苯作業場所氣積為 10(m)×6(m)×4(m)＝240m³ ＞ 150m³ 故以 150m³ 計算，
每小時容許消費量＝2/5×作業場所之氣積＝2/5 × 150m³ ＝60g

(二) 每小時甲苯之消費量 W 為 $\dfrac{0.5(kg) \times 1,000(g/kg)}{1(hr)}$ ＝500 g /hr

(1) 依「有機溶劑中毒預防規則」，為預防勞工引起中毒危害之最小換氣量，因甲苯屬第二種有機溶劑，故每分鐘換氣量＝作業時間內 1 小時之有機溶劑或其混存物之消費量×0.04。

所以換氣量(Q 法規)＝ 500 g /hr × 0.04 ＝ 20 m³/min

(2) 又依理論換氣量 Q 理論＝$\dfrac{24.45 \times 10^3 \times W}{60 \times C(ppm) \times M}$

$= \dfrac{24.45 \times 10^3 \times 500}{60 \times 100 \times 92}$

＝ 22.15 m³/min

因換氣量 Q 理論＞Q 法規，故為避免作業環境中甲苯之濃度超過容許濃度，該作業場所之換氣量至少需 22.15 m³/min。

計算機操作範例：

計算式：$\dfrac{24.45 \times 10^3 \times 500}{60 \times 100 \times 92}$＝22.15

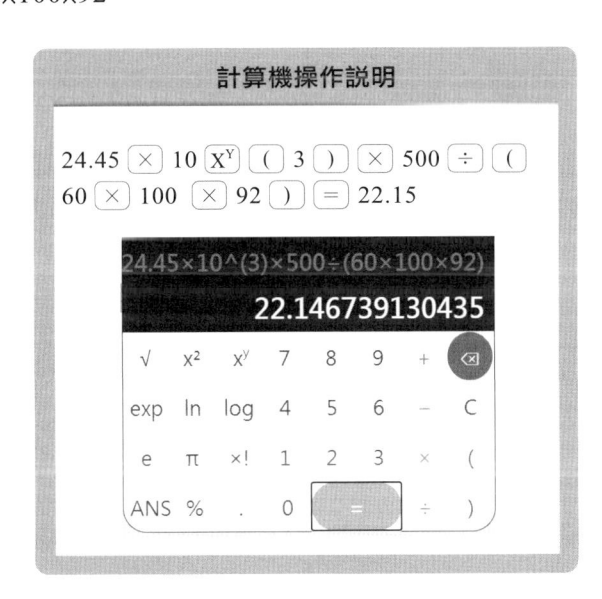

題幹

某一工作場所在同一空間內使用 A、B 二種有機溶劑，請試回答下列問題：

(一) A 有機溶劑發散量 1,000 mg/min，其容許濃度 90 mg/m³，請計算所需換氣量 m³/min？

(二) B 有機溶劑發散量 100 mg/min，其容許濃度 80 mg/m³，請計算所需換氣量 m³/min？

(三) 如 A、B 有機溶劑同時使用時，請計算最小換氣量 m³/min？

（以上請四捨五入取至小數點第 2 位）

解 換氣量 $Q(m^3/min) = \dfrac{W(mg/min)}{C(mg/m^3)}$

Q：換氣量（m³/min）；W：有機溶劑發散量（mg/min）；C：容許濃度（mg/m³）

(一) $Q_A(m^3/min) = \dfrac{W(mg/min)}{C(mg/m^3)}$

$= \dfrac{1,000(mg/min)}{90(mg/m^3)}$

$= 11.11(m^3/min)$

∴所需換氣量為 11.11 m³/min。

(二) $Q_B(m^3/min) = \dfrac{W(mg/min)}{C(mg/m^3)}$

$= \dfrac{100(mg/min)}{80(mg/m^3)}$

$= 1.25(m^3/min)$

∴所需換氣量為 1.25 m³/min。

(三) 依「有機溶劑中毒預防規則」規定，因同時使用種類相異之有機溶劑或其混存物時，每分鐘所需之換氣量應分別計算後合計之。

∵ $Q_A + Q_B = 11.11(m^3/min) + 1.25(m^3/min)$

$= 12.36(m^3/min)$

∴如 A、B 有機溶劑同時使用時，請計算最小換氣量為 12.36 m³/min。

題幹

有一局限空間，氣積 100 m³，原本含氧氣 20%，其餘為氮氣。現有一氧化碳發生源以每分鐘 0.5 m³ 速率產生至此局限空間內，且僅排出原本空氣。請問此局限空間幾分鐘後會使氧氣濃度降至 18%？（請以四捨五入取至整數）

解　說明 1：空氣中氧氣百分比（濃度）為 20%，氮氣百分比（濃度）為 80%。

說明 2：一氧化碳產生至此局限空間內，且僅排出原本空氣（氧氣+氮氣）。

說明 3：通風量（流率）等於單位時間之體積，亦即 $Q = \dfrac{V(m^3)}{t(min)}$。

因減少 2%的氧氣需同時減少 8%的氮氣，即減少 10%的空氣，局限空間氣積 100m³ 的 10%則為 10m³，亦即一氧化碳的體積為 10m³。

$$Q(m^3/min) = \dfrac{V(m^3)}{t(min)}$$

$$\rightarrow t(min) = \dfrac{V(m^3)}{Q(m^3/min)}$$

$$= \dfrac{10(m^3)}{0.5(m^3/min)}$$

$$= 20\ (min)$$

經計算後得知 20 分鐘後會使氧氣濃度降至 18%。

題幹

正己烷（分子量 86）每天 8 小時消費 48 公斤，其爆炸範圍 1.1%~7.5%，為防止爆炸，請問：
(一) 在一大氣壓下，25°C 時其理論換氣量應至少為多少 m³/min？
(二) 若設定安全係數為 5 時，其換氣量應至少為多少 m³/min？
(三) 法規換氣量應至少為多少 m³/min？（以上請四捨五入計算至小數點第 2 位）

解　(一) $W = \dfrac{48(kg) \times 1,000(g/kg)}{8(hr)} = 6,000 g/hr$

$$Q = \dfrac{24.45 \times 10^3 \times W}{60 \times LEL \times 10^4 \times M}$$

$$= \dfrac{24.45 \times 10^3 \times 6,000}{60 \times 1.1 \times 10^4 \times 86}$$

$$= 2.58 m^3/min$$

∴在一大氣壓下，25°C 時其理論換氣量應至少為 2.58m³/min。

(二) 若設定安全係數為 5 時，其換氣量：

$$Q = \frac{24.45 \times 10^3 \times W \times K}{60 \times LEL(\%) \times 10^4 \times M}$$

$$= \frac{24.45 \times 10^3 \times 6{,}000 \times 5}{60 \times 1.1 \times 10^4 \times 86} \quad (\because 安全係數 K = 5)$$

$$= 12.92 (m^3/min)$$

∴若設定安全係數為 5 時，其換氣量應至少為 12.92m³/min。

(三) 依「職業安全衛生設施規則」規定，易燃性液體之蒸氣濃度達爆炸下限值之 30%以上時，應即刻使勞工退避至安全場所，並應加強通風，則其換氣量應為：

$$Q_{法規} = \frac{24.45 \times 10^3 \times W}{60 \times 0.3 \times LEL(\%) \times 10^4 \times M}$$

$$= \frac{24.45 \times 10^3 \times 6{,}000}{60 \times 0.3 \times 1.1 \times 10^4 \times 86}$$

$$= 8.62 \ m^3/min$$

∴法規換氣量應至少為 8.62m³/min。

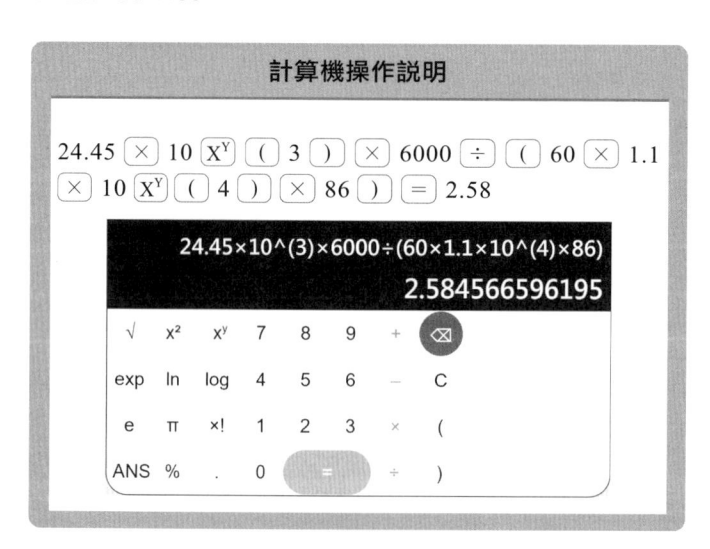

計算機操作範例：

計算式：$\dfrac{24.45 \times 10^3 \times 6{,}000}{60 \times 1.1 \times 10^4 \times 86} = 2.58$

計算機操作說明

24.45 [×] 10 [Xʸ] [(] 3 [)] [×] 6000 [÷] [(] 60 [×] 1.1 [×] 10 [Xʸ] [(] 4 [)] [×] 86 [)] [=] 2.58

24.45×10^(3)×6000÷(60×1.1×10^(4)×86)
2.584566596195

計算機操作範例：

計算式：$\dfrac{24.45\times 10^3 \times 6{,}000 \times 5}{60\times 1.1\times 10^4 \times 86} = 12.92$

計算機操作說明

24.45 × 10 X^Y (3) × 6000 × 5 ÷ (60
× 1.1 × 10 X^Y (4) × 86) = 12.92

```
24.45×10^(3)×6000×5÷(60×1.1×10^(4)×86)
                           12.922832980973
```

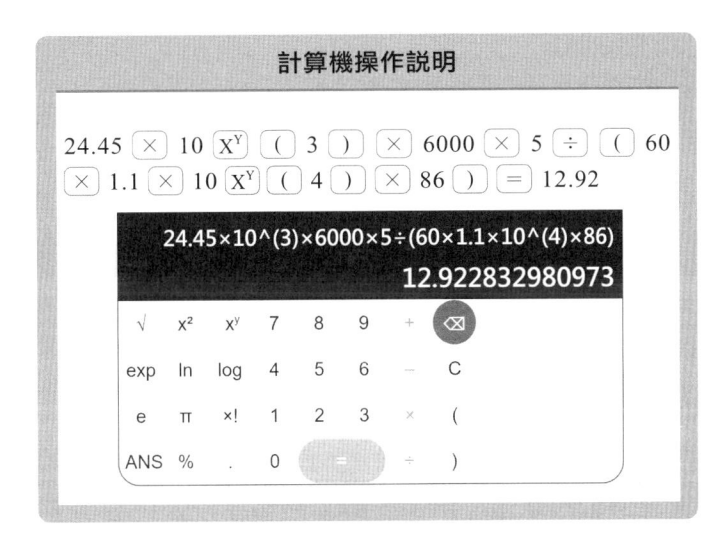

√   x²   xʸ   7   8   9   +   ⌫
exp ln log 4   5   6   −   C
e   π   x!   1   2   3   ×   (
ANS %   .   0   =   ÷   )

> **題幹**
>
> 有一實驗室其排氣設備為每分鐘排出 60L 的空氣，其有害物發生源為 5g/min，分子量 80，在一大氣壓下，25°C 時，爆炸範圍為 1.1%~2.3%下，試問：
> (一) 室內濃度多少 mg/m³？等於多少 g/m³？（請以四捨五入取至小數點第 2 位）
> (二) 如果此物發生外洩，請問在理想狀態下，實驗室是否會有爆炸危險？

解 (一) W＝5(g/min)

Q＝60(L/min)

$Q(m^3/min) = \dfrac{W(mg/min)}{C(mg/m^3)}$

→$C(mg/m^3) = \dfrac{W(mg/min)}{Q(m^3/min)}$

$= \dfrac{5(g/min)\times 10^3(mg/g)}{60(L/min)\times 10^{-3}(m^3/L)}$

$= \dfrac{5{,}000(mg/min)}{0.06(m^3/min)}$

$= 83{,}333.33(mg/m^3)$

$= 83.33(g/m^3)$

(二) 理論防爆換氣量

$$Q_{理論}(m^3/min) = \frac{24.45 \times 10^3 \times W}{LEL \times 10^4 \times M}$$

$$= \frac{24.45 \times 10^3 \times 5}{1.1 \times 10^4 \times 80}$$

$$= 0.14 (m^3/min)$$

∵ 在一大氣壓下，25°C 時其理論防爆換氣量應至少為 $0.14 m^3/min$。

∴ 換氣量為 $60(L/min) \times 10^{-3}(m^3/L) = 0.06 m^3/min$ 小於理論防爆防換氣量 $0.14 m^3/min$，此物發生外洩，在理想狀態下，實驗室是會有爆炸危險。

題幹

工作場所每一勞工所佔立方公尺數在 5.7 至 14.2 之間時，每分鐘每一勞工所需之新鮮空氣應在 0.4 立方公尺以上。當每一勞工所佔立方公尺數為 8，請問該工作場所之新鮮空氣換氣率為每小時至少多少次？（請以四捨五入取至整數）

解 ∵ 工作場所每一勞工所佔立方公尺數在 5.7 至 14.2 之間時，每分鐘每一勞工所需之新鮮空氣應在 0.4 立方公尺以上。

∴ $Q = 0.4(m^3/min) \times 60(min/hr) = 24(m^3/hr)$

又∵ 換氣次數 $N(次/hr) = \frac{Q(m^3/hr)}{V(m^3/人次)}$（V：每勞工所佔空間 $m^3/人次$）

當每一勞工所佔立方公尺數為 8 時，其工作場所之新鮮空氣換氣率為：

$N = \frac{24(m^3/hr)}{8(m^3/人次)} = 3$ 次/hr，

所以該工作場所之新鮮空氣換氣率為每小時至少 3 次。

> **題幹**
>
> 某工作場所每勞工所佔空間（自地面算起高度超過 4 公尺以上之空間不計）為 30m³，以機械通風方式提供每位勞工 0.14 m³/min 之新鮮空氣，請計算每小時換氣次數。（請以四捨五入取至小數點第 2 位）

解 換氣次數 $N(次/hr) = \dfrac{Q(m^3/hr)}{V(m^3/人次)}$

N：換氣率（單位：次/hr）；Q：通風量（單位：m³/hr）；

V：每勞工所佔空間（單位：m³/人次）

$Q = 0.14(m^3/min) \times 60(min/hr) = 8.4(m^3/hr)$

$N = \dfrac{8.4(m^3/hr)}{30(m^3/人次)} = 0.28$ 次/hr

∴該工作場所每小時換氣次數為 0.28 次。

> **題幹**
>
> 工作場所每一勞工平均佔 5 立方公尺，雇主提供每一勞工平均每分鐘 0.6 立方公尺新鮮空氣。請計算工作場所換氣率為每小時多少次？（請以四捨五入取至小數點第 1 位）

解 換氣次數 $N(次/hr) = \dfrac{Q(m^3/hr)}{V(m^3/人次)}$ （V：每勞工所佔空間 m³/人次）

$Q = 0.6(m^3/min) \times 60(min/hr)$

　$= 36(m^3/hr)$

$N = \dfrac{36(m^3/hr)}{5(m^3/人次)}$

　$= 7.2$ 次/hr

∴經計算後得知該工作場所之新鮮空氣換氣率為每小時至少 7.2 次。

> **題幹**
>
> 某一戶內工作環境中，作業人員呼氣與製程產生二氧化碳之速率為 5 m³/hr，戶外二氧化碳濃度為 400 ppm。如欲使此戶內二氧化碳濃度不超過 1,400 ppm，則戶外空氣之進氣量應至少為若干 m³/hr？（請以四捨五入取至整數）

解 $Q = \dfrac{G \times 10^6}{(p-q)}$

Q：每小時每人戶外空氣之換氣量 m³/hr

G：二氧化碳產生量 5 m³/hr

p：二氧化碳容許濃度 1,400 ppm

q：戶外二氧化碳濃度 400 ppm

戶外空氣之進氣量：

$Q = \dfrac{5 \times 10^6}{1,400 - 400}$

$= 5,000$ (m³/hr)

∴戶外空氣之進氣量應至少為 5,000 m³/hr。

計算機操作範例：

計算式：$\dfrac{5 \times 10^6}{1,400 - 400} = 5,000$

計算機操作說明

5 × 10 X^Y (6) ÷ (1400 − 400) = 5,000

5×10^(6)÷(1400−400)
5000

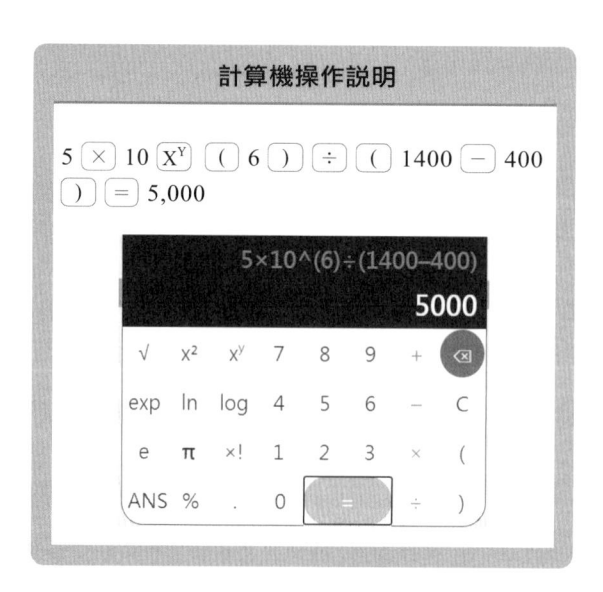

題幹

某作業環境的氣積為 600m^3，每小時換氣量為 100m^3/hr，有害物濃度為 300ppm，試問 4 小時後有害物濃度剩多少 ppm？（請以四捨五入取至小數點第 2 位）

解 $C = C_0 \times e^{\frac{-Q}{V}t}$

C(ppm)：換氣後殘餘有害物濃度

C_0(ppm)：換氣前之害物濃度＝300ppm

Q(m^3/hr)：換氣量＝100m^3/hr

V(m^3)：作業環境氣積＝600m^3

t (hr)：運轉時間＝4hr

$C = 300(ppm) \times e^{\frac{-100}{600} \times 4}$

$= 154.03(ppm)$

∴4 小時後有害物濃度剩下 154.03ppm。

計算機操作範例：

計算式：$300 \times e^{\frac{-100}{600} \times 4} = 154.03$

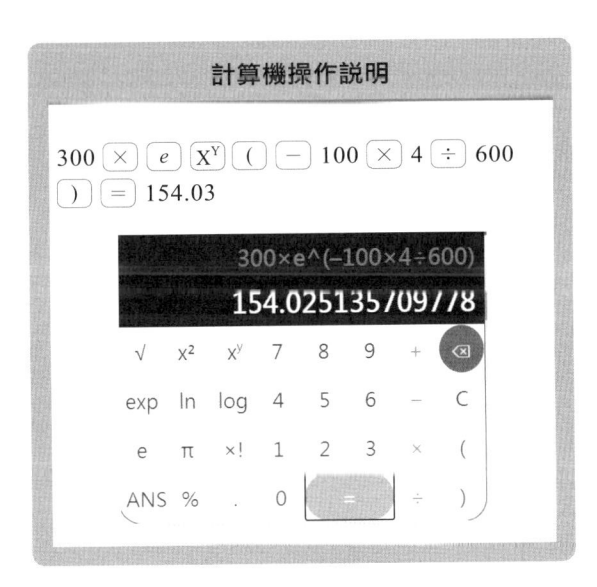

計算機操作說明

300 × e X^Y (− 100 × 4 ÷ 600) = 154.03

$300 \times e^{\wedge}(-100 \times 4 \div 600)$

154.025135709778

題幹

某空間的換氣率為 1hr⁻¹，有害物濃度為 2,000mg/m³，欲將濃度降至 200mg/m³，試問需花幾分鐘？（請以四捨五入取至整數）

解 $C = C_0 \times e^{\frac{-Q}{V}t}$

C：換氣後殘餘有害物濃度

C₀：換氣前之害物濃度

Q：換氣量

V：作業環境氣積

t：運轉時間

∵ 由題意得知換氣率 $N = \dfrac{Q}{V} = 1(hr^{-1})$ 代入公式中 $C = C_0 \times e^{\frac{-Q}{V}t}$

∴ $C = C_0 \times e^{-1t}$

→ $200 = 2,000 \times e^{-1t}$

→ $e^{-1t} = \dfrac{200}{2,000}$

→ $t = \dfrac{\ln \dfrac{200}{2,000}}{-1}$

$= 2.30(hr) \times 60(min/hr)$

$= 138(min)$

故欲將濃度降至 200mg/m³，需花 138 分鐘。

計算機操作範例：

計算式：$\dfrac{\ln \dfrac{200}{2,000}}{-1} = 2.30$

計算機操作說明

ln (200 ÷ 2000) ÷ -1 = 2.30

ln(200÷2000)÷−1
2.302585092994

題幹

某空間的換氣率為 2hr^{-1}，有害物濃度為 2700mg/m^3，欲將濃度降至 300mg/m^3，試問需花幾分鐘？（請以四捨五入取至小數點第 2 位）

解 $C = C_o \times e^{\frac{-Q}{V}t}$

C：換氣後殘餘有害物濃度

C$_0$：換氣前之害物濃度

Q：換氣量

V：作業環境氣積

t：運轉時間

∵由題意得知換氣率 $N = \dfrac{Q}{V} = 2$，代入公式中 $C = C_0 \times e^{\frac{-Q}{V}t}$

2-55

$$\therefore C = C_0 \times e^{-2t}$$

$$\rightarrow 300 = 2,700 \times e^{-2t}$$

$$\rightarrow e^{-2t} = \frac{300}{2,700}$$

$$\rightarrow t = \frac{\ln \frac{300}{2,700}}{-2}$$

$$= 1.0986 \text{(hr)}$$

$$= 1.0986 \text{(hr)} \times 60 \text{(min/hr)}$$

$$= 65.92 \text{(min)}$$

計算機操作範例：

計算式：$\dfrac{\ln \frac{300}{2,700}}{-2} = 1.0986$

計算機操作說明

[ln] [(] 300 [÷] 2700 [)] [÷] -2 [=] 1.0986

```
ln(300÷2700)÷-2
    1.098612288668
```

√	x²	xʸ	7	8	9	+	⌫
exp	ln	log	4	5	6	−	C
e	π	x!	1	2	3	×	(
ANS	%	.	0	=	÷	)

chapter 2　計算題精華彙整

題幹

下表為某單一固定管徑之導管內 4 個測點所測得空氣壓力（air pressure）值，試求表中 a、b、c、d、e 等 5 項之相關壓力值。

測點	空氣壓力（mmH$_2$O）		
	全壓（P$_T$）	靜壓（P$_S$）	動壓（P$_V$）
1	(a)	+3	+2
2	-6	(b)	+2
3	+7	(c)	+2
4	(d)	-4	(e)

解

(一) (a)全壓(P$_T$)＝靜壓(P$_S$)＋動壓(P$_V$)

→ 全壓(P$_T$)＝(+3)＋(+2)＝+5 mmH$_2$O

(二) (b)靜壓(P$_S$)＝全壓(P$_T$)－動壓(P$_V$)

→ 靜壓(P$_S$)＝(-6)－(+2)＝-8 mmH$_2$O

(三) (c)靜壓(P$_S$)＝全壓(P$_T$)－動壓(P$_V$)

→ 靜壓(P$_S$)＝(+7)－(+2)＝+5 mmH$_2$O

(四) 因該導管之管徑為固定故得知導管面積 A 為定值，而在該導管之流率 Q 亦為定值，故由流率公式 Q＝AV 得知導管風速 V 亦為定值，而由動壓(P$_V$)＝$\left(\dfrac{V}{4.04}\right)^2$ 公式中得知導管動壓 P$_V$ 亦為定值，因測點 1、2 及 3 之動壓 P$_V$ 均為 +2 mmH$_2$O，故測點 4 之(e)動壓 P$_V$ 亦為+2 mmH$_2$O。

(五) (d)全壓(P$_T$)＝靜壓(P$_S$)＋動壓(P$_V$)

→ 全壓(P$_T$)＝(-4)＋(+2)＝-2 mmH$_2$O

> 題幹
>
> 某一正常運轉之局部排氣系統,測得之風速為 14.6m/s,請問其動壓為多少 mmH$_2$O。(參考公式:V＝4.04$\sqrt{P_V}$)(請以四捨五入取至小數點第 2 位)

解 $V = 4.04\sqrt{P_V} \rightarrow P_V = \left(\dfrac{V}{4.04}\right)^2$

V:風速(m/s)

P$_V$:動壓(mmH$_2$O)

$P_V = \left(\dfrac{V}{4.04}\right)^2$

$= \left(\dfrac{14.6}{4.04}\right)^2$

$= 13.06 (\text{mmH}_2\text{O})$

∴ 動壓為 13.06mmH$_2$O

計算機操作範例:

計算式:$\left(\dfrac{14.6}{4.04}\right)^2 = 13.06$

計算機操作說明

(14.6 ÷ 4.04) X^2 = 13.06

(14.6÷4.04)^(2)
13.059994118224

> **題幹**
>
> 某一正常運轉之局部排氣系統,測得之風速為 18.2m/s,請問其動壓為多少 mmH$_2$O。
> (參考公式:V=4.04$\sqrt{Pv}$)(請以四捨五入取至小數點第 2 位)

解 $V = 4.04\sqrt{Pv} \rightarrow Pv = (\dfrac{V}{4.04})^2$

V:風速(m/s)

Pv:動壓(mmH$_2$O)

$Pv = (\dfrac{V}{4.04})^2$

$= (\dfrac{18.2}{4.04})^2$

$= 20.29(mmH_2O)$

∴動壓為 20.29(mmH$_2$O)

> **題幹**
>
> 某一正常運轉之局部排氣系統,動壓為 18mmH$_2$O,請問其風速為多少 m/s?
> (參考公式:V=4.04$\sqrt{Pv}$,四捨五入取至小數點第 1 位)

解 $V = 4.04\sqrt{Pv}$ 【V:風速(m/s);Pv:動壓(mmH$_2$O)】

$= 4.04 \times \sqrt{18}$ (mmH$_2$O)

$= 17.1(m/s)$(四捨五入取小數點第一位)

計算機操作範例:

計算式:$4.04 \times \sqrt{18} = 17.1$

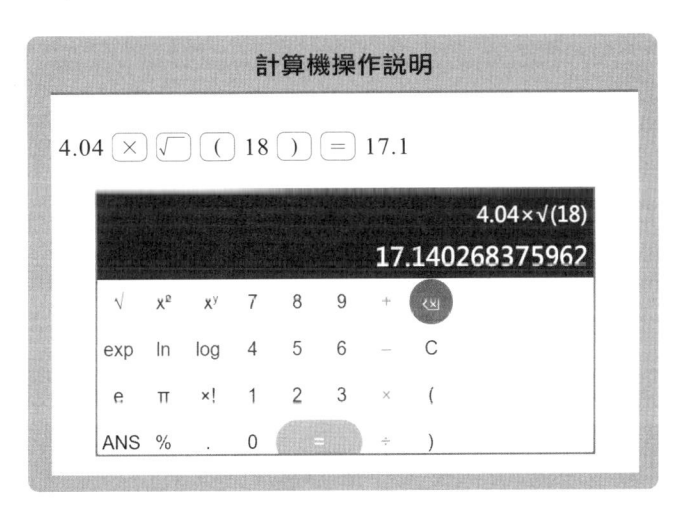

計算機操作說明

4.04 ⊠ √ (18) = 17.1

4.04×√(18)
17.140268375962

題幹

有一局部排氣系統,用以捕集製程上研磨作業所產生之粉塵,試運轉時測得管內某點之全壓為-8.0mmH$_2$O,靜壓為-12mmH$_2$O。

(一) 請計算導管內之空氣平均輸送風速為多少 m/s?

(二) 若此導管為一圓管,導管直徑為 20cm,則導管內之空氣流率為多少(m^3/s)?(以上請四捨五入取至小數點第 2 位)

解

(一)導管內之空氣平均輸送風速 $V = 4.04\sqrt{Pv}$

∵全壓(P$_T$)＝靜壓(P$_S$)+動壓(P$_V$)

即-8.0mmH$_2$O＝-12mmH$_2$O+Pv

∴Pv＝4mmH$_2$O

故 $V = 4.04\sqrt{4}$

→ V＝8.08m/s

(二) Q＝V×A

＝V×(πr^2)

＝8.08×【π×(0.1)^2】

＝0.25(m^3/s)

【因為導管為一圓管,導管直徑為 20cm(0.2m),其半徑為 10cm(0.1m),所以 A＝πr^2＝π×(0.1)^2】

∴導管內之空氣流率為 0.25(m^3/s)。

計算機操作範例:

計算式:8.08×π×(0.1)^2＝0.25

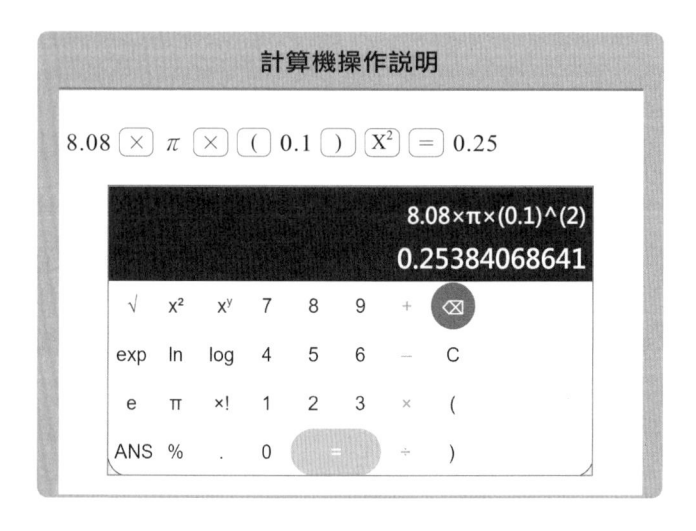

計算機操作說明
8.08 × π × (0.1) X^2 ＝ 0.25
8.08×π×(0.1)^(2)
0.25384068641

2-60

> **題幹**
>
> 某一外裝式無凸緣氣罩,開口面積為 1 平方公尺,請計算距離該氣罩開口中心線外 1 公尺處之捕捉風速,是氣罩開口處中心線風速之幾分之一?
> (參考公式 $Q=V(10x^2+A)$)

解 $Q=V(10X^2+A)$

V:吸引風速(m/s)

X:控制點至氣罩開口之距離(m)

A:氣罩開口面積(m^2)

設距離該氣罩開口中心線外 1 公尺處之吸引風速為 V_1

$Q_1 = V_1(10\times 1^2 + 1)$

$\quad = V_1(10+1)$

$\quad = 11\times V_1$

$\rightarrow V_1 = \dfrac{1}{11} Q_1$

∴ 經計算距離該氣罩開口中心線外 1 公尺處之捕捉風速,是氣罩開口處中心線風速之 11 分之 1。

> **題幹**
>
> 某一外裝型氣罩之開口面積為(A)1 平方公尺,控制點與開口距離(x)為 1 公尺。今將氣罩開口與控制點之距離縮短為 0.5 公尺,則風量(Q)可減為原來之幾倍時,仍可維持控制點原有之吸引風速(v)?(參考公式 $Q=V(10x^2+A)$)
> (請以四捨五入取至小數點第 3 位)

解 $Q=V(10X^2+A)$

V:吸引風速(m/s)

X:控制點至氣罩開口之距離(m)

A:氣罩開口面積(m^2)

設距離該氣罩開口中心線外 1 公尺處之吸引風速為 V_1

$Q_1 = V_1(10 \times 1^2 + 1)$

　　$= V_1(10 + 1)$

　　$= 11 \times V_1$

$\rightarrow V_1 = \dfrac{Q_1}{11}$

設距離該氣罩開口中心線外 0.5 公尺處之吸引風速為 V_2

$Q_2 = V_2(10 \times 0.5^2 + 1)$

　　$= V_2(2.5 + 1)$

　　$= 3.5 \times V_2$

$\rightarrow V_2 = \dfrac{Q_2}{3.5}$

當吸引風速 V_1 等於吸引風速 V_2 時，$\dfrac{Q_1}{11} = \dfrac{Q_2}{3.5}$

$\rightarrow Q_2 = \dfrac{3.5}{11} Q_1$

　　　$= 0.318 \, Q_1$

經計算得出當氣罩開口與控制點之距離縮短為 0.5 公尺，則風量（Q）可減為原來之 0.318 倍時，仍可維持控制點原有之吸引風速。

題幹

有害物發生在靠近牆壁的工作台上，上方有矩形外裝型氣罩，其長邊為短邊的 1.7 倍（長邊靠牆），有害物發生源與氣罩距離為長邊長，今在有害物兩側增兩片護罩與短邊相接形成包圍型氣罩，不考慮氣壓變化要使兩者風速相同，請問風量變成原本的多少倍？（四捨五入至小數點第 2 位）
參考公式 $Q = V(5X^2 + A)$；$Q = VWH$

解 $Q = V(5X^2 + A)$

　　　V：吸引風速（m/s）

　　　X：控制點至氣罩開口之距離（m）

　　　A：氣罩開口面積（m²）

Q＝VWH

　　V：吸引風速（m/s）

　　W：氣罩開口寬度（m）

　　H：氣罩開口高度（m）

假設短邊為 1m；而長邊長為 1.7m；有害物發生源與氣罩距離為 1.7m

$$\frac{Q_2}{Q_1} = \frac{V_2 WH}{V_1 \times (5X^2 + A)}$$

$$= \frac{V_2 \times (1.7 \times 1.7)}{V_1 \times (5 \times (1.7)^2 + (1.7 \times 1))}$$

$$= \frac{2.89 V_2}{16.15 V_1} \quad (\because V_1 = V_2)$$

$$= \frac{2.89}{16.15}$$

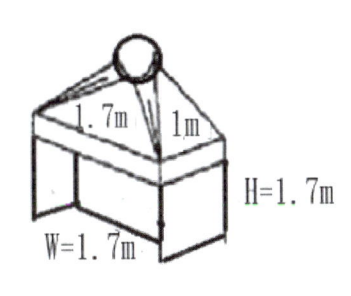

＝0.18（倍）（以四捨五入至小數點第 2 位）

∴風量變成原本的 0.18 倍

PS：如題目問：風量變成原來的多少%？答案需修改為 18%

題幹

某一負壓隔離病房，唯一進氣口之 4 點風速測值分別為 1.6、2.1、1.8、1.7m/s，進氣口規格為 30cm×30cm。病室氣積為 40m³，試回答下列問題：

(一) 進氣風量為多少 m³/hr？（請以四捨五入取至小數點第 2 位）

(二) 每小時換氣次數為多少？（請以四捨五入取至小數點第 2 位）

(三) 如設定每小時換氣次數需達 6 次始為換氣正常，小於 6 次為換氣不足，大於 15 次為過度換氣。則此病室判定為何種換氣狀況？

解 (一) 進氣風量 Q＝VA

　　Q：進氣風量（m³/hr）

　　V：平均風速（m/s）

　　A：進氣口面積（m²）

　　∵平均風速(V)＝(1.6+2.1+1.8+1.7)÷4

　　　　　　　　＝1.8(m/s)

∴ Q＝1.8(m/s)×0.3(m)×0.3(m)【∵ A＝30cm×30cm＝0.3m×0.3m】

＝0.162(m³/s)

＝0.162(m³/s)×60(s/min)×60(min/hr)

＝583.20(m³/hr)

故進氣風量為 583.20（m³/hr）

(二) $N = \dfrac{Q}{V}$

N：每小時換氣次數（次/hr）

Q：通風量（m³/hr）

V：病室氣積（m³）

$N = \dfrac{583.20\ (m³/hr)}{40(m³)}$

＝14.58（次/hr）

∴每小時換氣次數 14.58 次

(三) 設定每小時換氣次數需達 6 次始為換氣正常，而此病室換氣次數為 14.58 次，大於 6 次且小於 15 次，所以判定為換氣正常狀況。

題幹

某一室內作業場所之地板長度為 273 公尺、寬度為 7 公尺，其窗戶及其他開口部分等可直接與大氣相通之開口部分面積要多少平方公尺以上才可達到自然通風換氣？（請以四捨五入計算至小數點第 2 位）

解 ∵「職業安全衛生設施規則」第 311 條規定，雇主對於勞工經常作業之室內作業場所，其窗戶及其他開口部分等可直接與大氣相通之開口部分面積，應為地板面積之 1/20 以上。

∴ A(m²)＝273(m)×7(m)×$\dfrac{1}{20}$

＝95.55(m²)

故其窗戶及其他開口部分等可直接與大氣相通之開口部分面積需為 95.55m² 才可達到自然通風換氣。

計算機操作範例：

計算式：$273 \times 7 \times \dfrac{1}{20} = 95.55$

計算機操作說明

$273 \;\boxed{\times}\; 7 \;\boxed{\times}\; 1 \;\boxed{\div}\; 20 \;\boxed{=}\; 95.55$

題幹

事業單位為加強排氣效果，增加排氣機轉速，使氣罩表面風速增為原來之 1.2 倍。依排氣機定律（fan laws），請計算排氣機所需動力，增為原來之幾倍。
（答案取四捨五入到小數點第 1 位）

解 排氣機定律 1：轉速與風量 成正比，也就是 $\left(\dfrac{Q_1}{Q_2}\right) = \left(\dfrac{N_1}{N_2}\right)$

式中，N 為轉速、Q 為風量，下標 1 與 2 分別為兩種不同轉速或風量。

排氣機定律 2：壓力與風量或轉速的 平方成正比

因此也就是 $\dfrac{P_1}{P_2} = \left(\dfrac{Q_1}{Q_2}\right)^2 = \left(\dfrac{N_1}{N_2}\right)^2$ 式中，

排氣機定律 3：排氣機動力與風量或轉速的 立方成正比，

也就是 $\dfrac{L_1}{L_2} = \left(\dfrac{Q_1}{Q_2}\right)^3 = \left(\dfrac{N_1}{N_2}\right)^3$

設原動力需求為 L_2，增加轉速後之原動力需求為 L_1，原風量為 Q_2，增加轉速後風量為 Q_1，小即 $Q_1 = 1.2Q_2$，帶入排氣機定律 3 後計算如下：

$\dfrac{L_1}{L_2} = \left(\dfrac{Q_1}{Q_2}\right)^3 = \left(\dfrac{1.2Q_2}{Q_2}\right)^3 = (1.2)^3 = 1.728 ≒ 1.7$（以四捨五入到小數點第 1 位）

計算後得知增加排氣機轉速使風量增為原來風量之 1.2 倍後,排氣機所需動力,約增為原來動力之 1.7 倍。

計算機操作範例:

計算式:$(1.2)^3 = 1.728$

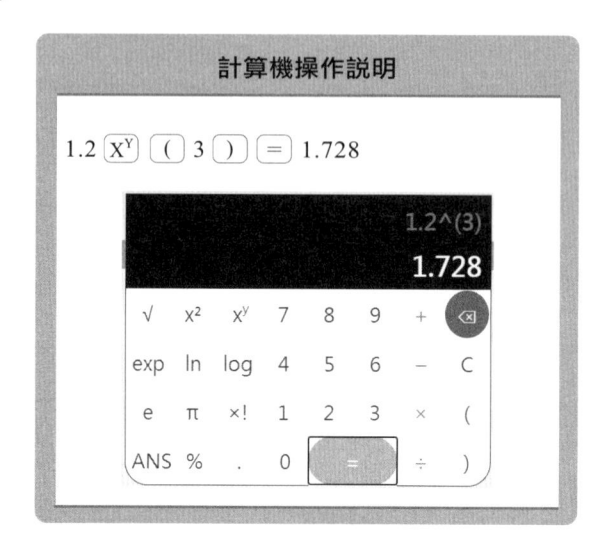

計算機操作說明

1.2 [X^Y] [(] 3 [)] [=] 1.728

```
                    1.2^(3)
                      1.728
√    x²   x^y   7   8   9   +   ⌫
exp  ln   log   4   5   6   −   C
e    π    ×!    1   2   3   ×   (
ANS  %    .     0       =   ÷   )
```

題幹

事業單位為加強排氣效果,增加排氣機轉速,使氣罩表面風速增為原來之 2.1 倍,請計算排氣機所需動力,增為原來之幾倍。(請以四捨五入取至小數點第 3 位)

解 排氣機定律 3:排氣機動力與風量或轉速的 立方成正比 ,

也就是 $\dfrac{L_1}{L_2} = \left(\dfrac{Q_1}{Q_2}\right)^3 = \left(\dfrac{N_1}{N_2}\right)^3$

設原動力需求為 L_2,增加轉速後之原動力需求為 L_1,原風量為 Q_2,增加轉速後風量為 Q_1,亦即 $Q_1 = 2.1 Q_2$,帶入排氣機定律 3 後計算如下:

$\dfrac{L_1}{L_2} = \left(\dfrac{Q_1}{Q_2}\right)^3 = \left(\dfrac{2.1 Q_2}{Q_2}\right)^3 = (2.1)^3 = 9.261$

計算後得知增加排氣機轉速使風量增為原來風量之 2.1 倍後,排氣機所需動力,約增為原來動力之 9.261 倍。

計算機操作範例：

計算式：$(2.1)^3 = 9.261$

計算機操作說明

2.1 X^Y $($ 3 $)$ $=$ 9.261

題幹

排氣機的壓力與轉動軸直徑為幾次方成正比或成反比，如果更換為 1.7 倍的排氣機，其壓力變為原來的多少倍。（請以四捨五入取至小數點第 2 位）

解 排氣機定律 2：壓力與風量、轉速或轉動軸直徑的 平方成正比 ，

也就是 $\dfrac{P_1}{P_2} = \left(\dfrac{Q_1}{Q_2}\right)^2 = \left(\dfrac{N_1}{N_2}\right)^2 = \left(\dfrac{D_1}{D_2}\right)^2$

設原排氣機的壓力為 P_2，更換轉動軸直徑後的壓力為 P_1，而原轉動軸直徑為 D_2，更換轉動軸直徑為 D_1，亦即 $D_1 = 1.7 D_2$，帶入排氣機定律後計算如下：

$$\dfrac{P_1}{P_2} = \left(\dfrac{D_1}{D_2}\right)^2 = \left(\dfrac{1.7 D_2}{D_2}\right)^2 = (1.7)^2 = 2.89$$

計算後得知當轉動軸直徑更換為 1.7 倍時，其排氣機的壓力變為原來的 2.89 倍。

題幹

某局部排氣系統上之排氣機迴轉數為 720rpm、風量為 800m³/min、壓力為 0.5mmH₂O，如將其迴轉數改為 900rpm，請問：
(一) 壓力會變為多少 mmH₂O？（請以四捨五入取至小數點第 2 位）
(二) 風量會變為多少 m³/min？（請以四捨五入取至整數）

解 壓力與風量、迴轉數的關係：$\dfrac{P_1}{P_2} = \left(\dfrac{Q_1}{Q_2}\right)^2 = \left(\dfrac{N_1}{N_2}\right)^2$

∵此題之壓力與風量、迴轉數的關係如下：$\dfrac{0.5}{P_2} = \left(\dfrac{800}{Q_2}\right)^2 = \left(\dfrac{720}{900}\right)^2$

(一) 當迴轉數由 720rpm 改為 900rpm 時，壓力會變為：

$$\dfrac{0.5}{P_2} = \left(\dfrac{720}{900}\right)^2$$

$$\rightarrow P_2 = \dfrac{0.5}{\left(\dfrac{720}{900}\right)^2} = 0.78 \text{ (mmH}_2\text{O)}$$

∴壓力會變為 0.78mmH₂O

(二) 當迴轉數由 720rpm 改為 900rpm 時，風量會變為：$\left(\dfrac{800}{Q_2}\right)^2 = \left(\dfrac{720}{900}\right)^2$

$\rightarrow \dfrac{800}{Q_2} = \dfrac{720}{900}$ （∵雙邊開根號刪除平方）

$\rightarrow Q_2 = \dfrac{800 \times 900}{720}$

$= 1,000 \text{(m}^3\text{/min)}$

∴風量會變為 1,000m³/min

chapter 2 計算題精華彙整

> **題幹**
>
> 請列出以下氣罩型式排氣量之估計公式。（單選）
> A. $0.75V(10X^2 + A)$　　B. $1.4PVX$　　C. $2.6\ LVX$　　D. $3.7\ LVX$
> E. $V(5X^2 + A)$　　F. $V(10X^2 + A)$　　G. VA
> 各公式的代號：V 為捕捉點風速，X 為氣罩開口與捕捉點距離，
> A 為氣罩開口面積，P 為作業面周長，L 為氣罩開口長邊邊長。
> (一) 單一狹縫式　　　　　　　　　(四) 崗亭式
> (二) 外裝型　　　　　　　　　　　(五) 懸吊式
> (三) 有凸緣之外裝型

解　(一) 單一狹縫式　　　→ D. $3.7\ LVX$

　　(二) 外裝型　　　　　→ F. $V(10X^2 + A)$

　　(三) 有凸緣之外裝型　→ A. $0.75V(10X^2 + A)$

　　(四) 崗亭式　　　　　→ G. VA

　　(五) 懸吊式　　　　　→ B. $1.4PVX$

氣罩說明	氣罩型式	排氣量之估計公式
(一) 單一狹縫式		$Q = 3.7\ LVX$
(二) 外裝型		$Q = V(10X^2 + A)$
(三) 有凸緣之外裝型		$Q = 0.75V(10X^2 + A)$
(四) 崗亭式		$Q = VA$
(五) 懸吊式		$Q = 1.4PVX$

化學性危害因子 - 有害物容許濃度

🔍 PEL-TWA 單位：粒狀污染物（mg/m^3）；氣狀污染物（ppm）

※單位轉換（在 1atm，25°C 時）：

$$mg/m^3 = \frac{ppm \times 氣狀有害物之分子量}{24.45}$$

$$ppm = \frac{mg/m^3 \times 24.45}{氣狀有害物之分子量}$$

🔍 PEL-STEL＝PEL-TWA×變量係數

變量係數表如下：

容許濃度 （ppm or mg/m^3）	0-未滿 1	1-未滿 10	10-未滿 100	100-未滿 1,000	1,000 以上
變量係數	3	2	1.5	1.25	1

🔍 $C = \dfrac{N}{V}$ 【C：濃度（CFU/m^3）、N：菌落數（CFU）、V：採樣體】

🔍 作業環境空氣中有二種以上有害物存在而其相互間效應非屬於相乘效應或獨立效應時，應視為相加效應，並依下列規定計算，其總和大於 1 時，即屬超出容許濃度。

$$暴露濃度總和 = \frac{TWAa}{PEL\text{-}TWAa} + \frac{TWAb}{PEL\text{-}TWAb} + \frac{TWAc}{PEL\text{-}TWAc} + \cdots$$

（※其和大於 1 時，即屬超出容許暴露濃度）

TWA：有害物成分之濃度

PEL：有害物成分之容許濃度

🔍 相當 8 小時日時量平均暴露濃度之計算公式：

$$TWA_t \text{ 小時} = \frac{TWA_8 \times 8(小時)}{t(小時)} \text{ 或 } TWA_8 \text{ 小時} = \frac{TWA_t \times t(小時)}{8(小時)}$$

🔍 相當 8 小時日時量平均容許濃度之計算公式：

$$\text{相當 8 小時日時量平均容許濃度} = \frac{\text{PEL-TWA}_8 \times 8\text{小時}}{\text{超過8小時之實際時間}}$$

🔍 時量平均暴露濃度計算公式：

$$\text{TWA} = \frac{C_1 \times t_1 + C_2 \times t_2 + \cdots + C_n \times t_n}{t_1 + t_2 + \cdots + t_n}$$

C_n：某 n 次某有害物空氣中濃度

t_n：某 n 次之工作時間（hr）

🔍 暴露之濃度計算方式：

$$\text{濃度 } C(mg/m^3) = \frac{\text{化學物之重量}W(mg)}{\text{採樣體積}Q(m^3)}$$

🔍 採樣體積 $Q(m^3)$ ＝ 採樣流速 $V(L/min) \times$ 採樣時間$(min) \times 10^{-3}(m^3/L)$

題幹

有機溶劑甲苯在 25°C 一大氣壓下，分子量為 92，容許濃度 80ppm，請問可換成多少 mg/m³？（請以四捨五入取至小數點第 2 位）

解 單位轉換（在 1atm，25°C 時）：

$$mg/m^3 = \frac{ppm \times \text{氣狀有害物之分子量}}{24.45}$$

$$= \frac{80ppm \times 92}{24.45}$$

$$= 301.02 \text{ mg/m}^3$$

故可換成 301.02 mg/m³

計算機操作範例：

計算式：$\frac{80ppm \times 92}{24.45} = 301.02$

2-71

計算機操作說明

80 × 92 ÷ 24.45 = 301.02

```
                              80×92÷24.45
                          301.022494887526
```

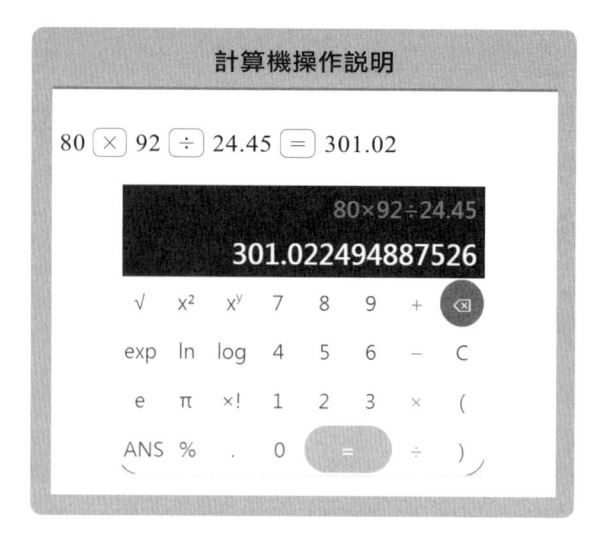

題幹

某常溫常壓（1 mol 氣體佔 24.45 L）且換氣率不高之室內工作場所，氣積 244.5 m³。某工作者在其內處理某有機溶劑，分子量 50、PEL 100 ppm。如果操作不慎，導致有機溶劑洩漏。假設洩漏後完全蒸發，且都滯留在此室內工作場所空氣中，沒有流通出去。試計算要洩漏多少公克，會使該化學品空氣中濃度達到 PEL？
（請以四捨五入取至整數）

解

$$mg/m^3 = \frac{ppm \times 氣狀有害物之分子量}{24.45}$$

$$= \frac{100 ppm \times 50}{24.45}$$

$$= 204.50 mg/m^3$$

重量濃度（mg/m³）＝每立方公尺空氣中有害物質之毫克數

已知氣積為 244.5 m³；1 g ＝ 1,000 mg

該有機溶劑重量 ＝ 204.50(mg/m³) × 244.5 m³

$$= 50,000.25(mg)$$

$$= 50(g)$$

∴經計算後得知該有機溶劑洩漏 50 公克，會使該化學品空氣中濃度達到 PEL。

題幹

某事業單位實施作業環境生物氣膠採樣，選定某種衝擊式採樣器，採樣流量為 100L/min，為避免培養皿上菌落密集重疊難以計數，設定每一培養皿不超過 300 個菌落數（CFU）。當作業環境濃度為 500 CFU/m³ 時，請問採樣時間不應超過幾分鐘？

解 $C = \dfrac{N}{V}$

【C：濃度（500 CFU/m³）、N：菌落數（300 CFU）、V：採樣體積（m³）】

$\to 500 = \dfrac{300}{V}$

$\to V = \dfrac{300}{500} = 0.6 (m^3)$

$V = Q \times t$，

V：採樣體積（0.6 m³）、Q：採樣流量（0.1 m³/min）、t：採樣時間（min）

（採樣流量 100 L/min＝0.1 m³/min）

$V = Q \times t$

$\to 0.6 = 0.1 \times t$

$\to t = \dfrac{0.6}{0.1} = 6 (min)$

經計算後得知採樣時間不應超過 6 分鐘。

> **題幹**
>
> 林君從事有機溶劑作業，在某工作日內暴露最嚴重時段測定 15 分鐘，測定結果如下表（25°C，一大氣壓下）。設該場所除甲苯、丁酮及正己烷外無其他有害物之暴露，若以相加效應評估時，該勞工暴露是否符合規定？
>
> | 暴露物質 | 甲苯 | 丁酮 | 正己烷 |
> |---|---|---|---|
> | 暴露濃度 | 200 mg/m³ | 250 mg/m³ | 100 mg/m³ |
> | 8 小時日時量平均容許濃度 | 100 ppm | 200 ppm | 50 ppm |
> | 變量係數 | 1.25 | 1.25 | 1.5 |
> | 分子量 | 92 | 72 | 86 |

解 暴露濃度之單位換算：$\text{ppm} = \dfrac{\text{mg/m}^3 \times 24.45}{\text{氣狀有害物之分子量}}$

甲苯：$\dfrac{200\,\text{mg/m}^3 \times 24.45}{92} = 53.15\ \text{ppm}$

丁酮：$\dfrac{250\,\text{mg/m}^3 \times 24.45}{72} = 84.90\,\text{ppm}$

正己烷：$\dfrac{100\,\text{mg/m}^3 \times 24.45}{86} = 28.43\ \text{ppm}$

因此場所有二種暴露物質存在，所以需以相加效應作評估如下說明：

PEL-STEL＝PEL-TWA×變量係數

甲苯短時間時量平均容許濃度為：100×1.25＝125(ppm)

丁酮短時間時量平均容許濃度為：200×1.25＝250(ppm)

正己烷短時間時量平均容許濃度為：50×1.5＝75(ppm)

相加效應總和＝$\dfrac{53.15}{125} + \dfrac{84.90}{250} + \dfrac{28.43}{75}$

$= 1.1439$

∴其和大於 1，故勞工暴露不符規定。

計算機操作範例：

計算式：$\dfrac{53.15}{125} + \dfrac{84.90}{250} + \dfrac{28.43}{75} = 1.1439$

題幹

某勞工於有機溶劑甲苯作業環境中工作 10 小時,經測定該場所之甲苯濃度 320mg/m³,又甲苯之 8 小時日時量平均容許濃度為 100ppm,分子量為 92。試問該勞工之暴露狀況是否符合規定?(假設大氣條件為一大氣壓、25°C)

解

$$ppm = \frac{mg/m^3 \times 24.45}{氣狀有害物之分子量}$$

$$= \frac{320mg/m^3 \times 24.45}{92}$$

$$= 85.04 ppm$$

由於勞工工作日暴露 10 小時,所以須轉換成相當 8 小時日時量平均暴露濃度,才能與 8 小時日時量平均容許濃度作比較:

$$\because TWA_8 = \frac{TWA_t \times t(小時)}{8(小時)}$$

$$= \frac{85.04 \times 10}{8}$$

$$= 106.30 (ppm)$$

∴ 相當 8 小時日時量平均暴露濃度為 106.30ppm,大於 8 小時日時量平均容許濃度 (PEL-TWA)100ppm,故此勞工之暴露為不符合規定。

題幹

某有害物之 8 小時日時量平均容許濃度為 200 ppm，如勞工作業暴露之時間為 10 小時，則該有害物相當 8 小時日時量平均容許濃度為多少 ppm？

解 依「勞工作業場所容許暴露標準」第 8 條第 1 款規定，全程工作日之時量平均濃度不得超過相當 8 小時日時量平均容許濃度。

$$相當 8 小時日時量平均容許濃度 = \frac{PEL\text{-}TWA_8 \times 8(小時)}{超過8小時之實際時間}$$

$$= \frac{200\,ppm \times 8\,小時}{10\,小時}$$

$$= 160\ ppm$$

故有害物相當 8 小時日時量平均容許濃度為 160ppm。

題幹

某一清洗作業勞工使用三氯乙烷為清潔劑，在 25°C、一大氣壓下其暴露於三氯乙烷之情形如下：(一)08:00~12:00 C1＝350ppm (二)13:00~14:00 C2＝489ppm (三)14:00~17:00 C3＝100ppm 已知：三氯乙烷之 8 小時日時量平均容許濃度為 350ppm，不同容許濃度之變量係數值如下表：

容許濃度 （ppm or mg/m³）	<1	≧1，<10	≧10，<100	≧100，<1,000	≧1,000
變量係數	3	2	1.5	1.25	1.0

試回答下列問題：
(一) 該勞工全程工作日之時量平均暴露濃度為多少 ppm？（請以四捨五入取至小數點第 2 位）
(二) 試評估該作業勞工之三氯乙烷暴露是否符合規定？

解 (一) ∵時量平均暴露濃度 $TWA = \dfrac{C_1 \times t_1 + C_2 \times t_2 + \cdots + C_n \times t_n}{t_1 + t_2 + \cdots + t_n}$

C_n：某 n 次某有害物空氣中濃度

t_n：某 n 次之工作時間（hr）

$$\therefore TWA_8 = \frac{(350 \times 4) + (489 \times 1) + (100 \times 3)}{4 + 1 + 3}$$

$$= \frac{1,400 + 489 + 300}{8}$$

$$= 273.63\,(ppm)$$

∴該勞工全程工作日之時量平均濃度為 273.63ppm。

(二) 短時間暴露容許濃度（PEL-STEL＝PEL-TWA×變異係數）＝350×1.25＝437.5 ppm

1. 因 8 小時平均暴露濃度 273.63 ppm 小於 8 小時時量平均容許濃度 350 ppm，故該工作場所相當於 8 小時時量平均容許濃度合乎 8 小時日時量平均容許濃度之規定。

2. 法令規定之短時間暴露容許濃度為 437.5 ppm，因該作業場所在 13：00~14：00 時段之濃度值為 489 ppm，已超過法令規定，因此該勞工之暴露不符合法令規定。

計算機操作範例：

計算式：$\dfrac{(350\times4)+(489\times1)+(100\times3)}{4+1+3}=273.625$

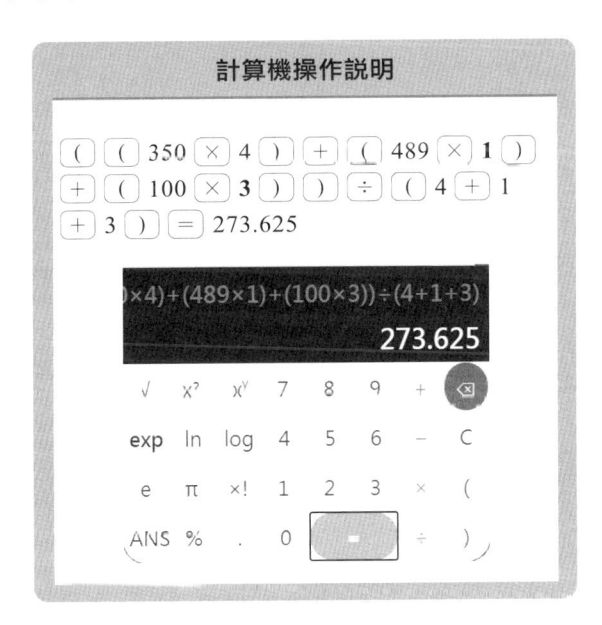

計算機操作說明

((350 × 4) + (489 × 1)
+ (100 × 3) ÷ (4 + 1
+ 3) = 273.625

```
×4)+(489×1)+(100×3))÷(4+1+3)
                        273.625
```

題幹

某有機溶劑作業工作日內暴露最嚴重時測定 15 分鐘，測定結果如下表（25°C，一大氣壓下）。假設該場所除二甲苯、丁酮及正己烷外，無其他有害物之暴露，若以相加效應評估時，該勞工作業場所是否符合短時間時量平均容許濃度之規定？

暴露物質	二甲苯	丁酮	正己烷
暴露濃度	40 ppm	50 ppm	30 ppm
8 小時日時量平均容許濃度	100 ppm	200 ppm	50 ppm
變量係數	1.25	1.25	1.5

解

二甲苯短時間時量平均容許濃度為：$100 \times 1.25 = 125$(ppm)

丁酮短時間時量平均容許濃度為：$200 \times 1.25 = 250$(ppm)

正己烷短時間時量平均容許濃度為：$50 \times 1.5 = 75$(ppm)

$$\text{相加效應} = \frac{\text{STEL}_{二甲苯}}{\text{PEL-STEL}_{二甲苯}} + \frac{\text{STEL}_{丁酮}}{\text{PEL-STEL}_{丁酮}} + \frac{\text{STEL}_{正己烷}}{\text{PEL-STEL}_{正己烷}}$$

$$= \frac{40\text{ppm}}{125\text{ppm}} + \frac{50\text{ppm}}{250\text{ppm}} + \frac{30\text{ppm}}{75\text{ppm}}$$

$$= 0.32 + 0.2 + 0.4$$

$$= 0.92$$

∴其和小於 1，符合短時間時量平均容許濃度之規定。

題幹

王君每日 8 小時的工作時間內，於 A 場所作業時間為 4 小時，B 場所為 2 小時、C 場所為 2 小時，甲物質 8 小時日時量平均容許濃度為 40ppm，乙物質為 120 ppm，丙物質 400 ppm，各場所時量平均暴露濃度如下表所示，請以相加效應評估王君之暴露是否符合職業安全衛生法令規定？

	A 場所-4hr	B 場所-2hr	C 場所-2hr
甲物質	20ppm	40ppm	0
乙物質	80ppm	0	80ppm
丙物質	0	100ppm	300ppm

解 時量平均暴露濃度 $TWA = \dfrac{C_1 \times t_1 + C_2 \times t_2 + \cdots + C_n \times t_n}{t_1 + t_2 + \cdots + t_n}$

C_n：某 n 次某有害物空氣中濃度

t_n：某 n 次之工作時間（hr）

甲物質之濃度 $= \dfrac{(20 \times 4)+(40 \times 2)+(0 \times 2)}{8} = 20(ppm)$

乙物質之濃度 $= \dfrac{(80 \times 4)+(0 \times 2)+(80 \times 2)}{8} = 60(ppm)$

丙物質之濃度 $= \dfrac{(0 \times 4)+(100 \times 2)+(300 \times 2)}{8} = 100(ppm)$

暴露濃度總和 $= \dfrac{TWAa}{PEL\text{-}TWAa} + \dfrac{TWAb}{PEL\text{-}TWAb} + \dfrac{TWAc}{PEL\text{-}TWAc} + \cdots$

TWA：有害物成分之濃度

PEL-TWA：有害物成分之容許濃度

（※其和大於 1 時，即屬超出容許暴露濃度）

∵ 甲物質容許濃度為 40ppm，乙物質容許濃度為 120ppm，丙物質容許濃度為 400ppm，甲有害物成分之濃度 20ppm，乙有害物成分之濃度 60ppm，丙有害物成分之濃度 100ppm。

∴ 暴露濃度總和 $= \dfrac{TWA_{甲}}{PEL\text{-}TWA_{甲}} + \dfrac{TWA_{乙}}{PEL\text{-}TWA_{乙}} + \dfrac{TWA_{丙}}{PEL\text{-}TWA_{丙}}$

$= \dfrac{20}{40} + \dfrac{60}{120} + \dfrac{100}{400}$

$= 1.25$

其和大於 1，超出容許濃度之規定，故不符合於職業安全衛生法令規定。

題幹

某勞工實施有機溶劑作業，其使用甲有機溶劑，經以個人採樣測定，採樣流率為 1.5L/min 於 25°C，一大氣壓實施 8 小時單一樣本連續採樣，樣本經分析結果為甲有機溶劑質量為 4.5mg，請計算該勞工甲有機溶劑之暴露濃度為多少 mg/m³？
（請以四捨五入取至小數點第 2 位）

解 甲有機溶劑，於 25°C，一大氣壓實施 8 小時單一樣本連續採樣，其採樣總體積：

$1.5(L/min) \times 8(hr) \times 60(min) \times 10^{-3}(m^3/L) = 0.72(m^3)$

勞工甲有機溶劑暴露濃度：

$$C(mg/m^3) = \frac{化學物之重量 W(mg)}{採樣體積(m^3)}$$

$$= \frac{4.5(mg)}{0.72(m^3)}$$

$$= 6.25(mg/m^3)$$

∴勞工甲有機溶劑暴露濃度為 6.25(mg/m³)。

題幹

(一) 某勞工實施有機溶劑作業，其使用之有機溶劑為三氯乙烷，經以個人採樣測定，採樣流率為 100mL/min 於 25°C，一大氣壓實施 8 小時單一樣本連續採樣，樣本經分析結果為三氯乙烷質量為 5mg，請計算該勞工三氯乙烷之暴露濃度為多少 mg/m³？

(二) 如三氯乙烷分子量為 133.5，則該勞工之暴露濃度為多少 ppm？
（以上請四捨五入取至小數點第 2 位）

解 (一) ∵1cc = 1 cm³ = 1mL；1m = 100cm；1m³ = 10⁶ cm³

∴1 mL = 10⁻⁶m³

三氯乙烷係屬第二種有機溶劑，於 25°C，一大氣壓實施 8 小時單一樣本連續採樣，其採樣總體積：$100(mL/min) \times 8(hr) \times 60(min) \times 10^{-6}(m^3/mL) = 0.048(m^3)$

勞工三氯乙烷暴露濃度：

$$C(mg/m^3) = \frac{化學物之重量 W(mg)}{採樣體積(m^3)}$$

$$= \frac{5(mg)}{0.048(m^3)}$$

$= 104.17(\text{mg/m}^3)$

∴勞工三氯乙烷之暴露濃度為 104.17(mg/m³)。

(二) $\text{ppm} = \dfrac{\text{mg/m}^3 \times 24.45}{\text{氣狀有害物之分子量}}$

$= \dfrac{104.17\text{mg/m}^3 \times 24.45}{133.5}$

$= 19.08\text{ppm}$

∴該勞工暴露濃度為 19.08ppm。

題幹

假設某作業環境中粒徑 10 微米及粒徑 0.3 微米之厭惡性粉塵濃度分別為 50 mg/m³ 及 100 mg/m³，今有一勞工佩戴密合度 100% 之 N95 口罩，請計算該勞工對此兩種粉塵之暴露濃度。

解

(一) 粒徑 10 微米之厭惡性粉塵濃度為 50 mg/m³ 時，因粉塵粒徑高達 10 微米，故 N95 口罩捕集率將達 100%，亦即穿透率為 0%，故得勞工暴露濃度為 0。

(二) 粒徑 0.3 微米之厭惡性粉塵濃度為 100 mg/m³ 時，因粉塵粒徑為 0.3 微米，故 N95 口罩捕集率可達 95%，亦即穿透率為 5%，故得勞工暴露濃度為 5 mg/m³（100 mg/m³ × 5% = 5 mg/m³）。

題幹

某種口罩主要分為防潑水層、不織布層及皮膚接觸，若此 3 層對粉塵的過濾效率分別為 30.0%、60.0%、30.0%。此口罩對粉塵的總過濾效率為多少%？（請以四捨五入取至小數點第 1 位）

解

此口罩對粉塵的總過濾效率計算如下：

第一層過濾效率 = 30%

第二層過濾效率 = (1-30%) × 60% = 42%

第三層過濾效率 = (1-30%) × (1-60%) × 30% = 8.4%

口罩對粉塵的總過濾效率 = 30%+42%+8.4% = 80.4%

∴此口罩對粉塵的總過濾效率為 80.4%。

題幹

某口罩對粉塵的過濾效率為 80.0%，若多加一層活性碳層（對粉塵之過濾效率為 4.0%），此口罩的總過濾效率變為多少%？（請以四捨五入取至小數點第 1 位）

解 此口罩對粉塵的總過濾效率計算如下：

第一層過濾效率＝80.0%

第二層過濾效率＝(1-80.0%) × 4.0%＝0.8%

此口罩的總過濾效率＝80.0% + 0.8%＝80.8%

∴此口罩的總過濾效率變為 80.8%。

火災爆炸預防

Q 氣體濃度＝爆炸下限濃度×測定器讀值

Q 依勒沙特列（Le Chatelier）定律（混合爆炸）：

混合氣體之爆炸下限 LEL：

$$\text{LEL}(\%) = \frac{100}{\frac{V_1}{L_1} + \frac{V_2}{L_2} + \frac{V_3}{L_3} + \cdots}$$

LEL(%) 為混合氣體之爆炸下限。

L 為混合氣體各成分氣體單獨時之爆炸下限。

V 為混合氣體中各成分氣體體積比例，$V_1 + V_2 + V_3 + \cdots = 100$。

混合氣體之爆炸上限 UEL：

$$\text{UEL}(\%) = \frac{100}{\frac{V_1}{U_1} + \frac{V_2}{U_2} + \frac{V_3}{U_3} + \cdots}$$

UEL(%) 為混合氣體之爆炸上限。

U 為混合氣體各成分氣體單獨時之爆炸上限。

V 為混合氣體中各成分氣體體積比例，$V_1 + V_2 + V_3 + \cdots = 100$。

Q 爆炸危險性（指數）$H = \frac{（爆炸上限－爆炸下限）}{爆炸下限} = \frac{(\text{UEL} - \text{LEL})}{\text{LEL}}$

H 為爆炸危險性（指數）（H 越大越危險）

UEL(%) 為混合氣體之爆炸上限。

LEL(%) 為混合氣體之爆炸下限。

題幹

使用可燃性氣體測定器測定時，如指針指在 30% LEL 位置，而該可燃性氣體之爆炸下限（LEL）如為 1% 時，則此氣體在環境中之濃度約為多少%？（請以四捨五入取至小數點第 1 位）

解　氣體濃度＝爆炸下限濃度×測定器讀值

氣體濃度＝1% × 30%＝0.3%

經計算後得知此氣體在環境中之濃度約為 0.3%。

題幹

正己烷為採樣氣體，使用甲烷氣體進行偵測器之校正後，於現場內所測得爆炸下限 LEL 為 1%，如指針 30%，試請問其校正因子如為 2.3 時，其可燃性氣體濃度為多少%？（請以四捨五入取至小數點第 2 位）

解　爆炸下限濃度＝測得爆炸下限 %LEL × 校正係數

$$= 1\% \times 2.3$$
$$= 2.3\%$$

可燃性氣體濃度＝爆炸下限濃度×測定器讀值

$$= 2.3\% \times 30\%$$
$$= 0.69\%$$

∴可燃性氣體濃度為 0.69%

題幹

混合性氣體爆炸下限計算，A 氣體 80%，其餘為 B 氣體，爆炸下限分別為 1.5% 及 4.5%，請依勒沙特列（Le Chatelier）定律求出氣體爆炸下限為多少？（請以四捨五入取至小數點第 2 位）

解　依勒沙特列（Le Chatelier）定律，其混合氣體之爆炸下限 LEL 公式：

$$\text{LEL}(\%) = \frac{100}{\frac{V_1}{L_1} + \frac{V_2}{L_2} + \frac{V_3}{L_3} + \cdots}$$

LEL(%) 為混合氣體之爆炸下限。

L 為混合氣體各成分氣體單獨時之爆炸下限。

V 為混合氣體中各成分氣體體積比例，$V_1+V_2+V_3+\cdots=100$。

$$LEL(\%) = \frac{100}{\frac{V_1}{L_1}+\frac{V_2}{L_2}}$$

$$= \frac{100}{\frac{80}{1.5}+\frac{20}{4.5}}$$

$$= \frac{100}{53.33+4.44}$$

$$= 1.73$$

故此混合氣體爆炸下限為 1.73%

計算機操作範例：

計算式：$\dfrac{100}{\frac{80}{1.5}+\frac{20}{4.5}} = 1.73$

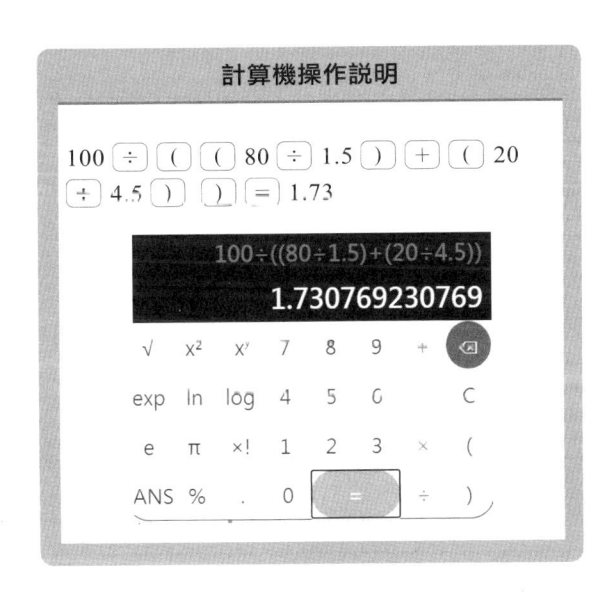

計算機操作說明

100 ÷ ((80 ÷ 1.5) + (20 ÷ 4.5)) = 1.73

$100 \div ((80 \div 1.5) + (20 \div 4.5))$

1.730769230769

題幹

某可燃性氣體之組成百分比與其爆炸界限如下表所示,請回答下列問題:

(一) 計算表中乙烷、丙烷與丁烷之爆炸危險性(指數),並依計算結果將前述三種可燃性氣體之爆炸危險性,由低至高排列。

(二) 依勒沙特列(Le Chatelier)定律計算混合可燃性氣體之爆炸上限(UEL)與爆炸下限(LEL)。(請以四捨五入取至小數點第 2 位)

組成物質名稱	爆炸界限(%)	組成體積百分比(%)
乙烷(C_2H_6)	3.0~12.4	30
丙烷(C_3H_8)	2.1~10.1	30
丁烷(C_4H_{10})	1.6~8.4	40

解

(一) 爆炸危險性(指數) = $\dfrac{(爆炸上限-爆炸下限)}{爆炸下限}$ = $\dfrac{(UEL-LEL)}{LEL}$

乙烷(C_2H_6)爆炸危險性 = $\dfrac{(12.4-3.0)}{3.0}$ = 3.13

丙烷(C_3H_8)爆炸危險性 = $\dfrac{(10.1-2.1)}{2.1}$ = 3.81

丁烷(C_4H_{10})爆炸危險性 = $\dfrac{(8.4-1.6)}{1.6}$ = 4.25

∵ 爆炸危險性(指數)愈高愈危險

∴ 三種可燃性氣體之爆炸危險性,由低至高之排列如下:

乙烷(C_2H_6)<丙烷(C_3H_8)<丁烷(C_4H_{10})

(二) 此混合可燃性氣體的爆炸上限(UEL)計算如下:

$$UEL(\%) = \dfrac{100}{\dfrac{V_1}{U_1}+\dfrac{V_2}{U_2}+\dfrac{V_3}{U_3}} = \dfrac{100}{\dfrac{30}{12.4}+\dfrac{30}{10.1}+\dfrac{40}{8.4}} = 9.85(\%)$$

此混合氣體在空氣中的爆炸下限(LEL)計算如下:

$$LEL(\%) = \dfrac{100}{\dfrac{V_1}{L_1}+\dfrac{V_2}{L_2}+\dfrac{V_3}{L_3}} = \dfrac{100}{\dfrac{30}{3.0}+\dfrac{30}{2.1}+\dfrac{40}{1.6}} = 2.03(\%)$$

計算機操作範例：

計算式：$\dfrac{100}{\dfrac{30}{3.0}+\dfrac{30}{2.1}+\dfrac{40}{1.6}}=2.03$

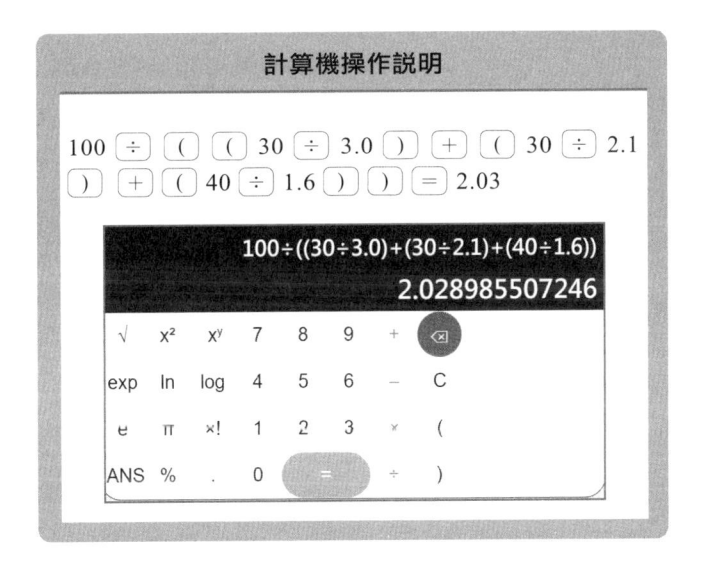

計算機操作說明

100 ÷ ((30 ÷ 3.0) + (30 ÷ 2.1) + (40 ÷ 1.6)) = 2.03

```
100÷((30÷3.0)+(30÷2.1)+(40÷1.6))
2.028985507246
```

題幹

依 John's 理論得知可燃性物質之爆炸下限（LEL）為理論混合比例值（Cst）之 0.55 倍（LEL=0.55Cst），假設空氣中氧氣之體積百分比為 21%，試回答下列問題：

（一）計算乙烷（C_2H_6）之理論混合比例值（Cst）與其爆炸下限。

（二）若乙烷之爆炸上限為 12.4%，計算乙烷之相對危險指數。

參考公式：碳氫氣體完全燃燒之化學平衡方程式：

$$C_xH_yO_z+(x+\dfrac{y-2z}{4})O_2 \rightarrow xCO_2 + \dfrac{y}{2}H_2O$$

燃燒下限之計算公式 LEL＝0.55Cst

Cst 為完全燃燒的化學理論混合比值 ＝ $\dfrac{1}{1+\dfrac{\text{氧之係數}}{\text{空氣中氧的體積比}}} \times$ vol%

（請以四捨五入取至小數點第 2 位）

解 碳氫氣體完全燃燒之化學平衡方程式：$C_xH_yO_z+(x+\dfrac{y-2z}{4})O_2 \rightarrow xCO_2 + \dfrac{y}{2}H_2O$

燃燒下限之計算公式 LEL＝0.55Cst

$$C_{st} \text{ 為完全燃燒的化學理論混合比值} = \frac{1}{1+\frac{\text{氧之係數}}{\text{空氣中氧的體積比}}} \times vol\%$$

(一) 乙烷 C_2H_6 完全燃燒化學平衡方程式：$C_2H_6 + (2+\frac{6}{4})O_2 \rightarrow 2CO_2 + \frac{6}{2}H_2O$

$\rightarrow C_2H_6 + 3.5O_2 \rightarrow 2CO_2 + 3H_2O$

$$C_{st} = \frac{1}{1+\frac{3.5}{0.21}} \times vol\% = 5.66\%$$

乙烷（C_2H_6）之理論爆炸下限 LEL $= 0.55 \times 5.66 = 3.11\%$

∴乙烷之理論混合比例值（C_{st}）是 5.66%，其爆炸下限為 3.11%。

(二) 乙烷之相對危險指數 $= \dfrac{\text{爆炸上限-爆炸下限}}{\text{爆炸下限}}$

$= \dfrac{12.4\% - 3.11\%}{3.11\%}$

$= 2.99$

∴若乙烷之爆炸上限為 12.4%，計算乙烷之相對危險指數為 2.99。

題幹

有一甲醇桶槽，其電容為 550pF，電壓為 2kv 時，是否會引燃甲醇？
提示：甲醇最小著火能量 0.14mj，參考公式 $E(j) = 0.5CV^2 \times vol\%$

解

1pF（皮法拉）$= 10^{-12}$F（法拉）

1kv（千伏特）$= 1,000$v（伏特）

1j（焦耳）$= 1,000$mj（毫焦耳）

最低著火能量 E（mj）$= 0.5CV^2 \times 1,000$

電容 $C = 550pF = 550 \times 10^{-12}$F

電壓 $V = 2kv = 2,000$v

$E(mj) = 0.5CV^2 \times 1,000$

$= 0.5 \times (550 \times 10^{-12}) \times (2,000)^2 \times 1,000$

$= 1.1$ (mj)

∵此電容儲存能量 1.1mj 大於甲醇最小著火能量 0.14mj，所以會引燃甲醇。

計算機操作範例：

計算式：$0.5 \times (550 \times 10^{-12}) \times 2,000)^2 \times 1,000 = 1.1$

計算機操作說明

$0.5\ \boxed{\times}\ 550\ \boxed{\times}\ 10\ \boxed{X^y}\ \text{-}12\ \boxed{)}\ \boxed{\times}\ 2000\ \boxed{X^2}\ \boxed{\times}\ 1000\ \boxed{=}$
1.1

```
0.5×550×10^(−12)×2000^(2)×1000
                            1.1

 √    x²   xʸ    7   8   9   +   ⌫
 exp  ln   log   4   5   6   −   C
 e    π    ×!    1   2   3   ×   (
 ANS  %    .     0       =   ÷   )
```

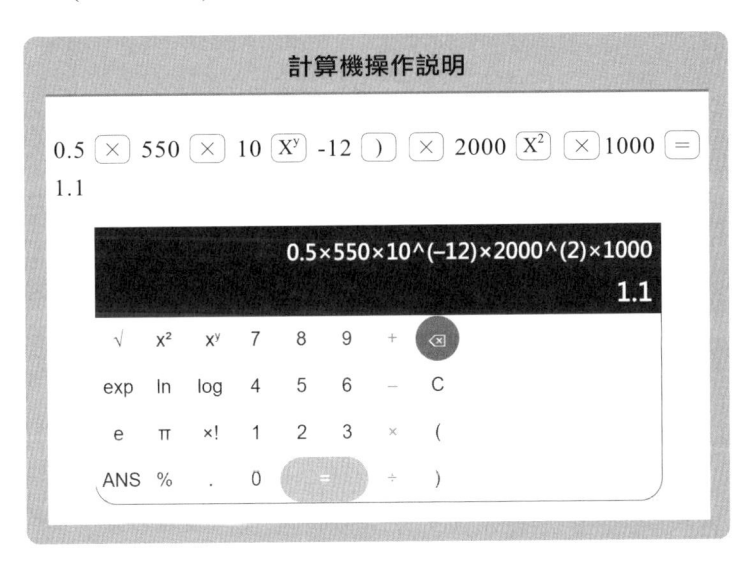

採光照明

照度測量方式應參照 CNS 5065 照度測定法，其測定範圍之平均照度係求每單位區域之平均照度，常見有四點法與五點法和多數單位區域之平均照度法計算式。

局部照明之平均照度計算

🔍 單位區域內取四點，再求平均值

四點法：$\bar{E} = \dfrac{1}{4}\sum Ei$

$\bar{E}$：平均照度值。

$\sum Ei$：各邊點照度值的總和。

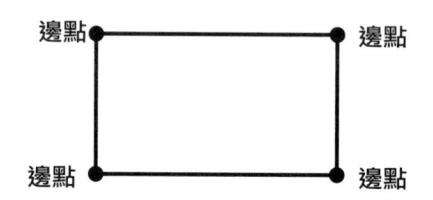

🔍 單位區域如中央只裝一燈，此時之平均照度可測五點，比四點法多測中心點

五點法：$\bar{E} = \dfrac{1}{6}\left(\sum Ei + 2Eg\right)$

$\bar{E}$：平均照度值。

$\sum Ei$：各邊點照度值的總和。

Eg：中心點照度值。

全面照明之平均照度計算

🔍 將待測定範圍長分為 m 等分，寬分為 n 等分，分為 m×n 個區域。

多數單位區域之平均照度計算法：

四點法：

$$\bar{E} = \dfrac{1}{4mn}\left[\sum E(\text{角點}) + 2\sum E(\text{邊點}) + 4\sum E(\text{內點})\right]$$

※ ΣE（角點）：為區域外頂點的照明。

※ 2ΣE（邊點）：為相鄰二個單位區域的平均照明，因邊點都需列入，所以全面平均照明必須乘 2。

※ 4ΣE（內點）：為相鄰四個單位區域的平均照明，內點都需列入，所以全面平均照明時必需乘 4。

※ m：縱座標格數。

※ n：橫座標格數。

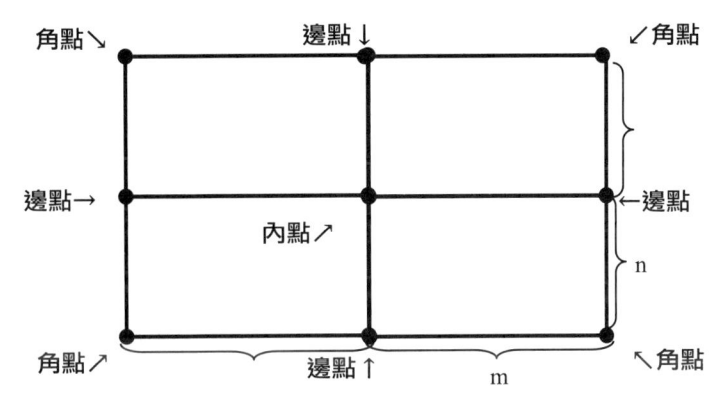

題幹

某作業區域照度測定如下圖，求此作業區域的平均照度為多少 Lux？（請以四捨五入至整數）

270Lux　　　340Lux

360Lux　　　280Lux

解

平均照度公式：

四點法：$\bar{E} = \dfrac{1}{4}\sum Ei$

$\bar{E}$：平均照度值。

$\sum Ei$：各邊點照度值的總和。

$\bar{E} = \dfrac{1}{4}(270+360+340+280)$

　　$= 313 \text{(Lux)}$（以四捨五入取至整數）

故此作業區域的平均照度為 313 Lux。

計算機操作範例：

計算式：$\frac{1}{4}(270+360+340+280) = 312.5$

計算機操作說明

1 ÷ 4 × (270 + 360 + 340 + 280) =
312.5

```
1÷4×(270+360+340+280)
                312.5
√    x²   xʸ   7   8   9   +   ⌫
exp  ln   log  4   5   6   −   C
e    π    x!   1   2   3   ×   (
ANS  %    .    0       =   ÷   )
```

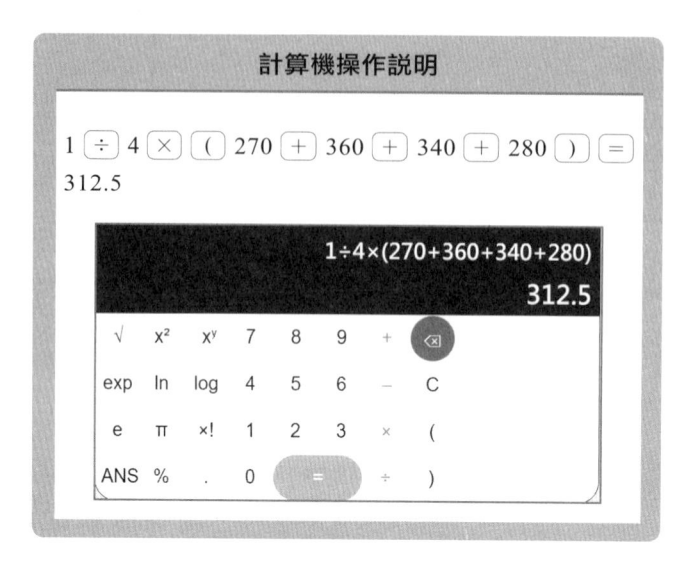

題幹

某作業區域照度測定 5 點如下圖，試求其平均照度為多少 Lux？

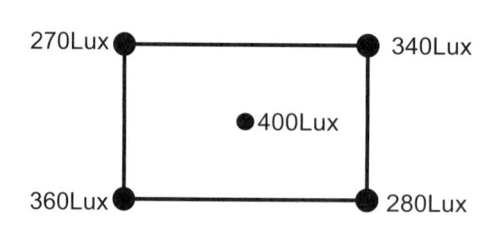

```
270Lux ●──────────● 340Lux
       │          │
       │  ●400Lux │
       │          │
360Lux ●──────────● 280Lux
```

解 此作業區域的平均照度公式：

五點法：$\bar{E} = \frac{1}{6}\left(\sum Ei + 2Eg\right)$

$\bar{E}$：平均照度值。

$\sum Ei$：各邊點照度值的總和。

Eg：中心點照度值。

2-92

$$\bar{E} = \frac{1}{6}\,\mathbf{[}(270+360+340+280)+(2\times400)\mathbf{]}$$

$$= \frac{1}{6}(1,250+800)$$

$$= 342 \text{(Lux)}$$

故此作業區域的平均照度為 342 Lux。

題幹

某作業場所之照度測定如下圖，黑點為測定點，其旁之數值為測定值，
(一) 請列出計算式計算 A 小區的平均照度。
(二) 該作業場所整體之平均照度。

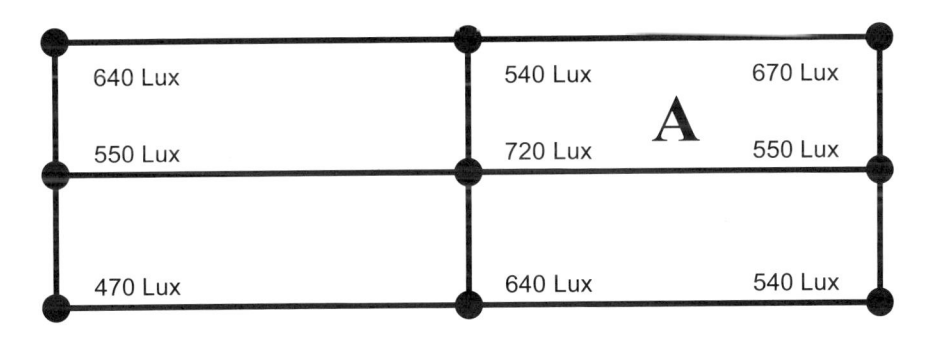

640 Lux	540 Lux	670 Lux
550 Lux	720 Lux	A 550 Lux
470 Lux	640 Lux	540 Lux

解 (一) A 小區的平均照度公式：

四點法：$\bar{E} = \frac{1}{4}\sum E$

$\bar{E}$：平均照度值。

$\sum E$：各邊點照度值的總和。

$$\bar{E} = \frac{1}{4}(540+720+670+550)$$

$$= 620 \text{(Lux)}$$

故 A 小區的平均照度為 620 Lux。

(二) 作業場所整體之平均照度公式：

$$\bar{E} = \frac{1}{4mn}\left[\sum E(\text{角點}) + 2\sum E(\text{邊點}) + 4\sum E(\text{內點})\right]$$

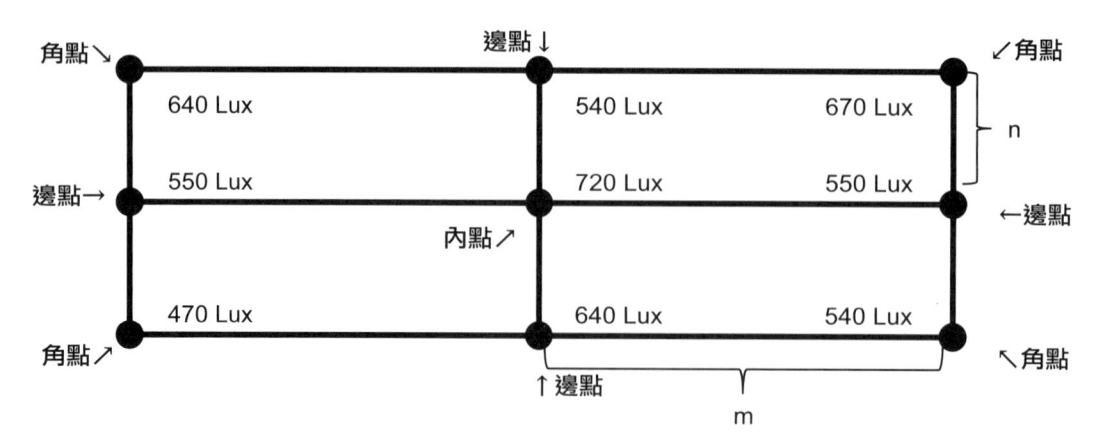

```
角點↘                    邊點↓                      ↙角點
    ●─────────────────────●─────────────────────●
    │  640 Lux      540 Lux       670 Lux  │
    │                                       │  n
邊點→●  550 Lux      720 Lux       550 Lux  ●←邊點
    │               內點↗                   │
    │                                       │
    │  470 Lux      640 Lux       540 Lux  │
    ●─────────────────────●─────────────────────●
角點↗                    ↑邊點                   ↖角點
                         └────── m ──────┘
```

∵ m 有 2 個；n 有 2 個；

$\sum E(\text{角點}) = 640+470+670+540 = 2,320$

$\sum E(\text{邊點}) = 550+540+640+550 = 2,280$

$\sum E(\text{內點}) = 720$

$\therefore \bar{E} = \dfrac{1}{4 \times 2 \times 2}$【(2,320)+(2×2,280)+(4×720)】

$= \dfrac{1}{16}$【2,320+4,560+2,880】

$= 610 \text{(Lux)}$

故作業場所整體之平均照度為 610 Lux。

題幹

某作業場所之照度測定如下圖所示，其旁之數值為測定值，請依 4 點法求作業場所整體之平均照度為多少 Lux？

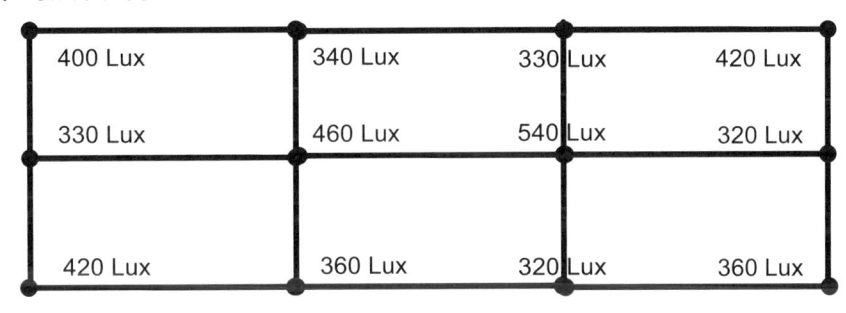

400 Lux	340 Lux	330 Lux	420 Lux
330 Lux	460 Lux	540 Lux	320 Lux
420 Lux	360 Lux	320 Lux	360 Lux

解 作業場所整體之平均照度公式：

$$\bar{E} = \frac{1}{4mn}\left[\sum E(\text{角點}) + 2\sum E(\text{邊點}) + 4\sum E(\text{內點})\right]$$

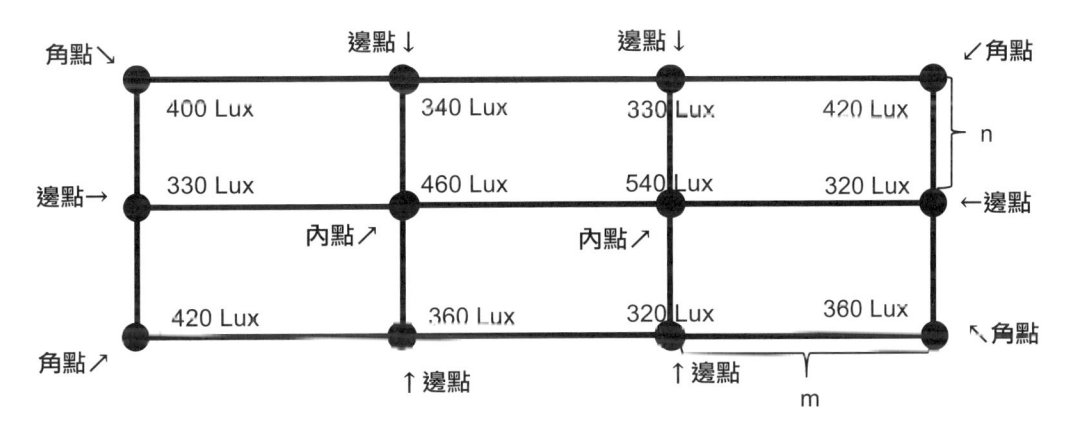

（圖示標註：角點、邊點、內點；m 方向有 3 個；n 方向有 2 個）

∵ m 有 3 個；n 有 2 個；

$\sum E(\text{角點}) = 420+360++420+400 = 1,600$

$\sum E(\text{邊點}) = 360+320+320+330+340+330 = 2,000$

$\sum E(\text{內點}) = 460+540 = 1,000$

$\therefore \bar{E} = \dfrac{1}{4\times 3\times 2}$【$(1,600)+(2\times 2,000)+(4\times 1,000)$】

$= \dfrac{1}{24}$【$1,600+4,000+4,000$】

$= 400\,(\text{Lux})$

故作業場所整體之平均照度為 400 Lux。

計算機操作範例：

計算式：$\dfrac{1}{4\times 3\times 2}(1600+(2\times 2000)+(4\times 1000))=400$

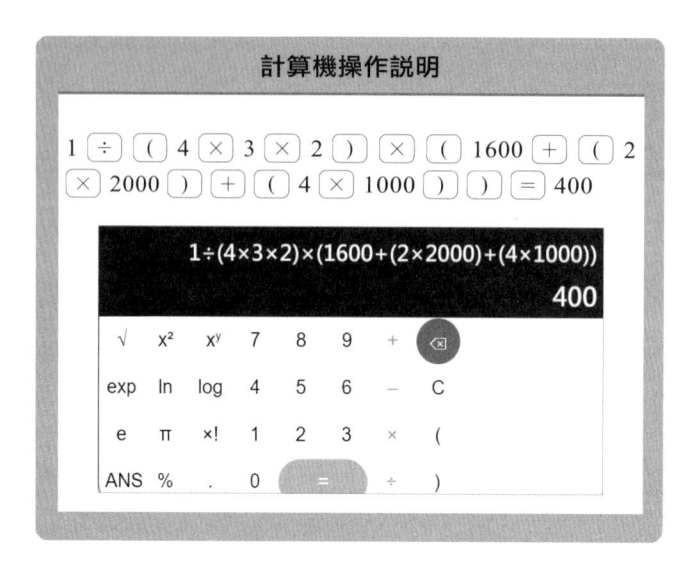

計算機操作說明

1 ÷ (4 × 3 × 2) × (1600 + (2 × 2000) + (4 × 1000)) = 400

顯示：1÷(4×3×2)×(1600+(2×2000)+(4×1000))
400

電氣安全

Q 1 度電（kWh）＝ 1,000 瓦特（W）× 1 小時（h）

耗電量（kWh）＝ $\dfrac{消耗電功率(W) \times 使用小時(hr)}{1,000}$

Q 歐姆定律：

電壓 $V = I \times R$；電流 $I = \dfrac{V}{R}$；電阻 $R = \dfrac{V}{I}$

電功率 $P = \dfrac{V^2}{R} = I \times V = I^2 \times R$

電壓（V）單位為：伏特（V）

電流（I）單位為：安培（A）

電阻（R）單位為：歐姆（Ω）

電功率（P）單位為：瓦特（W）

題幹

(一) 60 瓦特的燈泡，用電 20 小時，請問耗電量多少度電？（請四捨五入至小數第 1 位）

(二) 將燈泡 60 瓦更換成 100 瓦時，請問電功率、電流、電阻是變大還是變小？

解 (一) 1 度電（kWh）＝ 1,000 瓦特（W）× 1 小時（h）

耗電量（kWh）＝ $\dfrac{消耗電功率(W) \times 使用小時(hr)}{1,000}$

$= \dfrac{60(W) \times 20(hr)}{1,000}$

$= 1.2 (kWh)$

∴ 60 瓦特的燈泡，用電 20 小時耗電量為 1.2 度電。

2-97

(二) 歐姆定律：

電壓 $V = I \times R$ ；電流 $I = \dfrac{V}{R}$ ；電阻 $R = \dfrac{V}{I}$

電功率 $P = \dfrac{V^2}{R} = I \times V = I^2 \times R$

∵ 將低瓦數的燈泡更換成高瓦數的燈泡時，當電壓相同時電流愈大，電功率愈大，再依電功率公式來看，電阻與電功率成反比，所以電功率愈高的燈泡，其電阻愈小。

∴ 電功率會變大、電流會變大、電阻會變小。

題幹

(一) 燈泡 110V 90W 使用 20 小時，請問耗電量多少度電？
(二) 燈泡 110V 80W 使用 70 小時，請問耗電量多少度電？
（以上請四捨五入取至小數點第 1 位）

解 (一) 1 度電（kWh）＝ 1,000 瓦特（W）× 1 小時（h）

耗電量（kWh）$= \dfrac{消耗電功率(W) \times 使用小時(hr)}{1,000}$

$= \dfrac{90(W) \times 20(hr)}{1,000}$

$= 1.8 \text{(kWh)}$

∴ 燈泡 110V 90W 使用 20 小時，耗電量為 1.8 度電。

(二) 耗電量（kWh）$= \dfrac{消耗電功率(W) \times 使用小時(hr)}{1,000}$

$= \dfrac{80(W) \times 70(hr)}{1,000}$

$= 5.6 \text{(kWh)}$

∴ 燈泡 110V 80W 使用 70 小時，耗電量為 5.6 度電。

題幹

有一電器用品其銘牌標示電功率 48W，電壓 110V，請問此電器的電流為多少安培？（請以四捨五入計算至小數點第 2 位）

解 P(電功率)＝I(電流)×V(電壓)

→ I(電流)＝$\dfrac{P(電功率)}{V(電壓)}$

＝$\dfrac{48W}{110V}$

＝0.44（安培）

∴此電器的電流為 0.44 安培。

題幹

有發電機為 3hp 馬力，電壓為 220V，請試算此發電機的電流為多少安培？（請以四捨五入計算至小數點第 2 位）

解 1hp 馬力＝746(W)

3hp 馬力＝3×746＝2,238(W)

∵P(電功率)＝I(電流)×V(電壓)

→ I(電流)＝$\dfrac{P(電功率)}{V(電壓)}$

＝$\dfrac{2,238W}{220V}$

＝10.17（安培）

∴此發電機的電流為 10.17 安培。

題幹

有一空壓機為 20hp 馬力，電壓為三相 220V，請試算此空壓機的電流為多少安培？（請以四捨五入計算至小數點第 2 位）

解　1hp 馬力＝746(W)

20hp 馬力＝20×746＝14,920(W)

∵ P(電功率)＝I(電流)×V(電壓)×$\sqrt{3}$ （三相電）

→ I(電流)＝$\dfrac{P(電功率)}{V(電壓) \times \sqrt{3}}$

＝$\dfrac{14,920W}{220V \times \sqrt{3}}$

＝39.15（安培）

∴此空壓機的電流為 39.15 安培。

計算機操作範例：

計算式：$\dfrac{14,920}{220 \times \sqrt{3}}$ ＝39.15

計算機操作說明

14920 ÷ (220 × √ (3)) = 39.15

14920÷(220×√(3))
39.154845528678

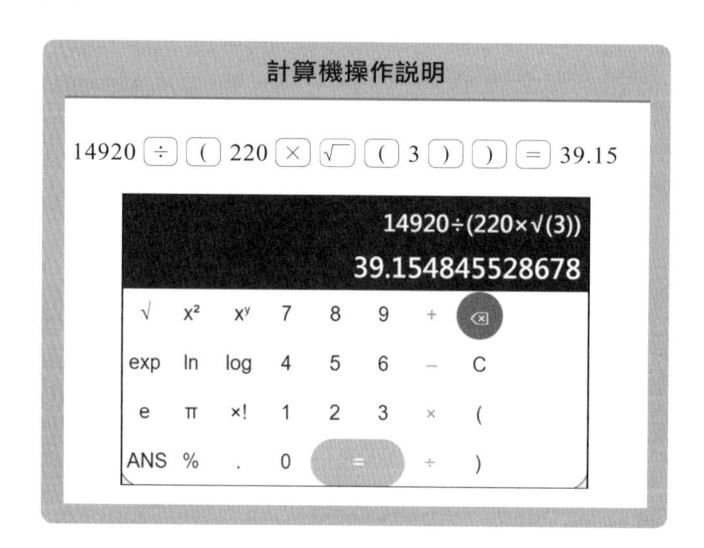

題幹

(一) 請問下表電器用品的電流各為多少安培？（以四捨五入計算至小數點第 2 位）

電器用品	電壓（V）	電功率（W）
日光燈	110	40
電視	110	300
洗衣機	110	400
冰箱	110	600
電鍋	110	800
吹風機	110	700

(二) 承上題現有一個延長線 110V 12A，下列哪一組電器用品同時使用不會超過延長線之安培數，符合安全標準？

A 組→日光燈＋洗衣機

B 組→電視＋洗衣機

C 組→冰箱＋電鍋

D 組→電鍋＋吹風機

解 (一) P（電功率）＝I（電流）×V（電壓）

$$\rightarrow I（電流）＝\frac{P(電功率)}{V(電壓)}$$

電器用品	電壓(V)	電功率(W)	電流(A)
日光燈	110	40	$I=\frac{40}{110}=0.36$
電視	110	300	$I=\frac{300}{110}=2.73$
洗衣機	110	400	$I=\frac{400}{110}=3.64$
冰箱	110	600	$I=\frac{600}{110}=5.45$
電鍋	110	800	$I=\frac{800}{110}=7.27$
吹風機	110	700	$I=\frac{700}{110}=6.36$

∴日光燈的電流為 0.36 安培

電視的電流為 2.73 安培

洗衣機的電流為 3.64 安培

冰箱的電流為 5.45 安培

電鍋的電流為 7.27 安培

吹風機的電流為 6.36 安培

(二) A 組→日光燈＋洗衣機＝0.36+3.64＝4.00(A)

B 組→電視＋洗衣機＝2.73+3.64＝6.37(A)

C 組→冰箱＋電鍋 ＝5.45+7.27＝12.72(A)

D 組→電鍋＋吹風機＝7.27+6.36＝13.63(A)

∴A 組為 4.00A 和 B 組為 6.37A 低於 12A，符合安全標準。

題幹

電壓 220 伏特、接地 150 伏特，檢修員碰觸到漏電的抽水馬達（如下圖），而身體電阻值為 200Ω、手電阻值為 1000Ω、腳電阻值 1300Ω、接地電阻值為 10Ω，請問檢修員感電的電流為多少安培？（請以四捨五入取至小數點第 4 位）多少毫安？（請以四捨五入取至小數點第 1 位）

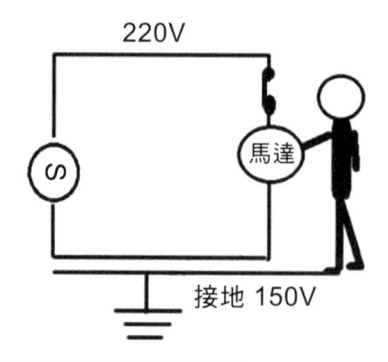

（電路圖：220V 電源，S 與馬達，人員接觸馬達，接地 150V）

解 V(電壓)＝I(電流)×R(電阻)

→I(電流)＝$\dfrac{V(電壓)}{R(電阻)}$

＝$\dfrac{220V-150V}{200Ω+1,000Ω+1,300Ω+10Ω}$

各部	電阻值
身體	200Ω
手	1,000Ω
腳	1,300Ω
接地	10Ω

＝0.0279（安培）

（以四捨五入至小數點第 4 位）

＝27.9（毫安）（以四捨五入至小數點第 1 位）【∵1 安培＝1,000 毫安】

∴檢修員感電的電流為 0.0279 安培；27.9 毫安。

計算機操作範例：

計算式：$\dfrac{220-150}{200+1,000+1,300+10}=0.0279$

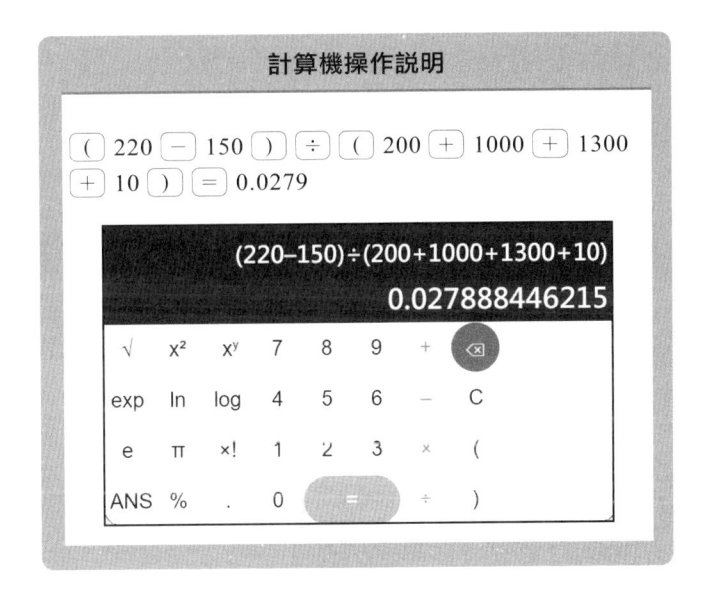

計算機操作說明

(220 − 150) ÷ (200 + 1000 + 1300 + 10) = 0.0279

(220−150)÷(200+1000+1300+10)
0.027888446215

題幹

高空工作車上人員手上工具碰觸電線，其電壓為 200KV，對地電壓為 122KV，車上人員電阻值為 2500Ω、車體電阻值為 2000Ω，手工具電阻值為 500Ω、接地電阻值為 100Ω、平台的電阻值 50MΩ，請問此感電之電流：
(一) 為多少安培？（請以四捨五入計算至小數點第 4 位）
(二) 為多少毫安？（請以四捨五入計算至小數點第 1 位）

解　∵ $1KV = 10^3 V$；$1MΩ = 10^6 Ω$

∴ $122KV = 122 \times 10^3 V$；$50MΩ = 50 \times 10^6 Ω$

V(電壓) ＝ I(電流)×R(電阻)

→I(電流) ＝ $\dfrac{V(電壓)}{R(電阻)}$

$= \dfrac{122 \times 10^3}{2,500 + 2,000 + 500 + 100 + 50 \times 10^6}$

$= \dfrac{122,000}{50,005,100}$

＝ 0.0024(安培)　【∵ 1 安培＝1,000 毫安】

＝ 2.4(毫安)

計算機操作說明

122 × 10 X^y (3) ÷ (2500 + 2000 + 500 + 100 + 50 × 10 X^y (6)) = 0.0024

```
122×10^(3)÷(2500+2000+500+100+50×10^(6))
                              0.002439751145
```

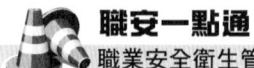

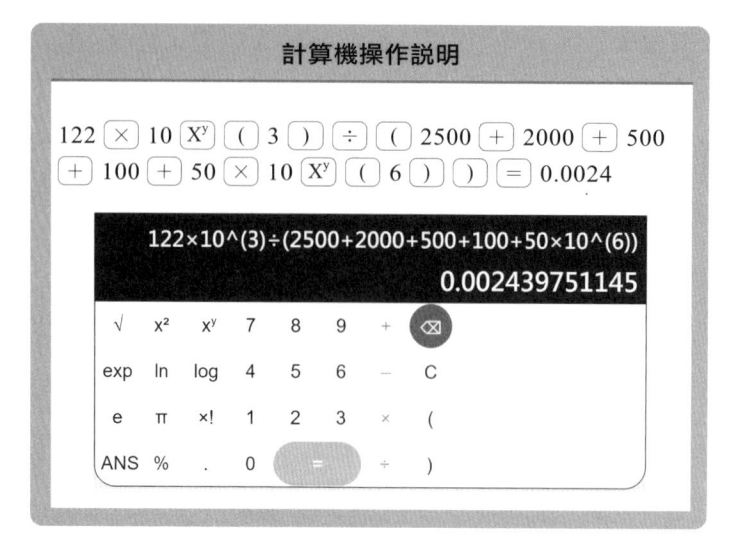

√	x²	x^y	7	8	9	+	⌫
exp	ln	log	4	5	6	−	C
e	π	×!	1	2	3	×	(
ANS	%	.	0	=		÷	)

健康管理

Q 身體質量指數(BMI) = $\dfrac{體重(公斤)}{身高^2(公尺)}$

題幹

某事業單位進行職場健康促進活動，其中勞工 A 身高 170 公分，體重 65 公斤。勞工 B 身高 160 公分，體重 62 公斤。

(一) 請計算此 2 位勞工之身體質量指數（BMI）。（請以四捨五入取至小數點第 2 位）

(二) BMI 正常範圍在 18.5 至 24 之間。請問有哪位勞工需進行肥胖及體重控制？

解 (一) 身體質量指數（BMI）= $\dfrac{體重(公斤)}{身高^2(公尺)}$

100 公分 = 1 公尺　（∴ 170 公分 = 1.7 公尺，160 公分 = 1.6 公尺）

勞工 A 身體質量指數（BMI）= $\dfrac{65}{1.7^2}$ = 22.49

勞工 B 身體質量指數（BMI）= $\dfrac{62}{1.6^2}$ = 24.22

(二) BMI 正常範圍在 18.5 至 24 之間，因勞工 B 的 BMI 為 24.22，已超出 BMI 正常範圍，所以勞工 B 必須進行肥胖及體重控制。

計算機操作範例：

計算式：$\dfrac{65}{1.7^2}$ = 22.49

計算機操作說明

65 ÷ 1.7 X^2 = 22.49

$65 \div 1.7^{(2)}$

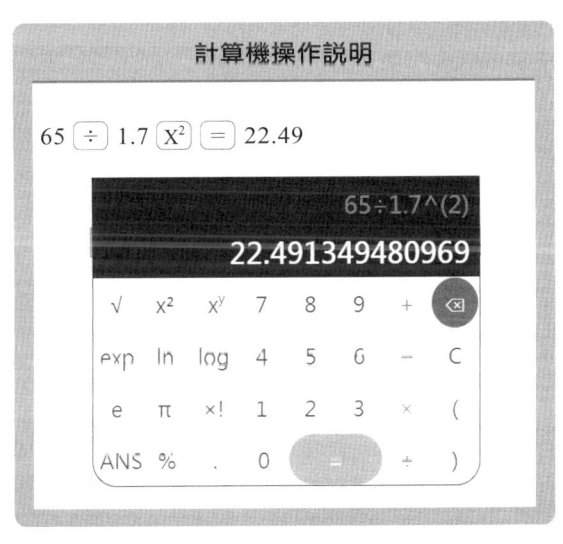

22.491349480969

題幹

某勞工發病前第 1 個月加班 97 小時、第 2 個月加班 110 小時、第 3 個月加班 50 小時、第 4 個月加班 108 小時、第 5 個月加班 11 小時、第 6 個月加班 28 小時，請依職業促發腦血管及心臟疾病（外傷導致者除外）之認定參考指引，試回答下列問題：

(一) 發病前 2 個月加班平均值 A 為多少？
(二) 發病前 3 個月加班平均值 B 為多少？
(三) 發病前 4 個月加班平均值 C 為多少？
(四) 發病前 5 個月加班平均值 D 為多少？
(五) 發病前 6 個月加班平均值 E 為多少？

（以上請四捨五入計算至小數點第 1 位）

解 任一期間的月平均加班時數：係指發病前 1 至 2 個月、發病前 1 至 3 個月、發病前 1 至 4 個月、發病前 1 至 5 個月及發病前 1 至 6 個月之任一期間的月平均加班時數，要注意的是，並非用整個 6 個月的期間之平均值做計算。

發病前 1 個月加班 97 小時

發病前 2 個月加班 110 小時 → 加班平均值 $A = \dfrac{97+110}{2} = \dfrac{207}{2} = 103.5$

發病前 3 個月加班 50 小時 → 加班平均值 $B = \dfrac{97+110+50}{3} = \dfrac{257}{3} = 85.7$

發病前 4 個月加班 108 小時 → 加班平均值 $C = \dfrac{97+110+50+108}{4} = \dfrac{365}{4} = 91.3$

發病前 5 個月加班 11 小時 → 加班平均值 $D = \dfrac{97+110+50+108+11}{5} = \dfrac{376}{5} = 75.2$

發病前 6 個月加班 28 小時 → 加班平均值 $E = \dfrac{97+110+50+108+11+28}{6} = \dfrac{404}{6} = 67.3$

施工架

題幹

框式施工架其高度為 1.8 公尺、寬度為 1.7 公尺，行向有 33 架、列向有 22 架，請問：
(一) 框式施工架之行向與構造物連接需要設置幾個壁連座？
(二) 框式施工架之列向與構造物連接需要設置幾個壁連座？

解 框式施工架以壁連座與構造物連接，間距在垂直方向 9 公尺、水平方向 8 公尺以下：

(一) 垂直方向（行向）所需的壁連座 $=\dfrac{1.8 \times 33}{9} = 6.6 \fallingdotseq 7$（採無條件進位）

∴框式施工架之行向與構造物連接需要設置 7 個壁連座。

(二) 水平方向（列向）所需的壁連座 $=\dfrac{1.7 \times 22}{8} = 4.675 \fallingdotseq 5$（採無條件進位）

∴框式施工架之列向與構造物連接需要設置 5 個壁連座。

※壁連座設置數量因不可大於間距尺寸，故採無條件進位法。

乙級安全衛生管理員 公式彙總表

NO	項目	公式
1	失能傷害頻率（FR）	$\dfrac{失能傷害人(次)數 \times 10^6}{總經歷工時}$ （※取至小數點第 2 位數，第 3 位數不計）
2	失能傷害嚴重率（SR）	$\dfrac{總損失日數 \times 10^6}{總經歷工時}$ （※取至整數，小數點以下不計）
3	失能傷害平均損失日數	$\dfrac{總損失日數}{總計失能傷害人(次)數} = \dfrac{SR}{FR}$
4	年度之總合傷害指數（FSI）	$\sqrt{\dfrac{FR \times SR}{1,000}}$ （FR：失能傷害頻率；SR：失能傷害嚴重率） （※取至小數點第 2 位數，第 3 位數不計）
5	死亡年千人率	$\dfrac{年間死亡勞工人數 \times 1,000}{平均勞工人數}$ $= 2.1 \times$ 死亡傷害頻率 $= 2.1 \times FR$（※以年平均工作時間 2,100 小時計算）
6	失能傷害頻率 $FR_{3個月}$	$\dfrac{3個月失能傷害人(次)數 \times 10^6}{3個月總經歷工時}$ （※取至小數點第 2 位數，第 3 位數不計）
7	研磨機之研磨輪轉速	$V = \pi \times D \times N$ V：周速度（公尺/分） D：直徑（公尺） N：最大安全轉速（rpm）
8	雙手起動式安全裝置之安全距離	$Tm = (\dfrac{1}{2} + \dfrac{1}{離合器嚙合數之數目}) \times$ 曲柄軸旋轉一周所需時間 Tm：手指離開操作部至滑塊抵達下死點時之最大時間，以毫秒表示。 $D = 1.6 \times Tm$ D：按鈕至危險界限間之安全距離，以毫米表示。
9	液化氣體儲存設備之儲存能力值	$W = 0.9 \times w \times V2$ W（公斤）：儲存設備之儲存能力值。 w（公斤/公升）：儲槽於常用溫度時液化氣體之比重值。 V2（公升）：儲存設備之內容積值。
10	定容查理定律	定容查理定律是指定量定容的理想氣體，壓力與絕對溫度成正比，即 $\dfrac{P_1}{P_2} = \dfrac{T_1}{T_2}$ P：壓力；T：絕對溫度(K) = 273.15 + °C

NO	項目	公式
11	理想氣體方程式	理想氣體方程式：$PV=nRT$ P：壓力（單位：atm） V：體積（單位：L） n：莫爾數（單位：mol） T：絕對溫度（單位：K）＝攝氏溫度+273.15 R 為理想氣體常數＝0.082（單位：atm-L/mol-K）
12	容許暴露時間	$T = \dfrac{8}{2^{\frac{L-90}{5}}}$ T：容許暴露時間（hr）；L：噪音壓級（dBA）
13	8小時日時量平均音壓級	$L_{TWA8} = 16.61 \log D + 90 dBA$ D＝暴露劑量（%）；t：總工作暴露時間 hr
14	工作日時量平均音壓級	$L_{TWAt} = 16.61 \log \dfrac{100 \times D}{12.5 \times t} + 90 dBA$ D＝暴露劑量（%），t＝暴露時間（hr）
15	噪音暴露劑量	$D = \dfrac{t_1}{T_1} + \dfrac{t_2}{T_2} + \ldots + \dfrac{t_n}{T_n}$ t：工作者於工作日暴露某音壓級之時間（hr） T：暴露該音壓級相對應的容許暴露時間（hr）
16	噪音和	Lp（噪音和）＝ $10 \log(10^{L1/10}+10^{L2/10}+\cdots+10^{Ln/10})$
17	多個相同音壓級的噪音之合併音壓級	$L = 10 \log A + B$ A ＝ 噪音源之數目，B ＝ 噪音源之音壓級
18	戶外有日曬情形者綜合溫度熱指數（WBGT）	綜合溫度熱指數（WBGT） ＝0.7×(自然濕球溫度)+0.2×(黑球溫度)+0.1×(乾球溫度)
19	戶內或戶外無日曬者綜合溫度熱指數（WBGT）	綜合溫度熱指數（WBGT） ＝ 0.7×(自然濕球溫度)+0.3×(黑球溫度)
20	電磁波通量密度	$E_1 : E_2 = R_2^2 : R_1^2$ 電磁波通量密度與距離的平方成反比
21	有機溶劑或其混存物之換氣量	第一種有機溶劑或其混存物之換氣量＝0.3×W(g/hr) 第二種有機溶劑或其混存物之換氣量＝0.04×W(g/hr) 第三種有機溶劑或其混存物之換氣量＝0.01×W(g/hr) W(g/hr)：每小時有機溶劑消費量

NO	項目	公式
22	有機溶劑或其混存物之容許消量	容許消費量 $= \dfrac{1}{15} \times$ 作業場所之氣積 容許消費量 $= \dfrac{2}{5} \times$ 作業場所之氣積 容許消費量 $= \dfrac{3}{2} \times$ 作業場所之氣積 ※超越地面 4 公尺以上高度之空間，以 4 公尺計算 ※氣積超過 150 立方公尺者，概以 150 立方公尺計算
23	理論換氣量	$Q(m^3/min) = \dfrac{24.45 \times 10^3 \times W}{60 \times C(ppm) \times M}$ Q：換氣量（m^3/min） W：有害物消費量（g/hr） C：有害物控制濃度（ppm） M：有害物之分子量
24	理論防爆換氣量	$Q(m^3/min) = \dfrac{24.45 \times 10^3 \times W}{60 \times LEL \times 10^4 \times M}$ Q：換氣量（m^3/min） M：有害物之分子量 W：有害物消費量（g/hr） LEL：爆炸下限（%）
25	每小時每人戶外空氣之換氣量	$Q(m^3/hr) = \dfrac{G \times 10^6}{(p-q)}$ Q：每小時每人戶外空氣之換氣量 m^3/hr G：二氧化碳產生量（m^3/hr） p：二氧化碳容許濃度（ppm） q：戶外二氧化碳濃度（ppm）
26	換氣後殘餘有害物濃度	$C = C_o \times e^{\frac{-Q}{V}t}$ C(ppm)：換氣後殘餘有害物濃度 C_o(ppm)：換氣前之有害物濃度 Q(m^3/hr)：換氣量 V(m^3)：作業環境氣積 t(hr)：運轉時間
27	換氣次數	$N(次/hr) = \dfrac{Q(m^3/hr)}{V(m^3/人次)}$ N：換氣率（單位：次/hr） Q：通風量（單位：m^3/hr） V：每勞工所佔空間（單位：$m^3/人次$）

NO	項目	公式
28	包圍及崗亭型氣罩排氣量	$Q\,(m^3/s) = VA$ V：氣罩開口面平均風速（m/s） A：氣罩開口面積（m^2）
29	外裝型氣罩排氣量（無凸緣）	$Q(m^3/s) = V(10X^2 + A)$ V：捕捉點風速（m/s） X：控制點至氣罩開口之距離（m） A：氣罩開口面積（m^2）
30	外裝型氣罩排氣量（無凸緣）置於桌面或工作台上	$Q(m^3/s) = V(5X^2 + A)$ V：捕捉點風速（m/s） X：控制點至氣罩開口之距離（m） A：氣罩開口面積（m^2）
31	有凸緣之外裝型氣罩排氣量	$Q\,(m^3/s) = 0.75V(10X^2 + A)$ V：吸引風速（m/s） X：控制點至氣罩開口之距離（m） A：氣罩開口面積（m^2）
32	單一狹縫式氣罩（無凸緣）排氣量	$Q\,(m^3/s) = 3.7\,LVX$ V：捕捉點風速（m/s） X：氣罩開口與捕捉點距離（m） L：氣罩開口長邊邊長（m）
33	懸吊式氣罩排氣量	$Q\,(m^3/s) = 1.4PVX$ V：捕捉點風速（m/s） P：作業面周長（m） X：氣罩開口與捕捉點距離（m）
34	導管空氣風速	$P_V = \left(\dfrac{V}{4.04}\right)^2$ $V(m/sec) = 4.04\sqrt{P_V}$ V：速度（m/s） P_V：動壓（mmH_2O）
35	導管內壓力測定	$P_T = P_S + P_V$ （P_T：全壓；P_S：靜壓；P_V：動壓）

NO	項目	公式
36	排氣機定律	第一定律：$\left(\dfrac{Q_1}{Q_2}\right)=\left(\dfrac{N_1}{N_2}\right)$ Q 為風量與 N 轉速，成正比。 $\dfrac{P_1}{P_2}=\left(\dfrac{Q_1}{Q_2}\right)^2=\left(\dfrac{N_1}{N_2}\right)^2$ P 為壓力與 Q 風量和 N 轉速的 2 次方成正比 $\dfrac{L_1}{L_2}=\left(\dfrac{Q_1}{Q_2}\right)^3=\left(\dfrac{N_1}{N_2}\right)^3$ L 為動力與 Q 風量和 N 轉速的 3 次方成正比 ※下標 1 與 2 分別為兩種不同風量、轉速和動力
37	ppm、mg/m³ 單位轉換（在 1atm，25°C 時）	$\text{ppm}=\dfrac{\text{mg/m}^3 \times 24.45}{\text{氣狀有害物之分子量}}$
38	菌落數	N＝V×C N：菌落數（CFU）； C：濃度（CFU/m³）； V：採樣體積（m³）
39	空氣之污染物總濃度	暴露濃度總和＝$\dfrac{\text{TWAa}}{\text{PEL-TWAa}}+\dfrac{\text{TWAb}}{\text{PEL-TWAb}}$ $+\dfrac{\text{TWAc}}{\text{PEL-TWAc}}+\cdots$ TWA：有害物成分之濃度 PEL：有害物成分之容許濃度
40	相當 8 小時日時量平均暴露濃度	$\text{TWA}_8=\dfrac{\text{TWA}_t \times t(\text{小時})}{8(\text{小時})}$ 或 $\text{TWA}_t=\dfrac{\text{TWA}_8 \times 8(\text{小時})}{t(\text{小時})}$
41	相當 8 小時日時量平均容許濃度	相當 8 小時日時量平均容許濃度＝ $\dfrac{\text{PEL-TWA}_8 \times 8\text{小時}}{\text{超過8小時之實際時間}}$
42	時量平均暴露濃度	$\text{TWA}=\dfrac{C_1 \times t_1 + C_2 \times t_2 + \cdots + C_n \times t_n}{t_1 + t_2 + \cdots + t_n}$ Cn：某 n 次某有害物空氣中濃度 tn：某 n 次之工作時間（hr）
43	暴露之濃度	濃度 $C(\text{mg/m}^3)=\dfrac{\text{化學物之重量W(mg)}}{\text{採樣體積Q}(\text{m}^3)}$
44	採樣體積	採樣體積 Q(m³)＝採樣流速 V(L/min)×採樣時間(min) ×10⁻³(m³/L)

NO	項目	公式
45	氣體濃度	氣體濃度＝爆炸下限濃度×測定器讀值
46	勒沙特列定律	混合氣體之爆炸下限 LEL： $$LEL(\%)=\frac{100}{\frac{V_1}{L_1}+\frac{V_2}{L_2}+\frac{V_3}{L_3}+\cdots}$$ L 為混合氣體各成分氣體單獨時之爆炸下限。 V 為混合氣體中各成分氣體體積比例，$V_1+V_2+V_3+\cdots=100$。 混合氣體之爆炸上限 UEL： $$UEL(\%)=\frac{100}{\frac{V_1}{U_1}+\frac{V_2}{U_2}+\frac{V_3}{U_3}+\cdots}$$ U 為混合氣體各成分氣體單獨時之爆炸上限。 V 為混合氣體中各成分氣體體積比例，$V_1+V_2+V_3+\cdots=100$。
47	爆炸危險性（指數）	$H=\frac{(爆炸上限-爆炸下限)}{爆炸下限}=\frac{UEL-LEL}{LEL}$ H 為爆炸危險性（指數）（H 越大越危險） UEL(%) 為混合氣體之爆炸上限。 LEL(%) 為混合氣體之爆炸下限。
48	局部照明之平均照度計算	四點法： $\bar{E}=\frac{1}{4}\Sigma Ei$ $\bar{E}$：平均照度值。 ΣEi：各邊點照度值的總和。
49	全面照明之平均照度計算	四點法： $\bar{E}=\frac{1}{4mn}$【ΣE（角點）$+2\Sigma E$（邊點）$+4\Sigma E$（內點）】 ※m：縱座標格數。 ※n：橫座標格數。
50	耗電量	1 度電(kWh)＝1,000 瓦特(W)×1 小時(h) 耗電量(kWh)＝$\frac{消耗電功率(W)×使用小時(hr)}{1,000}$

NO	項目	公式
51	歐姆定律	電壓 $V = I \times R$ ；電流 $I = \dfrac{V}{R}$ ；電阻 $R = \dfrac{V}{I}$ 電功率 $P = \dfrac{V^2}{R} = I \times V = I^2 \times R$ 電壓（V）單位為：伏特 V 電流（I）單位為：安培 A 電阻（R）單位為：歐姆 Ω 電功率（P）單位為：瓦特 W
52	身體質量指數（BMI）	$BMI = \dfrac{體重(公斤)}{身高^2(公尺)}$

職安一點通｜職業安全衛生管理乙級檢定完勝攻略｜2025 版(第二冊)

作　　者：蕭中剛 / 劉鈞傑 / 鄭技師 / 賴秋琴 / 徐英洲
　　　　　江　軍 / 葉日宏
企劃編輯：郭季柔
文字編輯：江雅鈴
設計裝幀：張寶莉
發 行 人：廖文良

發 行 所：碁峰資訊股份有限公司
地　　址：台北市南港區三重路 66 號 7 樓之 6
電　　話：(02)2788-2408
傳　　真：(02)8192-4433
網　　站：www.gotop.com.tw
書　　號：ACR01263102
版　　次：2025 年 03 月初版
　　　　　2025 年 09 月初版二刷
建議售價：NT$890 (全套二冊)

國家圖書館出版品預行編目資料

職安一點通：職業安全衛生管理乙級檢定完勝攻略. 2025 版 / 蕭
　中剛, 劉鈞傑, 鄭技師, 賴秋琴, 徐英洲, 江軍, 葉日宏著. --
　初版. -- 臺北市：碁峰資訊, 2025.03
　　冊；　公分
　ISBN 978-626-425-002-3(全套：平裝)
　1.CST：工業安全　2.CST：職業衛生
555.56　　　　　　　　　　　　　　　　　　114000585

商標聲明：本書所引用之國內外公司各商標、商品名稱、網站畫面，其權利分屬合法註冊公司所有，絕無侵權之意，特此聲明。

版權聲明：本著作物內容僅授權合法持有本書之讀者學習所用，非經本書作者或碁峰資訊股份有限公司正式授權，不得以任何形式複製、抄襲、轉載或透過網路散佈其內容。
版權所有‧翻印必究

本書是根據寫作當時的資料撰寫而成，日後若因資料更新導致與書籍內容有所差異，敬請見諒。若是軟、硬體問題，請您直接與軟、硬體廠商聯絡。